Schauer / Virnich Baubiologische Elektrotechnik

de-FACHWISSEN
Die Fachbuchreihe
für Elektro- und Gebäudetechniker
in Handwerk und Industrie

Martin Schauer · Dr.-Ing. Martin H. Virnich

Baubiologische Elektrotechnik

Grundlagen, Feldmesstechnik und Praxis der Feldreduzierung

mit Beiträgen von Dr. med. univ. Gerd Oberfeld und Rainer Scherg

Hüthig & Pflaum Verlag · München/Heidelberg

Produktbezeichnungen sowie Firmennamen und Firmenlogos werden in diesem Buch ohne Gewährleistung der freien Verwendbarkeit benutzt.

Von den im Buch zitierten Vorschriften, Richtlinien und Gesetzen haben stets nur die jeweils letzten Ausgaben verbindliche Gültigkeit.

Autoren und Verlag haben alle Texte und Abbildungen mit großer Sorgfalt erarbeitet bzw. überprüft. Dennoch können Fehler nicht ausgeschlossen werden. Deshalb übernehmen weder Autoren noch Verlag irgendwelche Garantien für die in diesem Buch gegebenen Informationen. In keinem Fall haften Autoren oder Verlag für irgendwelche direkten oder indirekten Schäden, die aus der Anwendung dieser Informationen folgen.

Bibliografische Information Der Deutschen Bibliothek
Die Deutsche Bibliothek verzeichnet diese Publikation in der Deutschen National-bibliografie; detaillierte bibliografische Daten sind im Internet über http://dnb.ddb.de abrufbar.

! Möchten Sie Ihre Meinung zu diesem Buch abgeben?
Dann schicken Sie eine E-Mail an:
wendav@online-de.de
Autoren und Verlag freuen sich über Ihre Rückmeldung.

ISSN 1438-8707
ISBN 3-8101-0167-2

© 2005 Hüthig & Pflaum Verlag GmbH & Co. Fachliteratur KG,
München/Heidelberg
Printed in Germany
Titelbild, Layout, Satz, Herstellung: Schwesinger, galeo:design
Druck: Laub GmbH & Co., Elztal-Dallau

Geleitwort

Die Elektrotechnik umfasst breite Zukunftsfelder: von der Energie- bis zur Kommunikations- und Funktechnik. Die immer größere Anwendung in allen Bereichen des täglichen Lebens bringt aber auch immer mehr und immer stärkere elektrische, magnetische und elektromagnetische Immissionen mit sich.

Wie hoch die tatsächlichen Feldbelastungen sind, wissen häufig nicht einmal Fachleute, viel weniger aber Laien. Das kann zur Unterschätzung und Verkennung von Minimierungsmöglichkeiten führen, vor allen Dingen aber auch zur Überschätzung und zu Ängsten. Diese Unsicherheit wird leider von Geschäftemachern ausgenutzt, die mit esoterischer Ummantelung manchmal physikalisch völlig unwirksame Maßnahmen anbieten und damit einen nicht vorhandenen Schutz vortäuschen.

Es ist Aufgabe der Elektrofachleute, hier aufzuklären und fundierte physikalisch wirksame Lösungen anzubieten. Dazu gehört auch die sichere Beherrschung der Feldmesstechniken, die andere Anforderungen an Messausrüstung und Ausbildung stellen als die im klassischen Aufgabenbereich der Elektrotechnik.

Ich freue mich, dass es die Autoren unternommen haben, ein Buch sowohl für interessierte Fachleute als auch für Laien mit technischem Grundverständnis zu schreiben, das den Stoff fundiert und damit nachvollziehbar darstellt. Das Buch bietet neben einem theoretischen Teil für die Grundlagenausbildung eine Fülle von Lösungen und Tipps für die Praxis, die auch zum Nachschlagen anregen.

Gerd Köhler
Vorsitzender des Landesinnungsverbandes Elektrotechnik Bayern
Obermeister der Innung für Elektro- und Informationstechnik Würzburg

Vorwort

Baubiologie und Elektrotechnik – wie passt das zusammen? Ist das nicht wie Wasser und Feuer? Auf der einen Seite die Baubiologen, für die erklärtermaßen die Natur der Maßstab ist, und auf der anderen Seite die Elektrotechniker, die für den „Elektrosmog" verantwortlich sind?

Die Vereinbarung von unvereinbar scheinenden Gegensätzen ist immer reizvoll und bietet im speziellen Fall eine Fülle von handfesten Vorteilen: einerseits die Nutzung einer Energieform mit hohem Innovationspotential, die bereits heute die vielfältigsten Einsatzmöglichkeiten aufweist und auf die niemand mehr verzichten mag – und andererseits die „Bändigung" der mit der Nutzung elektrischer Energie verbundenen Felder: elektrische und magnetische im Bereich der Energieversorgung und elektromagnetische im Bereich der drahtlosen Informations- und Kommunikationstechniken.

Wenn man diese Aufgabe – die Vereinbarung der beiden nur scheinbaren Gegensätze – lösen will, darf man sich auf beiden Seiten nicht von Ignoranz und Vorurteilen leiten lassen, sondern muss zum einen über fundiertes Wissen um die physikalischen Zusammenhänge verfügen und zum anderen die auf dem Markt verfügbaren und praxistauglichen Geräte und Komponenten kennen.

Unser Anliegen ist es, ein anspruchsvolles, dabei aber möglichst anschauliches und nachvollziehbares Bild der physikalischen Zusammenhänge zu vermitteln, ohne den Leser mit den abstrakten Vektorgleichungen der höheren Mathematik zu verschrecken. Dies mag für den gestandenen Praktiker der „konventionellen" Elektroinstallation zunächst fremd und mühsam sein. Es ist aber wichtig, dass er sich auch mit diesem Teil des Buches vertraut macht, denn es geht schließlich darum, die Ziele der baubiologischen Elektroinstallation hinsichtlich Feldarmut mit den bestehenden Vorschriften der elektrotechnischen Regelwerke im Hinblick auf den Personen- und Sachschutz in Einklang zu bringen. Wie man dann konkret zu praktikablen Lösungen kommt, d. h., wie man Feldimmissionen im Sinne des Minimierungsprinzips verringern kann, erfährt der Leser im zweiten Teil des Buches.

Als Leser wollen wir nicht nur Elektrohandwerker und -planer ansprechen, sondern auch Messtechniker, Sachverständige, Architekten, Bauherren und Handwerker im Bau- und Ausbaugewerbe sowie die Auszubildenden und Studierenden der o. g. Berufe.

Es ist uns ein Bedürfnis, an dieser Stelle den Kollegen zu danken, die mit ihrer Fachkompetenz maßgeblich zum Gelingen des Buches beigetragen haben: Dr. med. univ. *Gerd Oberfeld,* Umweltmediziner des Landes Salzburg und Referent für Umweltmedizin der Österreichischen Ärztekammer, der das Kapitel „Die Veränderung des elektromagnetischen Spektrums und ihre Folgen" erstellt hat, sowie *Rainer Scherg,* Dozent in der Meisterausbildung am Ausbildungszentrum der Innung für Elektro- und Informationstechnik in Würzburg, aus dessen Feder der Beitrag „Das Vorschriftenwerk für die Errichtung von elektrischen Anlagen" stammt. Er war es auch, der die dargestellten Lösungsvorschläge mit kritischen Augen auf Vereinbarkeit mit den verschiedenen technischen Regelwerken überprüft hat.

Schließlich gilt unser Dank dem Verlag, der sich bereitgefunden hat, das Wagnis der „Vereinbarung der Gegensätze" bei der baubiologischen Elektrotechnik in Buchform einzugehen.

Martin Schauer, Martin H. Virnich

Inhaltsverzeichnis

1 Die Veränderung des elektromagnetischen Spektrums und
ihre Folgen 17

1.1 Das natürliche elektromagnetische Spektrum 17

    1.1.1   Grundlegendes 17

    1.1.2   Ausgewählte Aspekte zu Wechselwirkungen
          Erde – Sonne – Gesundheit 19

    1.1.2.1 Erdmagnetfeld 19

    1.1.2.2 Sonnenaktivität 20

    1.1.2.3 Schumannresonanzen 21

    1.1.2.4 Auswirkungen der Änderungen des Erdmagnetfeldes
          bzw. der Schumannresonanz auf den Menschen 23

    1.1.2.5 VLF-Atmospherics 25

  1.2 Technische Nutzung des Frequenzspektrums 27

    1.2.1   Niederfrequenz 28

    1.2.2   Hochfrequenz 30

    1.2.3   Anwendungen und Frequenzbereiche 31

  1.3 Gesundheitliche Aspekte 31

    1.3.1   Niederfrequenz 33

    1.3.1.1 Magnetische Wechselfelder und Leukämie 33

    1.3.1.2 Magnetfeldspitzenwerte und Fehlgeburten 34

    1.3.2   Nationale und internationale Einschätzungen 35

    1.3.3   Hochfrequenz 38

    1.3.3.1 Studien zu elektromagnetischen Wellen 38

    1.3.3.2 Studien zu Mobilfunksendeanlagen 39

    1.3.3.3 Studien zur gesundheitlichen Wirkung
          von Mobiltelefonen 46

  1.4 Vorsorgeprinzip 48

    1.4.1   Prävention 48

    1.4.2   Grenz- und Richtwerte 49

2 Moderne Technik und Umweltschutz
– kein notwendiger Widerspruch 51

  2.1 Verändertes Konsumverhalten 51

  2.2 Baubiologische Elektrotechnik als Wirtschaftsfaktor 52

  2.3 Reduktion elektromagnetischer Felder – ein Gewinn für alle 53

3 **Physik der EM-Felder** 55

3.1 Grundlagen 55

3.1.1 Feldbegriff – räumliche Darstellung von Feldern 55

3.1.2 Darstellung von Feldgrößen in Dezibel (dB) 57

3.1.2.1 Dezibel als dimensionsloser, relativer Verhältniswert 57

3.1.2.2 Dezibel als absoluter Wert 58

3.1.3 Zeitverhalten von Feldern 59

3.1.4 EM-Feldarten und ihre Beschreibung 63

3.1.4.1 Quellenfelder 64

3.1.4.2 Wirbelfelder 66

3.1.5 Gleichfelder 67

3.1.6 Niederfrequente Wechselfelder (NF) 68

3.1.7 Hochfrequente elektromagnetische Wellen (HF) 69

3.1.7.1 Funkwellen 72

3.1.7.2 Infrarotlicht (IR) / Wärmestrahlung 72

3.1.7.3 Sichtbares Licht 72

3.1.7.4 Ultraviolettes Licht (UV) 73

3.1.7.5 Röntgenstrahlung 74

3.1.7.6 Gammastrahlung 75

3.1.8 Höhenstrahlung 75

3.1.9 Teilchenstrahlung 76

3.2 Elektrische Wechselfelder (Niederfrequenz) 77

3.2.1 Elektrische Quellenfelder 78

3.2.2 Elektrische Wirbelfelder 78

3.2.3 Elektrische Quellenfelder und Influenz 79

3.2.4 Elektrische Feldstärke und Potential 81

3.3 Magnetische Wechselfelder (Niederfrequenz) 85

3.3.1 Magnetische Wirbelfelder 85

3.3.2 Magnetische Induktion 88

3.4 Elektromagnetische Wellen (Hochfrequenz) 90

3.4.1 Frequenzbereiche elektromagnetischer Wellen 90

3.4.2 Abstrahlung und Ausbreitung elektromagnetischer Wellen 91

3.4.3 Spezifische Absorptionsrate (SAR) 96

3.4.4 Antennen 96

3.4.4.1 Polarisation 97

3.4.4.2 Frequenzgang und Antennenfaktor 98

3.4.4.3 Richtwirkung 98

3.4.4.4 Antennenarten 101
3.4.5   Modulationsverfahren 108
3.4.5.1 AM – Amplitudenmodulation 109
3.4.5.2 FM – Frequenzmodulation 113
3.4.5.3 PM – Phasenmodulation oder Winkelmodulation 114
3.4.6   Zugriffsverfahren 116
3.4.6.1 FDMA – Frequency Division Multiple Access
          (Frequenzmultiplex) 117
3.4.6.2 TDMA – Time Division Multiple Access
          (Zeitmultiplex) 118
3.4.6.3 FHMA – Frequency Hopping Multiple Access
          (Zeitmultiplex plus Frequenzsprungverfahren) 119
3.4.6.4 CDMA – Code Division Multiple Access
          (Codemultiplex) 119
3.4.6.5 TD-CDMA – Time Division-Code Division Multiple
          Access (Zeit- und Codemultiplex) 122
3.4.6.6 SDMA – Space Division Multiple Access
          (Vielfachzugriff durch Raumaufteilung) 122
3.4.6.7 OFDM / COFDM – Orthogonal Frequency Division
          Multiplex / Coded OFDM 122
3.4.7   Duplexverfahren 125
3.4.7.1 FDD – Frequency Division Duplex / Frequenzduplex 125
3.4.7.2 TDD – Time Division Duplex / Zeitduplex 125
3.5   Elektrisches Gleichfeld 126
3.6   Magnetisches Gleichfeld 126

4   Baubiologische Feldmesstechnik 127
4.1   Messung von Vektorfeldern 127
4.1.1   Prinzipieller Aufbau von Feldmessgeräten 128
4.1.2   Spitzenwert, Effektivwert (RMS) und Average 130
4.2   Elektrische Wechselfelder 135
4.2.1   Übersicht über die direkten und indirekten
          Messverfahren 135
4.2.2   Beschreibung der Messverfahren und Messgeräte 136
4.2.2.1 Potentialfreie Messung des ungestörten E-Feldes 136
4.2.2.2 Erdpotentialbezogene E-Feldmessung 139
4.2.2.3 Körperpotentialbezogene E-Feldmessung 141
4.2.2.4 Potentialfreie E-Feldmessung an der Körperoberfläche 142
4.2.2.5 Körperspannungsmessung 142

4.2.2.6 Messung des Körperableitstromes 145

4.2.2.7 Messung der Körperstromdichte 146

4.2.3 Eigenschaften und Grenzen der Messverfahren 148

4.2.3.1 Homogenes elektrisches Feld und potentialfreie
E-Feldmessung 148

4.2.3.2 Erdpotentialbezogene E-Feldmessung 150

4.2.3.3 Körperpotentialbezogene E-Feldmessung 155

4.2.3.4 Leitfähiger Körper im homogenen E-Feld: potentialfreie E-Feldmessung an der Körperoberfläche 157

4.2.3.5 Messfehler-Fallen 159

4.2.3.6 Fazit und die Fragen zu den Antworten.................... 162

4.3 Magnetische Wechselfelder (Niederfrequenz) 164

4.3.1 Funktionsprinzipien von Magnetfeldmessgeräten 164

4.3.2 Direkte Messverfahren 166

4.3.2.1 Messung an einem Punkt 166

4.3.2.2 Messung der räumlichen Magnetfeldverteilung 168

4.3.3 Indirekte Messverfahren 169

4.4 Elektromagnetische Wellen (Hochfrequenz) 170

4.4.1 Breitbandige Messungen 170

4.4.2 Frequenzselektive Messungen 170

4.5 Elektrische Gleichfelder 171

4.6 Magnetische Gleichfelder 171

5 Reduzierung niederfrequenter elektrischer Wechselfelder 175

5.1 Vorüberlegungen und Planung von Reduzierungsmaßnahmen 175

5.1.1 Emissionsquellen niederfrequenter elektrischer
Wechselfelder 175

5.1.1.1 Elektrische Anlagenteile 175

5.1.1.2 Elektrische Geräte 177

5.1.1.3 Elektrische Anlagen außerhalb von Gebäuden 177

5.1.2 Grundsätzliches zur Reduzierung elektrischer
Wechselfelder 177

5.1.3 Baugrundstücksmessung 178

5.1.4 Frei stehende Einfamilienhäuser 179

5.1.5 Reihenhäuser 180

5.1.6 Mehrfamilienhäuser 180

5.2 Maßnahmen des Emissionsschutzes 180

5.2.1 Feldreduzierung mit geschirmten Elektroinstallationskomponenten 180

5.2.1.1 Geschirmte Leitungen und Kabel der Energietechnik 180
5.2.1.2 Geschirmte Leitungen der Informationstechnik 183
5.2.1.3 Geschirmte Elektrodosen 183
5.2.1.4 Metallene Verlegesysteme 185
5.2.1.5 Metallene Gehäuse 188
5.2.1.6 Zähler- und Verteilerschränke 189
5.2.1.7 Verdrahtung geschirmter Installationskomponenten 190
5.2.1.8 Lösungen für Geräte „hinter der Steckdose" 191
5.2.2 Feldreduzierung durch Abschalten und Abkoppeln 195
5.2.2.1 Manuelles Abschalten von ortsveränderlichen Geräten 195
5.2.2.2 Gebäudesystemtechnik 196
5.2.2.3 Netzabkoppler („Netzfreischalter") 198
5.2.2.4 Stromstoßschaltung 206
5.2.2.5 Zeitschaltuhr 207
5.2.2.6 Kleinsteuerung 208
5.2.2.7 Speicherprogrammierbare Steuerung (SPS) 209
5.2.2.8 Funkbus, Funkfernschalter 209
5.2.2.9 Powerline 212
5.2.2.10 LCN-Bus 213
5.2.2.11 EIB-Instabus 214
5.2.2.12 EIB-Easy 216
5.2.3 Feldreduzierung durch Kompensation/Phasentausch 217
5.3 Maßnahmen des Immissionsschutzes 227
5.3.1 Ausreichender Abstand von Feldverursachern 227
5.3.2 Großflächige Abschirmungen mit Abschirm- platten, -putzen, -vliesen, -tapeten und -farben 227
5.4 Abnahmeprüfungen 230
5.4.1 Zusätzliche Prüfungen der fachgerechten Ausführung der Elektroanlage 230
5.4.2 Feldmessungen 230
5.5 Potentialausgleich und Schutzmaßnahmen in Gebäuden 232
5.5.1 Einbeziehen von großflächigen Abschirmungen in den Potentialausgleich 232
5.5.2 Schutzmaßnahmen gegen elektrischen Schlag 233
5.5.3 Zusätzlicher Schutz durch Fehlerstrom- schutzeinrichtungen 233
5.5.4 Verhinderung von Spannungsverschleppungen 238

5.5.5   Verhinderung der Brandgefahr durch Streuströme   238

5.5.6   Mindestquerschnitte von Potentialausgleichsleitern 238

5.5.7   Kontaktstellen und -materialien 241

5.5.8   Schutzmaßnahmen bei großflächigen
           Abschirmungen 242

5.5.9   Näherungen zu äußeren Blitzschutzanlagen 242

5.5.10   Prüfen und Messen an Erdungsanlagen und
           Potentialausgleichseinrichtungen 245

5.5.10.1 Prüfen und Messen an Erdungsanlagen 245

5.5.10.2 Definition „Erde" 246

5.5.10.3 Messungen an Erdungsanlagen 247

5.5.10.4 Prüfen und Messen an Potentialausgleichs-
         einrichtungen 248

5.6   Fazit – Reduzierung elektrischer Wechselfelder 249

6 Reduzierung niederfrequenter magnetischer Wechselfelder 253

6.1 Vorüberlegungen und Planung von Reduzierungsmaßnahmen 253

6.1.1   Emissionsquellen niederfrequenter magnetischer
           Wechselfelder 253

6.1.2   Systeme nach Art der Erdverbindungen
           bei Wechselstrom 256

6.1.2.1 Betrachtung des Verteilungsnetzes 256

6.1.2.2 Betrachtung der Elektroanlagen in Gebäuden 259

6.1.3   Baugrundstücksmessung 262

6.1.4   Frei stehende Einfamilienhäuser 262

6.1.5   Reihenhäuser 263

6.1.6   Mehrfamilienhäuser 263

6.2 Maßnahmen des Emissionsschutzes 264

6.2.1   Kompensationseffekte im Netz
           des Versorgungsnetzbetreibers (VNB) 264

6.2.1.1 Unterirdische Versorgungsnetze 264

6.2.1.2 Oberirdische Einspeisung 266

6.2.2   Kompensationseffekte in der Elektroanlage 266

6.2.2.1 Verteilungsstromkreise (Hauptleitungen) 266

6.2.2.2 Ringleitungen 268

6.2.2.3 Niedervolt-Halogensysteme 268

6.2.2.4 Emissionsarme Elektroheizungen 269

6.2.3   Minimieren von Einleiterrück- und
           Potentialausgleichsströmen 270

6.2.3.1 Systematische Vermeidung von Einleiterströmen
und Mehrfacherdungen 270

6.2.3.2 Aktive Kompensation vagabundierender Ströme 271

6.2.4 Austausch emissionsstarker Geräte gegen
emissionsarme 272

6.2.4.1 Elektrische Geräte mit integriertem oder
externem Transformator 272

6.2.4.2 Lineare und nichtlineare Lasten 272

6.3 Maßnahmen des Immissionsschutzes 274

6.3.1 Ausreichender Abstand von Feldverursachern 274

6.3.2 Aktive Kompensation 274

6.4 Magnetische Abschirmungen 276

6.4.1 Abschirmfolien/Abschirmbleche aus MU-Metall 276

6.4.2 Transformatorbleche 278

6.4.3 Abschirmplatten in Sandwich-Bauweise 278

7 Reduzierung hochfrequenter elektromagnetischer Wellen 281

7.1 Maßnahmen des Emissionsschutzes 281

7.2 Maßnahmen des Immissionsschutzes 282

7.2.1 Physik der Hochfrequenzabschirmung 282

7.2.1.1 Maßstäbe für die Hochfrequenz-Schirmdämpfung 284

7.2.1.2 Wirkprinzipien der Hochfrequenzabschirmung 286

7.2.1.3 „Löcher" in der Abschirmung 288

7.2.1.4 Zusätzliche Effekte: Reflexion, Streuung und
Beugung 290

7.2.2 Möglichkeiten der HF-Abschirmung 292

7.2.2.1 Bau- und Abschirmmaterialien
für den praktischen Einsatz 292

7.2.2.2 Messung der Material-Schirmdämpfung
unter Laborbedingungen 295

7.2.3 Vorgehensweise bei der Abschirmung 296

7.2.3.1 Messtechnisch fundiertes Abschirmkonzept 297

7.2.3.2 Umsetzung des Abschirmkonzepts 299

7.2.3.3 Auswirkungen der HF-Abschirmung
auf niederfrequente elektrische Felder/
Beachtung von Sicherheitsaspekten 300

7.2.3.4 Wirksamkeitskontrolle der durchgeführten
Maßnahmen 301

8   Vorschriftenwerk für die Errichtung elektrischer Anlagen 303

8.1   Anerkannte Regeln der Technik 304

8.2   Technische Anschlussbedingungen/TAB 2000 304

8.3   Verordnung über Allgemeine Bedingungen
      für die Elektrizitätsversorgung von Tarifkunden (AVBEltV) 305

8.4   DIN- und VDE-Normen 306

8.5   Umsetzung der Vorschriften in der baubiologischen
      Elektrotechnik 309

    8.5.1   Auswahl der Betriebsmittel 309

    8.5.2   Schutzmaßnahmen 311

    8.5.3   Bestimmung des Querschnitts des Potential-
      ausgleichsleiters 312

    8.5.4   Feststellung der Spannungsfreiheit
      bei Netzabkopplern 316

9   Anhang 319

9.1   Vorsätze für dezimale Vielfache und Teile von Einheiten 319

9.2   Frequenzaufteilung nach IEC 320

9.3   HF-Bänder im Mikrowellenbereich 320

9.4   Dezibel-Tabelle 322

9.5   Hochfrequenzdämpfung von exemplarischen Baustoffen
      und Abschirmmaterialien 323

9.6   Abkürzungsverzeichnis 326

9.7   Glossar 329

Literaturverzeichnis 335

Register 347

1 Die Veränderung des elektromagnetischen Spektrums und ihre Folgen

Gerd Oberfeld

Das Leben auf unserem Planeten Erde hat sich im Laufe der Evolution über Jahrmillionen von den Blaualgen und Bakterien bis zum Menschen vor dem Hintergrund und unter der Einwirkung des natürlichen elektromagnetischen Spektrums entwickelt. Beispiele sind die Photosynthese, der Sehsinn, die Bräunung der Haut als Schutzmechanismus, die Orientierung der Zugvögel am Erdmagnetfeld, die Wetterfühligkeit und die Synchronisierung des Gehirns über die Schumannresonanzen [1]. Zellen, Gewebe, Organe und Organismen funktionieren nicht nur über chemische Reaktionen, sondern sind in ihrem funktionellen Ablauf in komplexen, nichtlinearen Prozessen eng mit internen und externen elektromagnetischen Vorgängen verbunden. Pflanzen, Tiere und Menschen sind elektromagnetische Lebewesen. Dieses Kapitel hat das Ziel, die Einflüsse der natürlichen und künstlichen elektromagnetischen Umwelt auf den Menschen exemplarisch darzustellen und Hinweise für ein vorsorgliches Handeln zu geben.

1.1 Das natürliche elektromagnetische Spektrum

1.1.1 Grundlegendes

Elektromagnetische Felder und Wellen, egal ob natürlichen oder künstlichen Ursprungs, werden über ihre *Frequenz* unterschieden. Die Frequenz ist die Anzahl von Schwingungen pro Zeiteinheit, wobei ein 1 Hertz (Hz) einer Schwingung pro Sekunde entspricht. Das natürliche elektromagnetische Spektrum erstreckt sich von den elektrischen und magnetischen Gleichfeldern mit 0 Hz bis in den Bereich der sekundären Höhenstrahlung von 10^{24} Hz. Von diesem extrem breiten Spektrum in der Natur sind nur gewisse Anteile mit biologisch relevanten Intensitäten belegt. Dazu zählen im Wesentlichen das elektrische Gleichfeld der Erde, das Erdmagnetfeld (ebenfalls ein Gleichfeld), geomagnetische Pulsationen, Schumannresonanzen, VLF-Atmospherics (kurz: Sferics), Infrarotstrahlung (IR), sichtbares Licht, Ultraviolettstrahlung (UV) und radioaktive Strahlung, wie Röntgenstrahlung, Gammastrahlung und Höhenstrahlung. Das **Bild 1.**1 gibt einen Überblick über das natürliche elektromagnetische Spektrum auf der Erde. Strahlungen mit Frequenzen von 0 bis etwa 10^{15} Hz – das ist von den Gleichfeldern bis zum Beginn des UV-Bereichs – werden als *nicht ionisierend* bezeichnet, da ihre Energie für eine Ionisierung, d. h. eine direkte Herauslösung eines Elektrons aus dem Atom- bzw. Molekülverband, nicht ausreicht. Strahlungen mit Frequenzen über etwa 10^{15} Hz werden dementsprechend als *ionisierend* bezeichnet; dazu zählen etwa die UV-Strahlung, die Röntgen- und Gammastrahlung.

Neben der Schreibweise mit Zehnerpotenzen ist es üblich, die Größenordnung von physikalischen Einheiten durch einen entsprechenden Vorsatz zu kennzeichnen, z. B. 1 GHz statt 10^9 Hz. In **Tabelle 9.**1 des Anhangs sind die Vorsätze für dezimale Vielfache und Teile von Einheiten mit ihren Kurzzeichen aufgelistet.

Frequenz *f* und Wellenlänge λ sind über die Lichtgeschwindigkeit *c* verknüpft. Je höher die Frequenz einer elektromagnetischen Welle, umso kleiner ist ihre Wellenlänge:

$\lambda = c / f;$

$c = 300\,000$ km/s.

Tabelle 1.1 zeigt Beispiele aus dem natürlichen elektromagnetischen Spektrum mit den zugehörigen Frequenzen und Wellenlängen.

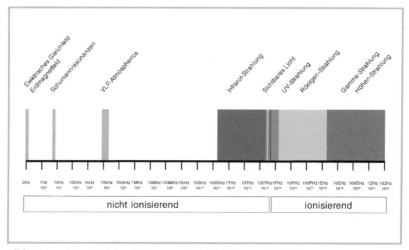

Bild 1.1   *Das natürliche elektromagnetische Spektrum auf der Erde*

Tabelle 1.1 *Beispiele aus dem natürlichen elektromagnetischen Spektrum*

Natürliches Spektrum	Frequenz	Wellenlänge
Elektrisches Gleichfeld der Erde	0 Hz	unendlich
Erdmagnetfeld	0 Hz	unendlich
Geomagnetische Pulsationen	1 mHz bis 1 Hz	$3 \cdot 10^8$ bis $3 \cdot 10^5$ km
Schumannresonanzen	7,8 Hz und 7 weitere Resonanzfrequenzen	38 000 km
VLF-Atmospherics	4 bis 50 kHz	6 bis 75 km
Infrarotstrahlung	$3 \cdot 10^{11}$ bis $4,3 \cdot 10^{14}$ Hz	1 mm bis 780 nm
Sichtbares Licht	$4,3 \cdot 10^{14}$ bis $7,5 \cdot 10^{14}$ Hz	780 bis 380 nm
UV-Strahlung	$7,5 \cdot 10^{14}$ bis $3 \cdot 10^{15}$ Hz	380 bis 100 nm
Röntgenstrahlung	$3 \cdot 10^{15}$ bis $3 \cdot 10^{18}$ Hz	100 bis 0,1 nm
Gammastrahlung	$3 \cdot 10^{18}$ bis $3 \cdot 10^{20}$ Hz	0,1 nm bis 1 pm
Sekundäre Höhenstrahlung	$> 3 \cdot 10^{20}$ Hz	< 1 pm

Im Folgenden werden ausgewählte Aspekte der komplexen Wechselwirkungen Erde – Sonne sowie die VLF-Atmospherics und deren Auswirkungen auf die Gesundheit näher behandelt.

1.1.2 Ausgewählte Aspekte zu Wechselwirkungen Erde – Sonne – Gesundheit

1.1.2.1 Erdmagnetfeld

Unsere Erde ist ein großer Stabmagnet, ein Dipol („Zweipol") mit einem
Nord- und einem Südpol – die Quelle dieses Magnetfeldes ist nach gängiger
Theorie der rotierende flüssige Eisenkern im Erdinneren. Die Achse des Dipols ist gegenüber der Rotationsachse der Erde um rund 11° geneigt. Daher
sind die geografischen und magnetischen Pole der Erde nicht deckungsgleich. Außerdem zeigt der magnetische Pol eine deutliche Wanderungsbe-
wegung von etwa 40 km pro Jahr in Richtung Nordwesten. Die Intensität
des Erdmagnetfeldes wird als *magnetische Flussdichte* in Tesla (T) bzw. Mikro-
tesla (μT) oder Nanotesla (nT) angegeben (1 μT $= 10^{-6}$ T, 1 nT $= 10^{-9}$ T).
Die Intensität des Erdmagnetfeldes liegt zwischen etwa 25 000 nT im Bereich des Äquators und 65 000 nT im Bereich der Pole und verändert sich
in sehr langen Zeiträumen. Während der letzten 100 Millionen Jahre soll
sich das Erdmagnetfeld im Mittel alle 200 000 Jahre umgepolt haben, wobei
die Zeitintervalle beträchtliche Abweichungen zeigen. Die letzte Umpolung
soll vor etwa 750 000 bis 780 000 Jahren stattgefunden haben. Einige Erd-
magnetfeldforscher meinen, dass eine Umpolung jederzeit möglich sei,

wobei sich diese über einen längeren Zeitraum erstrecken und mit einer Reduktion des Erdmagnetfeldes sowie dem Auftreten mehrerer Pole einhergehen könne [2].

1.1.2.2 Sonnenaktivität

Das Erdmagnetfeld wird durch externe Einflüsse, vor allem durch die *magnetische Aktivität der Sonne* (Sonnenwind) beeinflusst. Dies führt zu Schwankungen des Erdmagnetfeldes im Bereich von einigen 10 nT, im Extremfall eines geomagnetischen Sturmes, der durch heftige Sonnenaktivitäten (koronare Massenemissionen) verursacht wird, von mehreren 100 nT. Das Magnetfeld der Erde umgibt unseren Planeten wie eine zweite Hülle (Magnetosphäre) und ist Teil des lebenswichtigen Schutzschildes gegen die Einwirkung von Teilchen und Strahlung der Sonne und aus dem Weltall.

Die in Zeiten erhöhter Sonnenaktivität ebenfalls stärker abgegebene Röntgen- und UV-Strahlung führt zu Änderungen der Leitfähigkeit der *Ionosphäre,* einer leitfähigen Plasmaschicht in Höhen zwischen 40 und 600 km über dem Erdboden. Die Eigenschaften der Ionosphäre sind komplex und führen zu unterschiedlichen Absorptions- und Reflexionseigenschaften für elektromagnetische Wellen bestimmter Wellenlängen, z. B. der Schumannresonanzen und Kurzwellenanwendungen.

Die von der Sonne ausgehenden zeitlich stark schwankenden Emissionen können zu vielfältigen Auswirkungen auf der Erde bzw. im Weltraum führen, von denen hier einige kurz genannt werden:

▮ Transformatorstörungen durch induktive Ströme in Hochspannungsleitungen mit Stromausfällen in hohen Breitengraden,
▮ verstärkte Korrosion durch induzierte Ströme bei Öl- und Gaspipelines in hohen Breitengraden,
▮ beschleunigte Materialalterung und Störungen bei Satelliten und Raumschiffen,
▮ erhöhte Belastungen für den Menschen, insbesondere bei Weltraummissionen und Flügen in großen Höhen,
▮ Störung von Funknavigationssystemen,
▮ Störung von Kurzwellenanwendungen (Radio, Funk),
▮ Änderungen des Erdmagnetfeldes und der Schumannresonanz.

Unsere Sonne unterliegt verschiedenen Aktivitätszyklen. Die beiden wichtigsten sind die Eigenrotation innerhalb von 27 Tagen und der 11-jährige Sonnenfleckenzyklus. Die Anzahl der Sonnenflecken ist ein Maß für die

Aktivität der Sonne. Die Monatsmittelwerte der Sonnenflecken schwanken zwischen 0 und etwa 250 mit einem Maximum im Abstand von 11 Jahren.

1.1.2.3 Schumannresonanzen

Von den ersten Messungen der Schumannresonanzen berichtete *Schumann* in der Arbeit „Über die strahlungslosen Eigenschwingungen einer leitenden Kugel, die von einer Luftschicht und einer Ionosphärenhülle umgeben ist", publiziert in der Zeitschrift für Naturforschung 1952. Im Jahr 1960 veröffentlichten *Balser* und *Wagner* in der Zeitschrift Nature den Beitrag „Observation of earth-ionosphere cavity resonances" und konnten die weiteren Resonanzordnungen (modes) nachweisen [3].

Insgesamt wurden neben der ersten Schumannwelle mit 7,8 Hz weitere Ordnungen bestimmt: 14, 20, 26, 33, 39, 45 und 51 Hz.

Die Schumannresonanzen resultieren aus der Anregung des Erde-Ionosphären-Hohlraumresonators durch die Gewittertätigkeit auf der Erde, insbesondere im Tropengürtel.

Das **Bild 1.2** zeigt die über die Zeit von Januar bis März 1990 gemittelten Amplitudenspektren von 2 bis 100 Hz für folgende Messorte: Arrival Heights, Südpol (AH), Sondrestromfjord, Grönland (SS), und Stanford, Kalifornien (SU). Acht Erde-Ionosphären-Hohlraumresonanzen können unterschieden werden (Ziffern 1 bis 8). Das Spektrum wird dominiert durch scharfe Spektralanteile des Stromnetzes bei 50 Hz bzw. 60 Hz. Alle drei Spektren zeigen eine Trägerfrequenz von 82 Hz, die vom Kommunikationssystem eines russischen U-Bootes stammt. Eine Vielzahl weiterer Spitzen unbekannter Herkunft treten im Spektrum unregelmäßig auf und verändern das Spektrum.

Die Aktivität der Sonne beeinflusst über die Veränderung der Leitfähigkeit der Ionosphäre (D-Schicht) die Amplitude der Schumannresonanzen.

Das **Bild 1.3** zeigt den Zusammenhang zwischen der Intensität der Schumannresonanz und der Anzahl der Sonnenflecken. Die oberen drei Kurvenpaare zeigen die Amplituden der ersten (1) und zweiten (2) Schumannresonanz an den Messstellen Arrival Heights (AH), Südpol, Sondrestromfjord (SS), Grönland, und Stanford (SU), Kalifornien, von Januar bis Ende April 1990. Die untere Kurve zeigt die Anzahl der Sonnenflecken als Maß der Sonnenaktivität. Je höher die Sonnenfleckenaktivität, umso höher ist die Amplitude der Schumannresonanzen [4].

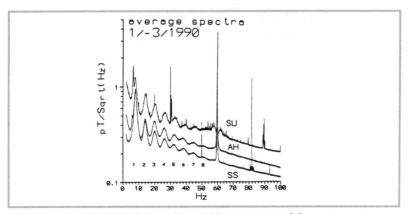

Bild 1.2   *Spektrum der Erde-Ionosphären-Hohlraumresonanzen* [4]

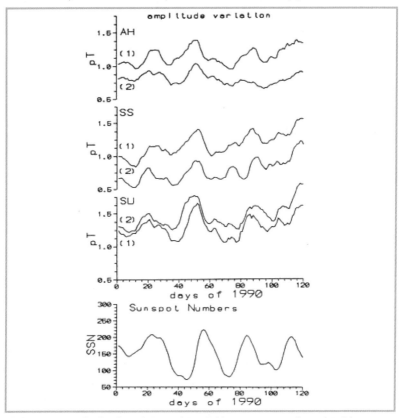

Bild 1.3   *Amplituden der Erde-Ionosphären-Hohlraumresonanzen (1. und 2. Schumann-resonanz) in Beziehung zur Sonnenfleckenzahl (SSN = Sunspot Numbers)* [4]

1.1.2.4 Auswirkungen der Änderungen des Erdmagnetfeldes bzw. der Schumannresonanz auf den Menschen

Eine Untersuchung unter Berücksichtigung der Lichtexposition zeigte signifikante Beziehungen zwischen der Intensität der geomagnetischen Aktivität der letzten 36 Stunden, ausgedrückt in nT, und der Höhe des Melatoninabbauprodukts 6-Hydroxymelatoninsulfat (6-OHMS) im Morgenurin [5]. Das **Bild 1.4** zeigt, dass eine Erhöhung der geomagnetischen Aktivität der letzen 36 Stunden um 30 nT zu einer Reduktion der 6-OHMS-Ausscheidung um etwa 25 % führt. Änderungen der geomagnetischen Aktivität waren in anderen Untersuchungen verbunden mit epileptischen Anfällen, Herzinfarkten, Schlaganfällen, plötzlichem Kindstod (SIDS = Sudden Infant Death Syndrome), Selbstmorden und Depressionen. Die Annahme, dass eine verminderte Melatoninausscheidung ein Indikator für einige dieser Effekte ist, wird durch Studien unterstützt, die eine verminderte Melatoninsekretion bei Epilepsie, SIDS, Herz-Kreislauf-Erkrankungen und Schlaganfällen fanden.

Eine Übersicht zur Frage gesundheitlicher Wirkungen der *solaren und geomagnetischen Aktivität* (S-GMA) findet sich bei *Cherry* [6]. Er führt an, dass eine große Anzahl von Studien signifikante Beziehungen zwischen physikalischen und biologischen sowie gesundheitlichen Effekten mit der Änderung der solaren und geomagnetischen Aktivität (S-GMA) identifizieren konnten. Veränderungen der Sonnenaktivität, der geomagnetischen Aktivität und der Ionen-/Elektronenkonzentration der Ionosphäre sind hochgradig korreliert.

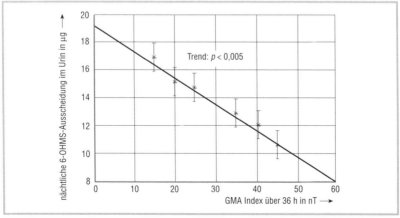

Bild 1.4   *Reduktion der Ausscheidung von Melatoninabbauprodukten in Abhängigkeit von der geomagnetischen Aktivität (GMA) [5]*

Ein lebenslang weltweit verfügbares natürliches ELF-Signal, das *Schumannresonanzsignal,* wurde von *Cherry* als der mögliche plausible biophysikalische Mechanismus für die beobachteten S-GMA-Effekte untersucht. Es zeigte sich, dass das Schumannresonanzsignal hochgradig mit den S-GMA-Indikatoren Sonnenfleckenzahl und dem Kp-Index (Index für die geomagnetische Aktivität) korreliert ist. Der physikalische Mechanismus ist die Ionen- bzw. Elektronendichte der D-Schicht der Ionosphäre, die mit der S-GMA variiert und die Obergrenze des Resonanzhohlraumes formt, in dem die Schumannresonanz entsteht. Dies unterstützt die Identifizierung des Schumannresonanzsignals als den biophysikalischen Mechanismus der S-GMA, primär über den Melatoninmechanismus. Es unterstützt die Klassifizierung der S-GMA als natürliche Gefahr.

Detaillierte Untersuchungen wurden von *Cherry* in Thailand vorgenommen [7]. Es zeigten sich hier, basierend auf Daten über einen Zeitraum von 19 Jahren, unter anderem signifikante Zusammenhänge mit der S-GMA unter Heranziehung der Sonnenfleckenanzahl mit folgenden Endpunkten: Todesrate, Selbstmord bei Männern, Schlaganfall bei Männern und Frauen, tödliche Verkehrsunfälle bei Männern und Frauen, Brustkrebs bei Frauen, alle Krebsformen bei Frauen und Männern, Bluthochdrucktodesfälle bei Männern und Frauen. Das **Bild 1.5** zeigt die Beziehung zwischen der Rate an Bluthochdruck-Todesfällen bei Männern (links) $p = 0,000012$ und Frauen (rechts) $p = 0,00329$ mit der mittleren jährlichen Sonnenfleckenanzahl in Thailand aus einem Datensatz von 19 Jahren. (Anmerkung: Der p-Wert ist der Wahrscheinlichkeitswert (probability) und gilt als signifikantes Ergebnis, wenn $p < 0,05$ ist.)

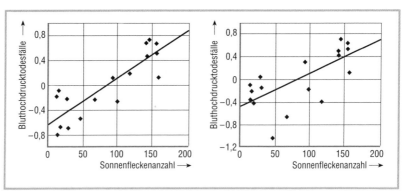

Bild 1.5   *Bluthochdruck-Todesfälle bei Männern (links) und Frauen (rechts) und mittlere jährliche Sonnenfleckenanzahl in Thailand [7]*

1.1.2.5 VLF-Atmospherics

Eine erste umfassende Übersicht zu VLF-Atmospherics (abgekürzt: Sferics) und gesundheitlichen Wirkungen gab *Reiter* in dem Buch „Meteorobiologie und Elektrizität der Atmosphäre", publiziert 1960 [8]. Er bezeichnete die VLF-Atmospherics als atmosphärische Längstwellen und schrieb einleitend: „Die Knack- und Prasselgeräusche im Kopfhörer oder Lautsprecher des Empfangsgerätes, die durch atmosphärische Längstwellen ausgelöst werden, hat man schon in den ersten Jahren der Radiotelegraphie bemerkt und richtig gedeutet".

Der Frequenzbereich der VLF-Atmospherics liegt etwa zwischen 4 und 50 kHz, die Wellenlänge entsprechend zwischen 75 und 6 km.

Die Ursache der VLF-Atmospherics (Sferics) sind elektrische Entladungen, wie sie bei atmosphärischen Turbulenzen, bei Gewittern und gewitterähnlichen Situationen entstehen. Von *Sönning* und *Baumer* wird den durch so genannte stille Entladungen oder Dunkelfeldentladungen (d. h. ohne Blitzerscheinung) entstandenen VLF-Atmospherics besondere biophysikalische Bedeutung zugeschrieben; sie werden als *CD-Sferics according to Baumer (a. t. B.)* bezeichnet. CD steht dabei für Convective Discharge, also Entladung im Rahmen konvektiver Vorgänge der Luftmassen.

Auswirkungen der VLF-Atmospherics auf den Menschen

Reiter unterschied bei der Registrierung zwei Frequenzbänder der Infralangwellen: Bereich I: 10 bis 50 kHz und Bereich II: 4 bis 12 kHz. Mit Hilfe von Zählwerken wurden über mehrere Jahre die Impulssummen in diesen beiden Frequenzbereichen registriert. Sie waren die Basis für seine statistischen Untersuchungen mit verschiedenen Indikatoren. *Reiter* fand in seinen umfangreichen Untersuchungen u. a. signifikante Beziehungen zwischen den von ihm registrierten VLF-Atmospherics und nachfolgenden Indikatoren (in Klammern ist die Größe der Stichprobe angeführt):

- vermehrte Kopfschmerzen bei Hirnverletzten ($n = 9000$),
- vermehrte Phantomschmerzen bei Amputierten ($n = 20\,000$),
- vermehrte Todesfälle ($n = 52\,000$),
- Zunahme von Verkehrsunfällen ($n = 114\,000$),
- Zunahme von Betriebsunfällen ($n = 362\,000$).

So lag etwa der Unterschied zwischen Tagen mit minimaler und maximaler Aktivität im Frequenzbereich I (10 bis 50 kHz) bei den Verkehrsunfällen bei 60 %.

Das **Bild 1.6** zeigt die Abhängigkeit der Verkehrsunfallziffern für verschiedene Gebiete der Infralangwellen I (10 bis 50 kHz). Die erste Spalte zeigt, dass eine Erhöhung der Sfericsaktivität mit einer Zunahme der Verkehrsunfälle verbunden ist. Die zweite Spalte ist die Gegenprobe und zeigt, dass eine veringerte Sfericsaktivität mit einer geringeren Anzahl von Verkehrsunfällen assoziiert ist. Deutlich ist auch die Ortsabhängigkeit der Assoziationsstärke zu sehen. Die Sfericsmessstelle befand sich von 1949 bis 1954 in München. Demzufolge finden sich die stärksten Beziehungen in München und nehmen mit zunehmender Entfernung zur Messstelle ab.

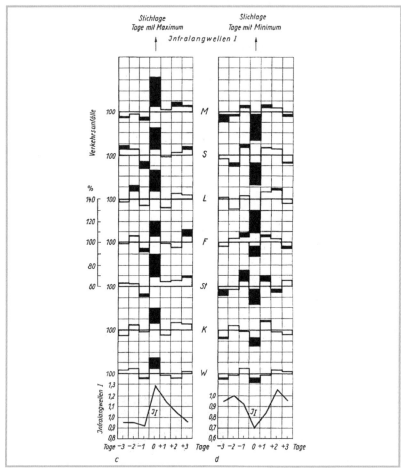

Bild 1.6   *Beziehung zwischen Sfericsaktivität und Anzahl der täglichen Verkehrsunfälle für verschiedene Städte [8]*
M = München, S = Salzburg, L = Linz an der Donau, F = Frankfurt am Main, St = Stuttgart, K = Köln, W = Wien

Baumer und *Sönning* [9] sehen in den Sferics a. t. B. das biologisch wirksame Agens der VLF-Sferics. Die Sferics a. t. B. sollen stille, dunkle Entladungen (d. h. ohne Blitzerscheinung) sein, die an den Grenzschichten von Luftmassen stattfinden. Der im Zuge der Entladung entstehende elektromagnetische Impuls breitet sich mit Lichtgeschwindigkeit im Raum aus und wird auf dem Weg durch die Atmosphäre zum einen in der Intensität abgeschwächt, zum anderen entwickelt er seine biologische Wirksamkeit erst, nachdem er eine gewisse Wegstrecke zurückgelegt hat. Dabei erfolgt die Umwandlung vom Urimpuls zum Sferic a.t.B. mit einem angehängten „Schwingungsschwanz". Dies erklärt auch die Vorauswirkung von Wetterfronten mit ihrer vorzeitigen Registrierung durch Wetterfühlige und das Nachlassen der Beschwerden, wenn die Front eingetroffen ist.

Basierend auf den von *Baumer* durchgeführten Sfericsmessungen untersuchte *Ruhenstroth-Bauer* Zusammenhänge mit verschiedenen Krankheitsbildern. Dabei ergaben sich u. a. folgende Ergebnisse:

▌ vermehrtes Auftreten von Herzinfarkten an Tagen mit verstärkter Aktivität von CD-Sferics a. t. B. von 28 kHz [10],

▌ vermehrtes Auftreten von epileptischen Anfällen an Tagen mit verstärkter Aktivität von CD-Sferics a. t. B. von 28 kHz sowie ein verringertes Auftreten an Tagen mit erhöhter CD-Sferics a.t.B. von 10 kHz [11].

Einen anderen Ansatz verfolgten *Schienle* und *Vaitl* durch ihre Versuche, künstlich generierte Sfericsignale in einem Labor verschiedenen Versuchspersonen anzubieten. In einer Untersuchung zeigte sich, dass nach der Exposition gegenüber dem magnetischen Anteil eines künstlichen Sfericpulses von 10 kHz (Amplitude max. 50 nT, Dauer 500 µs, Pulswiederholungsrate 7 … 20 Hz) von 10 min eine Änderung des EEG-Spektrums erfolgte. Die Sfericsexposition führte zu einem Anstieg der Alpha- (8 … 13 Hz) und Betaaktiviät (13 … 30 Hz) und hielt bis zu 10 min nach Expositionsende an. Bei Personen mit einem höheren Grad an Wetterfühligkeit oder körperlichen Beschwerden hielt der Effekt bis zu 20 min nach Expositionsende an [12].

1.2 Technische Nutzung des Frequenzspektrums

Noch nie in der etwa 7 Millionen Jahre währenden Geschichte der Menschheit gab es eine vergleichbare Entwicklung, wie sie seit etwa 100 Jahren mit zunehmender Geschwindigkeit und Durchdringung abläuft – die Exposition von immer mehr Menschen mit künstlich erzeugten elektromagnetischen Feldern und Wellen verschiedenster Frequenzen und Signalmuster.

Einen Überblick geben das **Bild 1.7** sowie die **Tabelle 9.2** im Anhang, welche die wichtigsten natürlichen und technischen Frequenzen gemeinsam darstellen. Der Autor geht in Anlehnung an die Lehren der Geschichte davon aus, dass sich die Exposition der Menschen gegenüber technischen elektromagnetischen Feldern im Hinblick auf Intensität und Frequenzumfang weiter erhöhen wird und dass erst die sich in Folge noch deutlicher als bereits jetzt zeigenden gesundheitlichen Konsequenzen zu einem Umdenken führen werden.

1.2.1 Niederfrequenz

Ausgehend von der Erfindung der elektrischen Telegrafie im Jahre 1753 durch einen unbekannten Erfinder beginnt die technische Nutzung des Frequenzspektrums sehr gemächlich. So wurde, nach voraufgegangenen Fehlschlägen, 1866 das erste Transatlantikkabel für die Telegrafie in Betrieb genommen.

1881 wurde in Berlin-Lichterfelde die erste elektrische Straßen(eisen)bahn der Welt eröffnet.

1882 ging die erste deutsche Blockstation für den Betrieb von 30 Glühlampen in Stuttgart in Betrieb. Ebenfalls in diesem Jahr erleuchteten in Berlin die ersten elektrischen Straßenlampen die Leipziger Straße, den Potsdamer Platz und die Kochstraße.

In der Schweiz wurde 1899 die erste Drehstromlokomotive der Welt gebaut und eingesetzt.

In Österreich zwang der Verlust der großen Kohlenlager nach dem 1. Weltkrieg zur Elektrifizierung der Eisenbahnen. 1919–1930 wurden 620 km elektrifiziert, unter anderem die Linien Salzburg–Buchs bzw. Salzburg–Bregenz und die Brennerbahn, 1933–1935 die Tauernbahn, 1937–1941 die Strecke Salzburg–Attnang–Puchheim. Nach 1945 wurde die Elektrifizierung vor allem der Westbahn bis Wien und der Südbahn fortgesetzt.

Die Frequenz des Bahnstromes beträgt in Deutschland, Österreich, der Schweiz, Schweden und Norwegen 16 ⅔ Hz. In den Niederlanden, Teilen von Frankreich, Belgien, Italien, Spanien und Polen werden dagegen Gleichstromnetze betrieben. Und in Großbritannien, den übrigen Teilen Frankreichs, in Portugal und Dänemark fahren die Eisenbahnen mit 50 Hz Wechselspannung.

In Deutschland wurde 1911 die erste 110-kV-Leitung von Lauchhammer nach Riesa (45 km) in Betrieb genommen. Der Stromverbrauch entwickelte sich in den ersten Jahrzehnten langsam, um dann in der 60er Jahren zügig anzusteigen (**Bild 1.8**).

Die Frequenz des *Netzstromes* beträgt in Europa 50 Hz bei einer Spannung auf der einphasigen Verbraucherebene von 230 V, in den USA 60 Hz bei überwiegend 110 V.

Zusätzlich kam es durch die zunehmende Verwendung von Kunststoffen für Kleidung, Schuhsohlen, Vorhänge, Tapeten und Möbeloberflächen zu einer oft schmerzhaften Funkenentladung bzw. einer unerwünschten *Erhöhung elektrischer Gleichfelder* in Innenräumen von einigen kV/m und damit zu einer unerwünschten Verringerung der Kleinionenanzahl in Innenräumen.

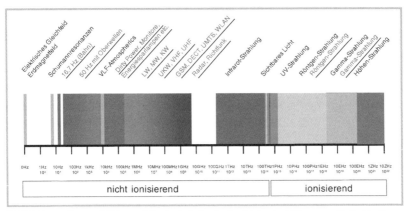

Bild 1.7 *Das natürliche und das technische (unterstrichen) elektromagnetische Spektrum*

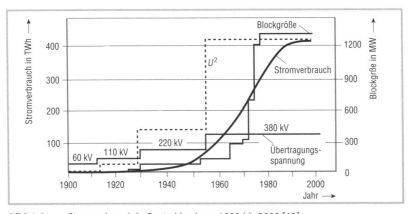

Bild 1.8 *Stromverbrauch in Deutschland von 1900 bis 2000* [13]

1.2.2 Hochfrequenz

In den 20er Jahren des zwanzigsten Jahrhunderts wurden in Europa die ersten *Rundfunk-* und *Fernsehsender* in Betrieb genommen. Ab den 30er Jahren wurden in Deutschland die ersten militärischen *Radaranlagen* eingesetzt.

Die ersten *Mobilfunkdienste* waren Autotelefone (A-, B-, C-Netz) und wurden 1974 in Österreich sowie 1978 in der Schweiz und in Deutschland in Betrieb genommen. Die Mobilfunknetze nach dem GSM-Standard gingen in Deutschland 1992, in der Schweiz 1993 und in Österreich 1994 on air. Im September 2002 ging in Österreich das erste UMTS-Testnetz in Betrieb. Im Frühjahr 2004 begann in Deutschland die Inbetriebnahme des UMTS-Netzes.

Der Schnurlostelefonstandard CT1 (Cordless Telephone Standard 1) wurde 1984 verabschiedet, der DECT-Standard (Digital Enhanced Cordless Telecommunications) 1991.

Die Mobil- und Schnurlostelefonie führte erstmals in der Geschichte der Menschheit zu einer regelmäßigen, oft mehrstündigen Exposition breiter Bevölkerungskreise mit sehr hohen Mikrowellenpegeln durch die Mobilteile sowie zu einer Dauerbelastung der Anwohner im Umfeld der Basisstationen.

Neben den Mobiltelefondiensten gibt es noch die so genannten *Funkrufdienste* (Pager, „Piepser"). Diese ermöglichen eine einfache alphanumerische Kommunikation in nur eine Richtung. Häufigster Einsatz ist die Übermittlung von Telefonnummern, die man dann zurückrufen soll, oder die Übertragung kurzer Informationen, z. B. bei Rufbereitschaft. Bekannteste Vertreter dieser Rufdienste sind der in Deutschland 1974 eingeführte Eurosignaldienst (er wurde 1998 wegen technischer Überalterung abgeschaltet) und der 1989 in Betrieb genommene Cityrufdienst. Mit der Verbreitung des öffentlichen Mobilfunks haben die früher insbesondere für berufliche Zwecke stark genutzten Funkrufdienste massiv an Bedeutung verloren.

Richtfunkverbindungen werden mit unterschiedlichen Frequenzen und Anwendungen als Alternative zu Kabelverbindungen oder als „zweites Standbein" eingesetzt.

Die so genannte *Powerline Communication* (PLC) als alternative Datenübertragungstechnik „Internet über die Steckdose" ist bisher über einzelne Versuchsgebiete bzw. Heimanwendungen nicht hinausgekommen. Es treten erhebliche Probleme mit breitbandigen Störaussendungen, z. B. in den

Frequenzbereichen 95 bis 148,5 kHz sowie 1 bis 30 MHz auf, die dabei von elektrischen Leitungen und Geräten abgestrahlt werden. 1997 wurde der Standard IEEE 802.11 mit einer anschließenden Fülle von Substandards (a, b, b+, g, Super-G, h) für die Anwendung von lokalen Computerfunknetzwerken *Wireless Local Area Network* (WLAN) und den mobilen Internetzugang an so genannten „Hot Spots" geschaffen. Wegen der erwarteten starken Nutzung wurden im November 2002 von der Regulierungsbehörde für Telekommunikation und Post (RegTP) zusätzlich zum „klassischen" Frequenzbereich von 2,4 bis 2,4835 GHz auch die Bereiche 5,150 bis 5,350 GHz und 5,470 bis 5,725 GHz für WLAN-Anwendungen freigegeben.

Bei zahlreichen Anwendungen und Geräten werden als unerwünschte Nebenprodukte elektrische bzw. magnetische Felder und elektromagnetische Wellen erzeugt, weitergeleitet und abgestrahlt. So geben etwa *Fernseh- und Computerbildschirme, Kompaktleuchtstofflampen* (Energiesparlampen), gewisse *Vorschaltgeräte*, z. B. für *Leuchtstofflampen, Netzteile* und viele *Haushaltsgeräte mit elektronischer Steuerung*, unerwünschte elektrische und magnetische Felder im Kilohertzbereich ab. Diese Felder und damit verbundene Spannungen und Ströme werden als „Dirty Power" bezeichnet.

1.2.3 Anwendungen und Frequenzbereiche

In der **Tabelle 1.2** wird ein kleiner Auszug technischer Anwendungen – geordnet nach der Frequenz – angeführt. Bei Betrachtung der exponierten Bevölkerung zum Zeitpunkt 2005 sind einige Anwendungen besonders weit verbreitet. Sie sind grau hinterlegt herausgehoben.

1.3 Gesundheitliche Aspekte

Eine 2002 in Salzburg vom Autor durchgeführte Untersuchung zeigte, dass 19 % der Menschen elektromagnetische Felder wahrnehmen können [15]. Ältere Untersuchungen aus Schweden [16] und Kalifornien [17] ergaben deutlich geringere Häufigkeiten von wenigen %. Es besteht daher der begründete Verdacht, dass in weiten Teilen der Welt immer mehr Menschen elektrosensibel werden.

Die wahrscheinlichste Ursache dafür ist die vor allem im letzten Jahrzehnt steigende Belastung im kHz-Bereich (z. B. PC-Monitore, Notebooks,

Tabelle 1.2   *Häufige Funkanwendungen und ihre Frequenzbereiche* (nach [14])

Art der Anwendung	Frequenz
Bahnstromanlagen	16,66 Hz
Energieversorgung	50 Hz
Oberwellen, Harmonics	100 Hz … > 2 kHz
Computermonitore, Fernsehbildschirme	50 Hz … > 400 kHz
Elektronische Schaltnetzteile, Energiesparlampen	50 Hz … > 400 kHz
Powerline Communications Technology „Internet über die Steckdose"	95 … 148,5 kHz und 1 … 30 MHz
Mittelwellensender	525 kHz … 1,605 MHz
Kurzwellensender	6 … 26 MHz
UKW-Sender	88 … 108 MHz
VHF-TV-Sender, analog (auslaufend) digital (DVB-T)	174 … 223 MHz
DAB-T, terrestrischer digitaler Rundfunk	174 … 230 MHz
Flugfunk	230 … 329 MHz
TETRA-Handy, digitaler Bündelfunk	380 … 385 MHz
TETRA-Basisstation, digitaler Bündelfunk	390 … 395 MHz
Amateurfunk 70-cm-Band	430 … 440 MHz
UHF-TV-Sender, analog (auslaufend) digital (DVB-T) zusätzlich	470 … 790 MHz 814 … 838 MHz
GSM 900-Handy	890 … 915 MHz
GSM 900-Basisstation	935 … 960 MHz
IFF, SSR Flugnavigationsdienst, Transponder-Sekundärradar	960 … 1215 MHz
Satellitennavigationsdienst GPS (militärische Nutzung)	1215 … 1240 MHz
Amateurfunk 23-cm-Band	1240 … 1300 MHz
Flugsicherungsradar	1240 … 1400 MHz
Satellitennavigationsdienst GPS (zivile und militärische Nutzung)	1559 … 1610 MHz
Satelliten-Mobilfunk, IRIDIUM-Nachfolgesystem	1616 … 1626 MHz
GSM 1800-Handy	1710 … 1785 MHz
GSM 1800-Basisstation	1805 … 1880 MHz
DECT-Handy	1880 … 1900 MHz
DECT-Basisstation	1880 … 1900 MHz
UMTS-Handy	1920 … 1985 MHz
UMTS-Basisstation	2110 … 2170 MHz
Fester Funkdienst; Richtfunk; beweglicher Funkdienst	2290 … 2300 MHz
ISM-Band (WLAN, Bluetooth, Mikrowellenherd)	2400 … 2483,5 MHz
WLAN 5 GHz	5150 … 5350 MHz und 5470 … 5725 MHz
TAR/ASR, Nahbereichsradar von Flughäfen, Reichweite bis 100 km	2700 … 3400 MHz
Wetterradar; Flugzeug-Bordradar, Reichweite bis 350 km	5255 … 5850 MHz
ASDE, Rollfeldüberwachungsradar von Flughäfen, Reichweite einige Kilometer; PAR Präzisionsanflugradar von Flughäfen, Reichweite 10 bis 40 km; Wetterradar	8500 … 10 400 MHz
Diverse Richtfunkanwendungen	7000 … 60 000 MHz

Energiesparlampen, Dirty Power) und im oberen MHz-Bereich (z. B. Mobiltelefone, Mobilfunksendeanlagen, Schnurlostechniken). Immer mehr Menschen reagieren auf elektromagnetische Felder mit teils erheblichen Störungen des Wohlbefindens. *Elektrosensibilität* kann je nach Schweregrad zu einer deutlichen Minderung der Lebensqualität und der Arbeitsleistung führen. So ist etwa in Schweden das Bewusstsein für elektromagnetische Felder am Arbeitsplatz deutlich höher als in anderen Ländern Europas.

1.3.1 Niederfrequenz

1.3.1.1 Magnetische Wechselfelder und Leukämie

Die öffentliche Diskussion über gesundheitliche Wirkungen elektromagnetischer Felder hat eine ihrer Wurzeln in den epidemiologischen Studien von *Wertheimer* und *Leeper* über den Zusammenhang zwischen der Nähe zu Hochspannungsleitungen und dem gehäuften Auftreten von *kindlichen Leukämien* [18] bzw. von Krebs bei Erwachsenen [19] in Colorado, USA. Die Autoren fanden Expositions-Wirkungs-Beziehungen, die unabhängig vom Alter, der Urbanisierung oder dem sozioökonomischen Status waren. Diese Arbeiten lösten eine intensive Forschungstätigkeit im Bereich magnetischer

Tabelle 1.3 *Niederfrequente magnetische Wechselfelder als Zweitagesmittelwerte und Leukämierisiko bei Kindern unter sechs Jahren* [21]

Exposition (Mittelwert) nT	Fälle n	Kontrollen n	OR	95-%-CI
< 30	7	20	1,0	–
30 … 70	9	18	1,6	0,5 … 4,8
70 … 140	15	15	3,1	1,0 … 9,6
> 140	18	17	3,7	1,1 …12,5

Tabelle 1.4 *Niederfrequente magnetische Wechselfelder (Medianwert Nacht) und Leukämierisiko* [22]

Exposition (Medianwert Nacht) nT	Fälle n	OR	95-%-CI
< 100	625	1,00	
100 … < 200	44	1,33	0,90 … 1,97
200 … < 400	14	2,40	1,07 … 5,37
> 400	7	4,28	1,25 … 14,70

Wechselfelder, insbesondere für die Frequenzen 50 und 60 Hz aus. Ein weiterer Forschungsanstoß kam 1987 durch die Hypothese von *Stevens* über den möglichen Zusammenhang zwischen elektromagnetischen Feldern, Melatonin und Brustkrebs [20].

Im Folgenden werden exemplarisch die Ergebnisse einzelner Arbeiten vorgestellt.

In einer Kanadischen Fall-Kontrollstudie [21] zu kindlichen Leukämien wurde die Magnetfeldexposition mit Personendosimetern erhoben. In der Gruppe der unter 6-jährigen Kinder fand sich ein signifikanter Zusammenhang in Form einer Expositions-Wirkungs-Kurve. Bei Expositionswerten als Mittelwert über zwei Tage von 70 ... 140 nT zeigte sich ein *odds ratio* (OR) von 3,1 (95-%-Konfidenzintervall: 1,0 ... 9,6), s. **Tabelle 1.3**. Dies entspricht einem 3fach erhöhten Leukämierisiko. Diese Studie wird angeführt, weil sie eine der wenigen Arbeiten ist, die die wenig belastete Referenzgruppe über die Quartilbildung (hier < 30 nT) generierte. Im Gegensatz dazu wird häufig die Referenzgruppe erst bei Werten < 100 nT oder < 200 nT angesetzt.

Die in Deutschland durchgeführte EMF II-Studie von *Schüz* und *Michaelis* [22] ist ebenfalls eine Fall-Kontroll-Studie zu magnetischen Wechselfeldern (50 Hz) und kindlicher Leukämie. Die Studie zeigt eine Expositions-Wirkungs-Beziehung zwischen dem kindlichen Leukämierisiko und dem Median der nächtlichen Magnetfeldexposition, wobei als Referenzkategorie < 100 nT verwendet wurde (**Tabelle 1.4**).

Kindliche Leukämien bei 2- bis 4-jährigen Kindern haben in den letzen 80 Jahren deutlich zugenommen. *Milham* [23] untersuchte den Zusammenhang zwischen der voranschreitenden Elektrifizierung in den USA mit Daten zur Inzidenz der kindlichen Leukämie. Er fand einen Schaltereffekt bei der Elektrifizierung. 10 % Zunahme der Elektrifizierung ergab eine Zunahme der kindlichen Leukämie um 24 % (95-%-CI: 8 ... 41 %). Bei einem ursächlichen Zusammenhang wären nach *Milham* 60 % der kindlichen Leukämien bzw. 75 % der akuten lymphatischen Leukämien im Kindesalter hierdurch erklärbar und vermeidbar.

1.3.1.2 Magnetfeldspitzenwerte und Fehlgeburten

Bis vor kurzem erfolgte die Bestimmung der Exposition gegenüber magnetischen Wechselfeldern in der Regel als *Mittelwert*. Für Überraschung sorgten die im Jahr 2000 publizierten Ergebnisse aus Kalifornien, die einen Zu-

sammenhang zwischen Fehlgeburten und dem erhobenen *Maximalwert* erbrachten. Die beiden epidemiologischen Untersuchungen, eine Fall-Kontroll-Studie [24] und eine prospektive Kohortenstudie [25], zeigten einen
Zusammenhang zwischen dem Auftreten von Fehlgeburten in den ersten
20 Schwangerschaftswochen und den mittels Personendosimetern über
24 h gemessenen magnetischen Wechselfeldern (60 Hz), und zwar mit den
gemessenen Spitzenwerten im Bereich 1600 nT und darüber, jedoch nicht
mit den erhobenen Mittelwerten. Das 25.-Perzentil betrug 1600 nT – das
bedeutet, dass 75 % der Frauen gegenüber Magnetfeldspitzen von 1600 nT
und mehr exponiert waren. 40 % aller Fehlgeburten waren mit Magnetfeldern > 1600 nT assoziiert. Bei grober Übertragung auf Österreich entspricht
das ca. 5800 Fehlgeburten pro Jahr. Zum Vergleich verzeichnet Österreich
ca. 1000 Verkehrstote jährlich.

1.3.2 Nationale und internationale Einschätzungen

Dabei wird die Einschätzung der Internationalen Strahlenschutzkommission
(ICNIRP) – die als ein in München eingetragener Verein geführt wird [26] –
und die darauf aufsetzenden verschiedenen nationalen Empfehlungen bzw.
die EU-Rats-Empfehlung [27] nicht näher behandelt, da diese nur Kurzzeit-
effekte behandelt und in ihrer fachlichen Interpretation verschiedener Studien bzw. in ihren Schlussfolgerungen nicht nachvollziehbar ist [28].

Im Jahr 1995 stellte der im Mai 2004 verstorbene führende EMF-
Forscher *Adey*, Berkeley, USA, zur Frage des Wissensstandes und der Grenz-
wertsetzungen fest: *„The laboratory evidence for athermal effects of both
ELF and RF/microwave fields now constitutes a major body of scientific li-
terature in peer-reviewed journals. It is my personal view that to continue
to ignore this work in the course of standard setting is irresponsible to the
point of being a public scandal"* [29].

Im Folgenden werden einige Einschätzungen von Kommissionen zum
Bereich niederfrequenter Felder vorgestellt, die eine realistischere Einschätzung der Situation als die der ICNIRP zeigen.

Basierend auf epidemiologischen Studien, Zellstudien und Tierversu-
chen, wurde 1995 ein Entwurf für Empfehlungen der *Nationalen Strahlenschutzkommission der USA* (NCRP) unter dem Vorsitz von *Adey* ausgearbei-
tet [30]. Der Entwurf sieht unter anderem verschiedene Politikoptionen im
Umgang mit magnetischen und elektrischen Wechselfeldern im Frequenzbereich von nahe 0 Hz bis 3 kHz vor.

Option 2 (von insgesamt 4 Optionen) empfahl Expositionsrichtwerte von 200 nT für die magnetische Flussdichte bzw. von 10 V/m für das elektrische Wechselfeld. Zum elektrischen Wechselfeld führte der Bericht aus: *„Obwohl durch die Betonung von Bioeffekten durch magnetische Felder weitgehend vernachlässigt, gibt es auch Evidenz aus Laboruntersuchungen, die biologisch signifikante Effekte speziell für Kalziumbindungen von Hirngewebe bei elektrischen Wechselfeldern im Bereich 10 ... 100 V/m zeigen. Neurologische Verhaltenseffekte inklusive der regulativen Rolle in biologischen Rhythmen des Menschen und bei Tieren wurden elektrischen Wechselfeldern bei Intensitäten von 10 ... 100 V/m zugeordnet."* Weiter führt der Bericht aus: *„Sicherheitsrichtlinien mit den geringen Werten der Option 2 würden eine bedeutende Auswirkung auf Lebensstil und Arbeitsbedingungen in Wohnungen und in vielen Arbeitsstätten haben. Die zur allgemeinen Einhaltung nötige Verringerung bestehender Felder würde sich derzeit als undurchführbar zeigen."*

Für künftige Planungen empfiehlt der Entwurf, Wohnungen, Kindergärten und Schulen nicht in Zonen mit magnetischen Flussdichten über 200 nT zu bauen bzw. sollten neue Leitungen bei bestehenden Gebäuden eine magnetische Flussdichte von 200 nT nicht überschreiten. Auch bei neuen Büro- und Industriebauten sollte die Exposition unter 200 nT bleiben.

Im Juni 2001 überprüfte eine Arbeitsgruppe wissenschaftlicher Experten auf Einladung der International *Agency for Research on Cancer* (IARC), einer Teilorganisation der WHO mit Sitz in Lyon, Studien über die Kanzerogenität von statischen und niederfrequenten elektrischen und magnetischen Feldern [31]. Anhand der Standardklassifizierung der IARC, die an Menschen und Tieren sowie in Laborversuchen festgestellte Befunde abwägt, wurden niederfrequente magnetische Wechselfelder aufgrund von epidemiologischen Studien über kindliche Leukämien als *möglicherweise Krebs erregend für den Menschen* eingestuft (Einstufungs-Gruppe 2B).

Von hoher Relevanz ist hierzu eine 2004 von *Fedrowitz* und *Löscher* publizierte Arbeit, die klären konnte, warum im Tierversuch eine Arbeitsgruppe bei weiblichen Ratten Brustkrebs durch magnetische Wechselfelder gehäuft fand (*Löscher*, D), eine andere Arbeitsgruppe (*Anderson*, USA) jedoch nicht [32]. Die Erklärung liegt in der genetisch unterschiedlichen Empfindlichkeit der verwendeten Rattenstämme. Bisher wurden die unterschiedlichen Ergebnisse als unschlüssig bezeichnet und für die Einstufung nicht herangezogen.

Eine weitere, 2004 publizierte Schlüsselarbeit [34] zeigt signifikant mehr *Chromosomenbrüche* in Hirnzellen von Ratten, die über 24 h einem magnetischen Wechselfeld von 10 000 nT, 60 Hz Sinus, ausgesetzt waren. Eine Verdoppelung der Befeldungsdauer auf 48 h zeigte noch stärkere Effekte im Sinne eines kumulativen Effekts. In einem zweiten Versuch wurde der mögliche Wirkmechanismus untersucht. Dazu wurden Ratten 2 h einem magnetischen Wechselfeld von 500 000 nT ausgesetzt. Ratten, die vor der Befeldung Trolox (Vitamin-E-Analogon), 7-Nitroindazole (Stickstoffoxidsynthesehemmer) oder Deferiprone (Eisenchelatbildner) erhielten, zeigten keine Chromosomenschäden. Die Autoren *Lai* und *Singh* nehmen an, dass eine akute Exposition gegenüber magnetischen Wechselfeldern über einen eisenabhängigen Prozess, wie z. B. die Fentonreaktion, die direkte Bildung von freien Radikalen sowie die Bildung indirekt über eine Stoffwechselkaskade und das Stickstoffmonoxid (NO) auslöst. Mit diesen neuen Erkenntnissen ist eine Einstufung magnetischer Wechselfelder als Krebs erregend für den Menschen (Gruppe I) erforderlich und gerechtfertigt.

Von der kalifornischen Gesundheitsbehörde wurde im Zeitraum 1993 bis 2002 unter dem Titel *„California EMF-Program"* eine Evaluierung der möglichen Risiken durch elektrische und magnetische Felder bei Stromleitungen, Hausinstallationen, Elektroarbeitsplätzen und -geräten durchgeführt [33]. Der im Herbst 2002 veröffentlichte Endbericht listet umfasende wissenschaftliche Daten zu gesundheitlichen Wirkungen auf und führt eine Risikoabschätzung durch. Dieser Bericht zählt zu den derzeit aktuellsten Risikoabschätzungen über den Zusammenhang zwischen niederfrequenten magnetischen Wechselfeldern und Gesundheit. Die **Tabelle 1.5** zeigt die Ergebnisse der Bewertung des California Department of Health (DHS).

Tabelle 1.5 *Einstufung der Wirkung niederfrequenter magnetischer Wechselfelder (ELF-Bereich) durch das California Department of Health (DHS), Juni 2002 [33]*

Gesundheitsendpunkt	Einstufung	Gefahr
Leukämie beim Kind	2B bis 1	möglich bis definitiv
Leukämie beim Erwachsenen	2B bis 1	möglich bis definitiv
Hirntumor beim Erwachsenen	2B	möglich
Fehlgeburt	2B	möglich
Amyotrophe Lateralsklerose	2B	möglich
Hirntumor beim Kind, Brustkrebs, Alzheimer, Selbstmord, plötzlicher Herztod	3	inadäquat

1.3.3   Hochfrequenz

Frequenzen über 30 kHz werden im Allgemeinen generell als Hochfrequenz bezeichnet. In der amerikanischen Sprachregelung wird jedoch der Bereich der „radiofrequenten" Strahlung (30 kHz bis 300 MHz, radiofrequency radiation) von der „Mikrowellenstrahlung" (300 MHz bis 300 GHz, microwave radiation) unterschieden. Im Folgenden werden stellvertretend für die Fülle der verfügbaren Literatur exemplarisch einige Arbeiten näher angeführt.

1.3.3.1   Studien zu elektromagnetischen Wellen

Untersuchungen zu den gesundheitlichen Auswirkungen elektromagnetischer Wellen gehen auf die 40er Jahre des 20. Jahrhunderts zurück. Im Vordergrund standen dabei Untersuchungen im hohen Dosisbereich mit der Frage der übermäßigen Erwärmung des Körpers bzw. der Bildung von Linsentrübungen (Katarakt), z. B. bei radarexponierten Personen. Dazu wurden verschiedene Tierversuche durchgeführt, die Linsentrübungen bei immer geringeren Dosen erbrachten, wenn die Linsen nicht sofort nach der Bestrahlung, sondern erst nach einer mehrwöchigen Wartezeit untersucht wurden (Quelle: *Richardson* 1948, zitiert in [35]). Bereits damals wurden nichtthermische Wirkungen bei der Kataraktbildung diskutiert.

1959 wurde in der Zeitschrift Nature eine neue physikalische Methode zur Erzeugung von Chromosomenschäden vorgestellt [36]. Die Autoren verwendeten gepulste Kurzwellen mit einer Frequenz von 27 MHz und exponierten wachsende Knoblauchwurzelzellen in einer Wasserschale für 5 min diesem Feld. Im Wasser wurde keine Temperaturerhöhung festgestellt. Die Untersuchung erfolgte 24 h nach der Bestrahlung. Die meisten Chromosomenbrüche wurden bei Pulsraten zwischen 80 und 180 Pulsen/s festgestellt.

In einer Zusammenstellung von *Sage* unter dem Titel „Übersicht zu Studien zur Wirkung hochfrequenter Felder" [37] wird die Evidenz für nachfolgende Bereiche dargestellt: Effekte auf das genetische Material (DNA), chromosomale Schäden und Mikrokern-Bildung, Effekte auf die Ornithindecarboxylase (ODC), Gentranskription und -induktion, Stressreaktion (Hitzeschockproteine), Effekte auf zellulärer Ebene (Kalziumionen), zelluläre Effekte am Immunsystem, Blut-Hirn-Schranke, Blutdruck, Geschlechtsorgane, Krebs, subjektive Symptome bei Benutzern von Mobiltelefonen, neurologische Effekte, psychoaktive Pharmaka, Serotonin, Augenschädigungen, Verhaltensänderungen, Lernfähigkeit und Gedächtnis, kognitive Funktionen und Schlaf.

In einer Zusammenstellung kommt *Cherry* [38] zu dem Schluss, dass elektromagnetische Strahlung – etwa von Mobilfunksendeanlagen – ein wahrscheinlicher Risikofaktor für nachfolgende Krankheiten ist: Krebs, insbesondere Gehirntumoren und Leukämie, aber auch alle anderen Krebsarten, Herzrhythmusstörungen, Herzinfarkte, neurologische Effekte inklusive Schlafstörungen, Lernschwierigkeiten, Depressionen und Selbstmorde, Fehlgeburten und Fehlbildungen, Virus- und andere Infektionen.

1.3.3.2 Studien zu Mobilfunksendeanlagen

Zur Frage des Zusammenhangs zwischen Mobilfunk-Basisstationen und direkten Gesundheitseffekten gibt es weltweit fünf Arbeiten auf unterschiedlichem Publikationsniveau mit verschiedenen epidemiologischen Ansätzen bzw. einem experimentellen Ansatz.

Ein Fragebogen zu 16 unspezifischen Krankheitssymptomen wurde von *Santini* [39] an 530 Personen in Frankreich versandt, die sich auf einen Aufruf zur Teilnahme hin gemeldet hatten. Es zeigte sich eine Zunahme von unspezifischen Symptomen mit zunehmender Nähe zu der selbst eingeschätzten Distanz zu Mobilfunksendern. Bei der Symptomklasse „sehr häufig" fand sich eine signifikante Zunahme etwa für die Symptome Müdigkeit, Reizbarkeit, Kopfschmerzen, Schlafstörungen, depressive Tendenzen, Konzentrationsschwierigkeiten, Gedächtnisverlust und Schwindel gegenüber der Referenzgruppe (> 300 m Distanz). Eine Übersicht dazu geben die **Tabelle 1.6** und das **Bild 1.9**. Die Zunahme der Beschwerdehäufigkeit in der Entfernungsklasse 50 ... 100 m deckt sich mit dem ebenfalls häufig in diesem Entfernungsbereich auftretenden Feldstärkemaximum in städtischen Bereichen.

In einer Querschnittsstudie mit Pilotcharakter wurden in Österreich (Kärnten und Wien) von *Kundi u. a.* Personen untersucht, die länger als ein Jahr in der Nähe einer Mobilfunk-Basisstation lebten [40]. Dabei wurden subjektive Symptome und Beschwerden, Schlafqualität und Merkfähigkeit abgefragt bzw. getestet. Die Exposition der Haushalte wurde hinsichtlich Mobilfunk- sowie Rundfunk- und Fernsehsendern frequenzselektiv gemessen. Das Maximum für die Summe in den GSM-Mobilfunkbändern war $1400\,\mu W/m^2$. Das 95er Perzentil betrug $570\,\mu W/m^2$. Unabhängig von möglichen Befürchtungen der Anwohner wurden signifikante Zusammenhänge hinsichtlich der gemessenen Leistungsflussdichten des GSM-Mobilfunks und Herz-Kreislauf-Symptomen zwischen dem Referenztertil ($< 50\,\mu W/m^2$) und dem zweiten Tertil ($50 ... 100\,\mu W/m^2$) bzw. dem dritten

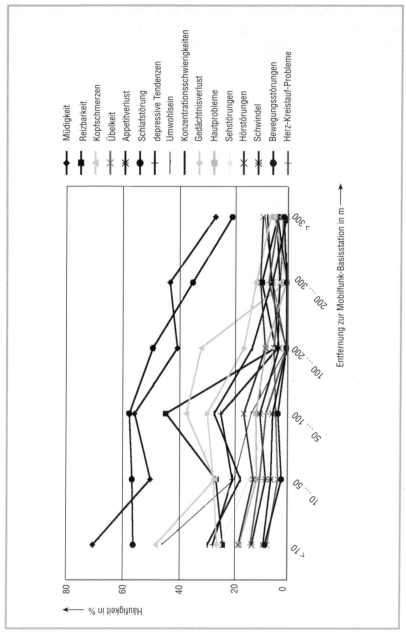

Bild 1.9   *Häufigkeit (%) von Beschwerden von Anwohnern von Mobilfunk-Basisstationen als Funktion der Entfernung* [39]

Tertil ($> 100\,\mu\mathrm{W/m^2}$) gefunden (**Bild 1.10**). Die Studie wurde im Oktober 2002 auf dem 2nd Workshop on Biological Effects of EMFs in Rhodos vorgestellt.

In einer Querschnittsstudie untersuchten *Gómez-Perretta u. a.* in La Nora, Murcia, Spanien, Anwohner in der Nähe je einer GSM-900- und ei-

Tabelle 1.6 Häufigkeit (%) von Beschwerden von Anwohnern (n = 530) von Mobilfunk-Basisstationen als Funktion der Entfernung [39]

Symptome	Distanz zur Mobilfunk-Basisstation in m					
	< 10	10 … 50	50 … 100	100 … 200	200 … 300	> 300
Müdigkeit	72*	50,9*	56,6*	41,1	43,7	27,2
Reizbarkeit	23,2*	25,7*	44,1*	4,1	9	3,3
Kopfschmerzen	47,8*	26,1*	36,7*	31,2*	0	1,8
Übelkeit	6,9	3	3,8	4,6	2,3	1,1
Appetitverlust	8,3	5,5	5	0	0	3,3
Schlafstörungen	57*	57,5*	58,5*	50*	35,5	21,1
Depressive Tendenzen	26,8*	19,7*	24*	3,1	2,5	3,7
Unwohlsein	45,4*	18,9	12,8	0	5,1	8,1
Konzentrations-schwierigkeiten	28,8*	16,6	26,4*	12,5	5,5	7,1
Gedächtnisverlust	25,4*	26,6*	29*	15,6	11,1	5,8
Hautprobleme	17,1*	10,8	11,1	7,5	0	4,6
Sehstörungen	24,3*	13,5	7,1	4,9	2,8	4,1
Hörstörungen	17,4	12	15,5	7,7	9,5	8,7
Schwindel	12,5*	7,5*	9,6*	2,7	5,2	0
Bewegungsstörungen	7,7*	1,7	3	0	0	1
Herz-Kreislauf-Probleme	13*	9,6	7,4	0	6,5	3

* signifikanter Unterschied ($p < 0,05$) im Verhältnis zur Referenzkategorie > 300 m oder nicht exponiert für die Symptomklasse „sehr häufig"

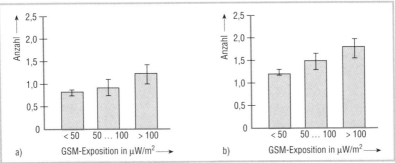

Bild 1.10 *Expositions-Wirkungs-Beziehungen zwischen Herz-Kreislauf-Symptomen und GSM-Mobilfunkexpositionswerten in der Wohnung [40]*
a) Gruppe ohne Bedenken gegenüber Mobilfunksendern
b) Gruppe mit Bedenken gegenüber Mobilfunksendern

ner GSM-1800-Basisstation [41]. Mittels Fragebogen wurden Symptome passend zum „Mikrowellensyndrom" erhoben. Die Leistungsflussdichte wurde breitbandig über dem Bett gemessen. Die Spektrumanalyse ergab die Dominanz je einer GSM-900- und GSM-1800-Basisstation. Eine Aufteilung der Exponierten in eine Gruppe mit einer mittleren Exposition von 1110 µW/m² und eine Gruppe mit einer mittleren Exposition von 100 µW/m² zeigte eine Zunahme des Häufigkeitsgrades der Beschwerden mit der gemessenen Leistungsflussdichte (Tabelle 1.7).

Die oben angeführte Querschnittsstudie von *Perettta u. a.* [41] wurde vom Autor dieses Kapitels mittels eines logistischen Regressionsmodells auf individueller Ebene analysiert [42]. Es fanden sich signifikante Beziehungen zwischen den gemessenen Feldstärken und 13 Symptomen in einer Expositions-Wirkungs-Beziehung. Die **Tabelle 1.8** zeigt die für Alter, Geschlecht und Entfernung zur Basisstation adjustierten Ergebnisse.

Basierend auf diesen Daten wird die im Februar 2002 auf Basis empirischer Evidenz seitens der Landessanitätsdirektion Salzburg gegebene Empfehlung, einen Summenwert für die Dauerexposition gegenüber GSM-900/1800-Mobilfunk-Basisstationen von 0,02 V/m bzw. 1 µW/m² nicht zu überschreiten, weiter gestützt.

Am 30. September 2003 wurde die von den drei niederländischen Ministerien für Gesundheit, Umwelt und Wirtschaft beauftragte Untersuchung des *TNO Physics and Electronics Laboratory* zu UMTS und GSM vorgestellt [43]. Im Doppelblindansatz wurden Teilnehmer zweier unterschiedlicher Personengruppen einzeln in einer geschirmten Expositionskammer

Tabelle 1.7 *Gruppenvergleich: Exposition gegenüber einer GSM-900- und GSM-1800-Basisstation und verschiedene Krankheitssymptome (Score)* [41]

	n = 47	*n* = 54	*p*-Wert
Mittlere Exposition	100 µW/m²	1110 µW/m²	< 0,001
Mittlere Entfernung	284 m	107 m	< 0,001
Gereiztheit	1,04	1,56	< 0,05
Kopfschmerzen	1,53	2,17	< 0,001
Übelkeit	0,53	0,93	< 0,05
Appetitverlust	0,55	0,96	< 0,05
Unwohlsein	0,87	1,41	< 0,02
Schlafstörung	1,28	1,94	< 0,01
Depression	0,74	1,30	< 0,02
Schwindelgefühl	0,74	1,26	< 0,05

n   Anzahl Teilnehmer in der Gruppe
p-Wert   Wahrscheinlichkeitswert – gilt als signifikantes Ergebnis, wenn p < 0,05 ist

gegenüber hochfrequenter Strahlung exponiert, die von zwei Basisstations-antennen in einer Entfernung von 3 m abgestrahlt wurde. Die Exposition der Probanden betrug bei allen verwendeten Signalen 1 V/m, entsprechend 2,65 mW/m². Dies entspricht der Exposition im Hauptstrahl einer typischen Mobilfunk-Sektorantenne in einer Entfernung von etwa 125 m (10 W Antenneneingangsleistung, isotroper Antennengewinn 17 dBi). Von den drei unterschiedlichen Signalen (GSM 900 MHz, GSM 1800 MHz, UMTS 2100 MHz) wurden pro Proband nur jeweils zwei verwendet, sowie jeweils eine Plazebophase ohne Feld. Die Abfolge der einzelnen Phasen war den untersuchten Personen und den unmittelbar mit dem Experiment befassten Studienbetreuern nicht bekannt (Doppelblinddesign). Die Einwirkzeit des Feldes betrug jeweils 15 min, mit einer anschließenden Pause von 30 min. Vor der Durchführung der Tests erfolgte eine Trainingsphase unter Anleitung und ohne Exposition.

Tabelle 1.8 *Zusammenhang zwischen breitbandig ermittelten elektrischen Feldstärken (bestimmt durch GSM 900/1800-Mobilfunksendeanlagen) und verschiedenen Krankheitssymptomen [42]*

Symptome	\multicolumn{3}{c}{0,05 ... 0,22 V/m (6 ... 128 µW/m²)}			\multicolumn{3}{c}{0,25 ... 1,29 V/m (165 ... 4400 µW/m²)}			
	OR	95-%-CI	p	OR	95 %-CI	p	p for the trend
Müdigkeit	28,53	3,03 ... 268,78	0,0034	40,11	4,56 ... 352,44	0,0009	0,0039
Reizbarkeit	3,12	0,91 ... 10,68	0,0704	9,22	2,86 ... 29,67	0,0002	0,0009
Kopfschmerzen	5,99	1,50 ... 23,93	0,0113	6,10	1,80 ... 20,65	0,0037	0,0050
Übelkeit	5,92	0,60 ... 58,68	0,1288	12,80	1,48 ... 110,64	0,0205	0,0499
Appetitmangel	6,66	0,62 ... 71,52	0,1175	27,53	3,07 ... 247,03	0,0031	0,0030
Schlafstörungen	10,39	2,43 ... 44,42	0,0016	10,61	2,88 ... 39,19	0,0004	0,0008
Depressive Tendenzen	39,41	4,02 ... 386,40	0,0016	59,39	6,41 ... 550,11	0,0003	0,0016
Unwohlfühlen	4,29	1,14 ... 16,15	0,0314	10,90	3,16 ... 37,56	0,0002	0,0007
Konzentrations-probleme	8,27	2,01 ... 34,01	0,0034	19,17	4,91 ... 74,77	0,0000	0,0001
Gedächtnis-störungen	2,35	0,62 ... 8,89	0,2090	7,81	2,27 ... 26,82	0,0011	0,0031
Hautprobleme	7,04	1,06 ... 46,62	0,0429	8,22	1,39 ... 48,51	0,0201	0,0628
Sehstörungen	2,48	0,65 ... 9,44	0,1830	5,75	1,68 ... 19,75	0,0054	0,0186
Hörstörungen	3,89	0,99 ... 15,21	0,0510	1,63	0,45 ... 5,95	0,4572	0,1285
Schwindel	2,98	0,62 ... 14,20	0,1712	8,36	1,95 ... 35,82	0,0042	0,0117
Gang-schwierigkeiten	1,32	0,30 ... 5,84	0,7114	2,07	0,57 ... 7,50	0,2690	0,5211
Herz-Kreislauf-Probleme	9,42	0,93 ... 95,07	0,0572	17,87	1,96 ... 162,76	0,0105	0,0333

Es wurden zwei Gruppen zu je 36 Personen untersucht. Die Gruppe A umfasste Personen, die sich bei einer Umweltschutzorganisation wegen gesundheitlicher Probleme durch Mobilfunksendeanlagen gemeldet hatten. In die Gruppe B wurden Personen aufgenommen, die keine Beschwerden gegenüber Mobilfunksendeanlagen hatten. Als Endpunkte der Untersuchung wurden vier computergestützte Tests (Reaktionszeit, Gedächtnisvergleich, selektive visuelle Aufmerksamkeit und Doppelaufgabe) sowie die Erhebung des Wohlbefindens mittels Fragebogen (23 Fragen) herangezogen.

Im Hinblick auf die Auswirkungen bei den kognitiven Leistungen wurden statistisch signifikante Veränderungen beobachtet, aber ohne klares Muster betreffend Expositionsart (GSM, UMTS) und Gruppenzugehörigkeit.

Die Ergebnisse des Fragebogens zum Wohlbefinden zeigten hingegen ein klares Bild (**Bild 1.11** und **1.12**). Beim Summenscore über alle Fragen zeigte sich bei der Exposition gegenüber dem UMTS-Signal bei beiden Gruppen eine signifikante Zunahme der Beschwerden. Bei der Gruppe B erhöhte sich der Summenscore von 2,44 (Plazebo) auf 3,08 (UMTS). Bei der Gruppe A erhöhte sich der Summenscore von 7,47 (Plazebo) auf 10,75 (UMTS). Bei den 23 Einzelfragen zum Wohlbefinden zeigte sich bei der Gruppe A auf der Ebene der einzelnen Fragen bei acht Fragen gegenüber der Plazebophase eine signifikante Verstärkung des Beschwerdegrades:

- Q 1 „Schwindel"
- Q 3 „Nervosität"
- Q 8 „Brustschmerzen oder Atemwegsbeschwerden oder Gefühl nicht genug Luft zu haben"
- Q 16 „Körperteile fühlen sich taub oder kribbbelnd an"
- Q 18 „Teile des Körpers fühlen sich schwach an"
- Q 19 „sich nicht konzentrieren können"
- Q 21 „leicht zerstreut sein"
- Q 23 „wenig Aufmerksamkeit für etwas haben"

Bemerkenswert an der Untersuchung ist der deutliche Unterschied der Symptomausprägung zwischen der Gruppe A (Beschwerden bei GSM-Sendern) und der Gruppe B (keine Beschwerden bei GSM-Sendern), sowohl beim Training bzw. in der Plazebosituation als auch speziell die deutliche Reaktion bei der Feldexposition. Dies ist ein weiterer Beleg für die Existenz elektrosensibler Personen.

Von hoher Bedeutung für das weitere Handeln der Gesundheits- und Wirtschaftspolitik ist die deutliche Reaktion der Probanden der Gruppe A auf das verwendete UMTS-FDD-Signal (W-CDMA) bei einer nur 15-minütigen

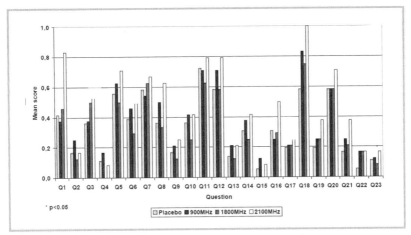

Bild 1.11 *Gruppe A: Mittlerer Score für die Einzelfragen des Fragebogens zum Wohlbefinden* [43]

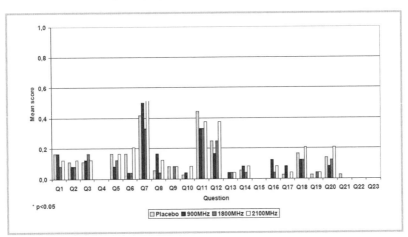

Bild 1.12 *Gruppe B: Mittlerer Score für die Einzelfragen des Fragebogens zum Wohlbefinden* [43]

Einwirkung. Diese Signalform wird im derzeit im Aufbau befindlichen UMTS-Netz eingesetzt. Die in der TNO-Studie verwendete und mittels Signalgenerator erzeugte UMTS-Signalform stellt den Fall dar, dass nur die vier dominierenden Pilotkanäle aktiv sind und kein Nutzkanal. Dieser Fall tritt an einer realen UMTS-Basisstation dann auf, wenn kein Verkehr über die Station abgewickelt wird und nur die permanent sendenden Pilotkanäle aktiv sind. Dies dürfte überwiegend zur Nachtzeit der Fall sein.

1.3.3.3 Studien zur gesundheitlichen Wirkung von Mobiltelefonen

Die Schädigung der in den Chromosomen vorliegenden Erbsubstanz (DNA) ist ein ernster Befund, der in der Regel zu gesetzlichen Auflagen der Risikoverringerung führt. Dieser Nachweis der *Chromosomenschädigung* wurde nun nochmals in der aktuellen REFLEX-Studie „Risk evaluation of potential environmental hazards from low energy electromagnetic field exposure using sensitive in vitro methods" in einer Vielzahl von Experimenten erbracht [44]. Die *spezifische Absorptionsrate* (SAR) der Bestrahlung (1800 MHz) lag beim Versuch mit 1,3 W/kg deutlich unter den Teilkörperrichtwerten der ICNIRP, wie sie mit 2 W/kg (Allgemeinbevölkerung) bzw. 10 W/kg (beruflich exponierte Personen) im Bereich der Exposition des Kopfes durch ein Mobiltelefon gültig sind. Die Ergebnisse belegen eindrücklich, dass die SAR-Werte der ICNIRP unzureichend zum Schutz der Gesundheit sind. Gentoxische Ereignisse können zum Zelltod, zu Mutationen, Replikationsfehlern, dauerhaften DNA-Schäden und Genom-Instabilitäten mit einem erhöhten Risiko für Krebs und zu verstärkter Alterung führen.

In einer aktuellen Arbeit der Universität Lund, Schweden, wurden Ratten einmalig 2 h mit einem GSM-Mobiltelefon (900 MHz) bestrahlt und nach 50 Tagen das Gehirn auf Schäden untersucht [45]. Es zeigten sich bei

sham   γ-irradiation, 0.5 Gy   RF-EMF, 1800 MHz,
SAR1.3 W/kg,
24 h, continuous wave

Bild 1.13   *Chromosomenschäden an einer Blutzelllinie durch eine hochfrequente elektromagnetische Welle (1800 MHz, SAR 1,3 W/kg) (rechts) bzw. Gammastrahlung (Mitte); links: ohne Bestahlung [44]*

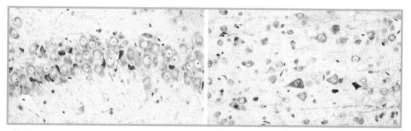

Bild 1.14   *Schnitt durch die Pyramidenbahn (link) und durch die Hirnrinde (rechts). Zwischen den normalen Nervenzellen (große Zellen) finden sich dunkelblaue, geschrumpfte Zellen, so genannte „dunkle Neuronen" (Vergrößerung 160 fach) [45].*

einer Absorptionsrate von nur 0,02 W/kg signifikant mehr *dunkle Neuronen*, das sind geschädigte Nervenzellen (**Bild 1.14**). Die Autoren der Studie wörtlich: „*Die intensive Nutzung von Mobiltelefonen durch junge Menschen ist eine ernste Überlegung. Ein Nervenschaden in der hier beschriebenen Art muss nicht unmittelbar zeigbare Folgen haben. Jedoch kann es auf lange Sicht gesehen zu einer verminderten Reservekapazität des Gehirns führen, die durch spätere Nervenerkrankungen oder sogar als Alterung (wear and tear of aging) enthüllt wird. Wir können nicht ausschließen, dass nach einigen Jahrzehnten der (oftmaligen) täglichen Nutzung eine ganze Generation von Nutzern negative Folgen erleidet, möglicherweise so früh wie im mittleren Alter.*" [45]

In einer Fall-Kontroll-Studie untersuchten *Hardell u. a.* [46] 1617 Patienten im Alter von 20 bis 80 Jahren beiderlei Geschlechts, bei welchen im Zeitraum vom 1.1.1997 bis 30.6.2000 die Diagnose Gehirntumor gestellt wurde. Die Exposition gegenüber Mobil- und Schnurlostelefonen, ionisierender Strahlung, organischen Lösungsmitteln, Pestiziden, Asbest usw. wurde ermittelt. Die Verwendung eines analogen Mobiltelefons zeigte ein erhöhtes Risiko mit einer *odds ratio* (OR) von 1,3 (95-%-CI: 1,02 ... 1,6). Wenn die Nutzung eines analogen Mobiltelefons vor mehr als 10 Jahren begonnen hatte, erhöhte sich das Risiko auf OR 1,8 (95-%-CI: 1,1 ... 2,9). Die Untersuchung zeigte hinsichtlich der Lokalisation des Tumors im Schläfenbereich ein erhöhtes Risiko für jene Seite des Kopfes, an der das Mobiltelefon vorwiegend verwendet wurde OR 2,5 (95-%-CI: 1,3 ... 4,9). Im Hinblick auf die unterschiedlichen Tumortypen fand sich das höchste Risiko für Akustikusneurinome mit OR 3,5 (95-%-CI: 1,8 ... 6,8).

Für digitale Mobiltelefone und Schnurlostelefone wurden in einer weiteren Analyse [47] erhöhte Risiken für den Tumortypus Astrocytom auf der Seite der vorwiegenden Verwendung (ipsilateral) für analoge Mobiltelefone von OR 1,8 (95-%-CI: 1,1 ... 3,2), für digitale Mobiltelefone (GSM) OR 1,8 (95-%-CI: 1,1 ... 2,8) und Schurlostelefone OR 1,8 (95-%-CI: 1,1 ... 2,9) gefunden. Für Astrocytome fand sich auf der ipsilateralen Seite ein signifikant erhöhtes Risiko auch für die Dauer der Nutzung der drei Telefontypen.

Zusammenfassend ist zu sagen, dass die biologische und gesundheitliche Wirksamkeit hochfrequenter elektromagnetischer Wellen unabhängig vom thermischen Wirkprinzip als bewiesen angesehen werden kann und sich die Forschung auf die Frage der Expositions-Wirkungs-Beziehungen bei den verschiedenen technischen Anwendungen und Signalformen im Niedrigdosisbereich, den Kombinationswirkungen, z. B. mit elektrischen und magnetischen Wechselfeldern und Gleichfeldern, bzw. auf die Etablierung weiterer Wirkmechanismen und vor allem verträglicher Alternativen konzentrieren sollte.

1.4   Vorsorgeprinzip

Kaum ein Umwelt- bzw. Gesundheitsthema wird weltweit derart kontrovers diskutiert wie das Thema elektromagnetische Felder. Auf der einen Seite stehen geschäftliche Interessen großer Wirtschaftsbereiche, wie etwa der Energieversorgungsunternehmen und der Telekommunikationsindustrie, die sich auf das unzeitgemäße Grenzwertkonzept der Internationalen Strahlenschutzkommission (ICNIRP) und der EU-Kommission zurückziehen. Auf der anderen Seite besteht und reift weltweit die Gewissheit, dass elektromagnetische Felder ein unterschätztes Gesundheitsproblem darstellen und angesichts der rasanten Verschmutzung der Umwelt durch technische Felder ein erheblicher Handlungsbedarf besteht. Ein Bemühen des Vorsorgeprinzips ist dabei in vielen Bereichen gar nicht mehr nötig – die vorhandenen wissenschaftlichen und empirischen Befunde ergeben ein eindeutiges Risiko.

1.4.1   Prävention

Das Ziel sollte sein, das Auftreten der Elektrosensibilität durch vorbeugende Maßnahmen – Reduktion einer zu starken Belastung durch elektromagnetische Felder – zu vermeiden. Eine Elektrosensibilität sollte zu einem möglichst frühen Zeitpunkt erkannt werden. Einer weiteren Verschlimmerung des Beschwerdebildes kann durch Sanierung des elektromagnetischen Lebensumfeldes und Änderung des Verhaltens begegnet werden.

Unter Prävention versteht die Medizin Krankheitsvorbeugung bzw. Krankheitsverhütung. Man unterscheidet dabei eine Primär-, Sekundär- und Tertiärprävention. Im Folgenden werden diese Begriffe auf die Vermeidung von unerwünschten Wirkungen durch elektromagnetische Felder angewandt.

Primärprävention hat zum Ziel, die Gesundheit zu fördern und zu erhalten und die Entstehung von Krankheiten zu verhindern. Maßnahmen der Primärprävention können Individuen ebenso wie Personengruppen betreffen. Hierzu gehört auch die Vermeidung von Risikofaktoren, wie eine gesundheitsgefährdende Exposition gegenüber elektromagnetischen Feldern. Dies beginnt bereits vor der Konzeption (Befruchtung) durch Schädigung der Ei- und Samenzellen und setzt sich über die Schwangerschaft fort bis ins hohe Alter, unabhängig davon, ob eine Erkrankung oder ein erhöhtes Erkrankungsrisiko vorliegt. Dies bedingt eine laufende Information sowie Kontrolle und Reduzierung der Feldexposition auf Bevölkerungsebene und individueller Ebene. Organisationseinheiten, Unternehmen, Krankenversicherungen usw. können durch Primärprävention für ihre Mitarbeiter bzw. für das Unternehmen erhebliche Vorteile erzielen.

Die *Sekundärprävention* soll eine Krankheit im Frühstadium durch Frühdiagnostik erkennen und durch rechtzeitige Behandlung möglichst zur Ausheilung oder zum Stillstand bringen. Untersuchungen bei anscheinend Gesunden auf das Vorliegen bestimmter Krankheitszeichen oder -vorzeichen nennt man „Screening". Hier können durch Früherkennung einer Elektrosensibilität, z. B. über einen Anamnesebogen, expositionsreduzierende Maßnahmen eingeleitet werden.

Unter *Tertiärprävention* versteht man die Nachsorge bzw. Rückfallvermeidung bei manifest gewordenen Krankheiten. Bei Menschen mit Erkrankungen, die in der Literatur als mit der Expositionen gegenüber elektromagnetischen Feldern assoziiert beschrieben sind, wie z. B. Krebskrankheiten, neurologische Krankheiten, Herz-Kreislauf-Krankheiten und Autoimmunkrankheiten, sollte die Feldexposition zu Hause und am Arbeitsplatz untersucht und, wenn erforderlich, reduziert werden.

1.4.2 Grenz- und Richtwerte

Länder wie beispielsweise Italien und Russland orientieren sich nicht an den Vorschlägen der ICNIRP, sondern verfolgen eigenständige Konzepte mit deutlich niedrigeren Grenz- bzw. Vorsorgewerten. In der Schweiz und in Liechtenstein wurden für Orte mit sensibler Nutzung (Wohnungen, Büros, Schulen, Kindergärten, Krankenhäuser) vorbeugend die NISV-Anlagegrenzwerte festgelegt (NISV: Verordnung über den Schutz vor nicht ionisierender Strahlung). Aus Sicht des Autors sind dies Ansätze in die richtige Richtung, jedoch sind auch diese Grenzwerte zur Erreichung des angestrebten Schutzziels, nämlich der Vermeidung von Erkrankungen, nicht ausreichend. Dies wird nachvollziehbar, wenn man diese Grenzwerte mit den Expositions-Wirkungs-Beziehungen gut durchgeführter epidemiologischer Untersuchungen vergleicht.

Dies soll an Hand je eines Beispiels für magnetische Wechselfelder 50 Hz (**Tabelle 1.**9) sowie für hochfrequente elektromagnetische Wellen von GSM-Basisstationen 900 bzw. 1800 MHz (**Tabelle 1.**10) gezeigt werden. Zusammenfassend wird vom Autor dieses Kapitels die Orientierung an den Richtwerten für Schlafbereiche zum Standard der baubiologischen Messtechnik [48] empfohlen, da diese Richtwerte unter Alltagsbedingungen empirisch ermittelt wurden und sich im Ergebnis mit epidemiologischen Untersuchungen decken.

Tabelle 1.9 *Vergleich verschiedener Richt- und Grenzwerte für die Allgemeinbevölkerung gegenüber magnetischen Wechselfeldern (50/60 Hz) als Mittelwert*

Quelle	Richtwert / Grenzwert		
ICNIRP 1998 [26], EU-Kommission 2000 [27]	100 000 nT (RW)		
Deutschland 1996 [49]	100 000 nT (GW)		
Russland 1999 [50]	10 000 nT (GW)		
Italien 2003 [51]	3000 nT (GW)		
Schweiz 2000 [52]	1000 nT (GW)		
NCRP, Entwurf 1996 USA [28]	200 nT (RW)		
Standard der baubiologischen Messtechnik (SBM-2003), Richtwerte für Schlafbereiche für magnetische Wechselfelder [48]	keine Anomalie	< 20 nT	
	schwache Anomalie	20 … 100 nT	
	starke Anomalie	100 … 500 nT	
	extreme Anomalie	> 500 nT	
RW Richtwert GW Grenzwert			

Tabelle 1.10 *Vergleich verschiedener Richt- und Grenzwerte für die Allgemeinbevölkerung gegenüber hochfrequenten elektromagnetischen Wellen (Mobilfunk-Basis-stationen GSM 900/1800 MHz)*

Quelle	Richtwert / Grenzwert		
ICNIRP 1998 [26], EU-Kommission 2000 [27]	4 500 000 bzw. 9.000 000 µW/m^2 (RW)		
Deutschland 1996 [49]	4 500 000 bzw. 9.000 000 µW/m^2 (GW)		
Russland 1999 [50]	100 000 µW/m^2 (GW)		
Italien 2003 [53]	100 000 µW/m^2 (GW)		
Schweiz 2000 [52]	42 000 bzw. 95 000 µW/m^2 (GW)		
STOA-Kommission EU-Parlament 2001 [54]	100 µW/m^2 (RW)		
Landessanitätsdirektion Salzburg 2002 [55]	1 µW/m^2 (RW)		
Standard der baubiologischen Messtechnik (SBM-2003), Richtwerte für Schlafbereiche für gepulste elektromagnetische Wellen [48]	keine Anomalie	< 0,1 µW/m^2	
	schwache Anomalie	0,1 … 5 µW/m^2	
	starke Anomalie	5 … 100 µW/m^2	
	extreme Anomalie	> 100 µW/m^2	
RW Richtwert GW Grenzwert			

2 Moderne Technik und Umweltschutz – kein notwendiger Widerspruch

2.1 Verändertes Konsumverhalten

Das Wohlbefinden und die Gesundheit des Menschen sind zu einem der wichtigsten Lebensziele in unserer Gesellschaft geworden. Kaum ein Tag vergeht, an dem nicht neue Meldungen über Umweltgifte und „Elektrosmog" durch die Medienlandschaft kursieren. Die Anzahl der Veröffentlichungen zum Thema „Elektrosmog" nahmen in den letzten Jahren ständig zu.

Einige Vorraussetzungen haben sich zudem innerhalb von nur wenigen Jahrzehnten entscheidend verändert: Zum einen verbringen heute viele Menschen bis zu 90 % und mehr ihrer Lebenszeit in umbauten Räumen. Die Beschaffenheit dieses Umfeldes spielt somit für das Wohlbefinden und die Gesundheit eine herausragende Rolle. Zum anderen hat die Elektrifizierung der Wohnungen durch wachsende Ansprüche an Elektroinstallationen und elektrotechnische Geräte ständig zugenommen. Das führte zu völlig veränderten Umweltbedingungen hinsichtlich elektrischer, magnetischer und elektromagnetischer Felder.

Elektroindustrie und Elektrohandwerk warten ständig und beharrlich mit neuen Errungenschaften rund um den Haushalt und Informationstechniken auf. Das moderne Wohngebäude verschlingt heute etwa 1 000 m Leitungen zur Realisierung elektrotechnischer Anwendungen; DIN-Normen empfehlen eine möglichst hohe Anzahl von Installationskomponenten. Der „zeitgerechte" Haushalt zeigt sich heute so: Rollos und Jalousien bewegen sich auch ohne Muskelkraft auf und ab, für jeden Handgriff gibt es ein spezielles elektrisches Gerät, Hi-Fi-Anlagen und Fernsehapparate stehen selbstverständlich auch in Kinderzimmern, das schnurgebundene Telefon landet auf dem Müll; „drahtlos" ist angesagt. Halogenlampensysteme werden munter durch Wohn- und Schlafzimmer gespannt und verteilen zum Greifen nahe Energie für den modernen Leuchtkörper in alle Richtungen. Haushaltsgeräte ans Internet ist der neueste Schrei: Ist die Butter aus, geht der Kühlschrank online und sorgt bequem für Nachschub. Modernste Gebäudesystemtechnik (z. B. EIB = European Installation Bus) steuert, regelt und übermittelt Daten aus der Wohnung nötigenfalls bis zum Urlaubsort.

Die fortwährende technische Entwicklung wird vom Bürger allerdings auch zunehmend kritischer beurteilt. Die ständige Thematisierung in den Medien und die Frage möglicher gesundheitlicher Risiken durch physikalische Felder verunsichert die Menschen. Elektrische, magnetische und elektromagnetische Felder können nur mit aufwendiger Messtechnik erfasst und beurteilt werden. Nur ein begrenzter Personenkreis verfügt über diese Messgeräte und das erforderliche Fachwissen zu ihrer korrekten Anwendung. Kein Wunder, dass gerade bei diesem Thema die Reaktionen von Überbewertung bis Verharmlosung reichen.

Doch gerade deswegen, weil man Feldimmissionen messtechnisch erfassen kann, können die elektrotechnischen Anwendungen im Wohn- und Arbeitsumfeld objektiv analysiert und einer wissenschaftlichen Untersuchung zugänglich gemacht werden. Sind die Immissionen unter dem Aspekt der Gesundheitsvorsorge – insbesondere am Schlaf- und Ruheplatz – fragwürdig, so setzen Überlegungen hinsichtlich technischer Lösungen zur Reduzierung ein. Das ist das Ziel der baubiologischen Elektrotechnik.

2.2 Baubiologische Elektrotechnik als Wirtschaftsfaktor

Mit der zunehmenden Verbreitung elektrotechnischer Anwendungen ist auch die Nachfrage nach Feldreduzierungsmaßnahmen gestiegen. Viele Menschen wünschen eine Verbesserung ihrer persönlichen Umweltsituation und veranlassen in Eigenverantwortung entsprechende Maßnahmen. Die Industrie bietet längst eine Fülle von Produkten an, mit denen sich dieses Ziel umsetzen lässt.

In einem sich ständig verändernden Markt ist die baubiologische Elektrotechnik ein weiteres Betätigungsfeld für den Elektrohandwerksbetrieb. Im Gegensatz zu den „Normalaufträgen", bei denen der Kunde insbesondere mit mehr Komfort umworben werden muss, werden handwerkliche Leistungen im Sinne der baubiologischen Elektrotechnik aus der besonderen Motivation des Kunden durchgeführt. Oft ist für den Kunden der professionelle baubiologische Messtechniker der erste Ansprechpartner, wenn es um das Erkennen und die fachmännische Analyse von möglichen Belastungen geht. Die auf der Basis der Messungen erarbeiteten Sanierungsvorschläge führen in vielen Fällen zu Eingriffen in die Elektroanlage, die nur von konzessionierten Elektrofachbetrieben durchgeführt werden dürfen. Daraus ergeben sich Kooperationsmöglichkeiten mit den baubiologischen Messtechnikern, vor allem für die Elektrobetriebe, welche sich die teilweise aufwendige Messtechnik und das dazugehörige Know-how nicht zulegen möchten.

Auf der anderen Seite ist der baubiologische Messtechniker für erfolgreiche Reduzierungsmaßnahmen auf die fachkompetente Ausführung von Eingriffen in die Elektroanlage durch den zugelassenen Fachbetrieb angewiesen. In einigen Fällen ist es bei baubiologischen Sanierungen notwendig, die Elektroanlage z. B. durch den Einbau von Fehlerstromschutzeinrichtungen auf den neuesten Stand der Technik zu bringen. Für den Kunden bedeutet dies neben der Verbesserung seines persönlichen Umfeldes durch die Reduzierungsmaßnahmen auch einen Gewinn an Personen- und Sachschutz.

2.3 Reduktion elektromagnetischer Felder – ein Gewinn für alle

Bei der Reduzierung elektromagnetischer Felder gibt es viele Gewinner:
- Menschen erhalten ihre Vitalität zurück.
- Das öffentliche Gesundheitssystem wird mittel- und langfristig entlastet.
- Arbeitgeber freuen sich über weniger Krankenstände und leistungsfähige, motivierte Mitarbeiter.
- Industrie, Gewerbe und Handel erhalten Aufträge und können neue Produkte und Dienstleistungen anbieten.

Die wissenschaftliche und empirische Evidenz unerwünschter Wirkungen auf Wohlbefinden und Gesundheit durch elektrische, magnetische und elektromagnetische Felder ist erdrückend. Historiker werden analysieren, wie es zu erklären ist, dass die Menschheit vor diesen offensichtlichen Tatsachen so lange Zeit die Augen verschließen konnte.

Die folgenden Kapitel erklären anschaulich die Ursachen für das Entstehen von elektrischen, magnetischen und elektromagnetischen Feldern und zeigen konkret eine Fülle von möglichen Maßnahmen zur Feld- und damit zur Expositionsreduktion – nutzen wir die Chancen!

3 Physik der EM-Felder

Elektrische, magnetische und elektromagnetische Felder werden abgekürzt gemeinsam als „EM-Felder" oder „EMF" bezeichnet.

3.1 Grundlagen

3.1.1 Feldbegriff – räumliche Darstellung von Feldern

Unter *Feld* versteht man in der Physik im Allgemeinen ein *Kraftfeld,* das sich in den drei Dimensionen des Raumes erstreckt. Bedeutsame physikalische Felder sind beispielsweise

▌ Gravitation (Schwerkraft),

▌ elektrisches Feld,

▌ magnetisches Feld.

Kraftfelder sind durch die Kraftwirkungen gekennzeichnet, die an jeder Stelle des betrachteten Raumes auf einen für das jeweilige Feld spezifischen Probekörper ausgeübt werden. Die Art des Probekörpers gibt Auskunft über die Art des Feldes. Beispielsweise ist für die Kraftwirkung der Gravitation die Masse des Probekörpers entscheidend, für die Wirkung des elektrischen Feldes ist es die elektrische Ladung des Probekörpers.

Kräfte sind *gerichtete* Größen; sie werden durch ihren Betrag („Stärke", „Größe" oder „Höhe") und ihre Richtung im Raum gekennzeichnet und daher *Vektoren* (= „Zeiger") genannt. Kraftfelder sind dementsprechend *Vektorfelder.* Die mathematische Beschreibung von Vektoren und Vektorfeldern erfolgt auf der Basis eines räumlichen Koordinatensystems, die grafische Darstellung mit Zeigern oder Pfeilen. Geläufige Koordinatensysteme sind die rechtwinkligen kartesischen Koordinaten und die rotationssymmetrischen Kugelkoordinaten.

Im kartesischen Koordinatensystem werden Vektoren durch ihre rechtwinklig (= orthogonal) zueinander stehenden Komponenten in x-, y- und z-Richtung des Raumes beschrieben (**Bild 3.1**). Bei der Darstellung in Kugelkoordinaten erfolgt die Beschreibung des Vektors durch seinen Betrag und zwei orthogonale Raumwinkel. Kartesische Koordinaten und Kugelkoordinaten können ineinander umgerechnet werden.

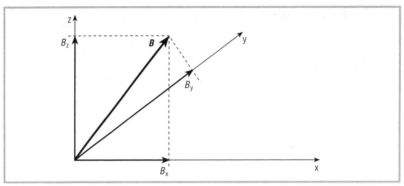

Bild 3.1   *Vektordarstellung im kartesischen Koordinatensystem*

So errechnet sich z. B. der Betrag B eines Vektors aus den orthogonalen Raumkomponenten B_x, B_y und B_z durch die so genannte geometrische Addition zu

$$B = \sqrt{B_x^2 + B_y^2 + B_z^2}.$$

Mathematisch exakt müsste man Vektorgrößen in ihrem Formelzeichen auch als solche kennzeichnen. Hierzu benutzte man früher Frakturbuchstaben. Heute verwendet man zur Kennzeichnung üblicherweise Fettdruck oder einen horizontalen Pfeil über dem Formelzeichen, z. B. $\vec{B}$.

In den folgenden Ausführungen interessiert überwiegend der Betrag der betrachteten Vektorgrößen und weniger die Richtungsinformation, so dass hier zum leichteren Verständnis auf die mathematisch exakte Vektorschreibweise verzichtet wird. Bei der Betrachtung von Feldgrößen ist im Folgenden immer der Betrag gemeint, falls nicht explizit anders angegeben.

Bei Vektorfeldern werden die zugehörigen Feldgrößen (Feldvektoren), mit denen das Feld physikalisch-mathematisch beschrieben wird, als *Feldstärken* bezeichnet. Ihre grafische Darstellung erfolgt üblicherweise in Form von *Feldlinien*. Diese Feldlinien können z. B. zwischen den Polen eines Magneten durch Eisenfeilspäne anschaulich sichtbar gemacht werden. Die Dichte der Feldlinien ist ein Maß für die Höhe der Feldstärke: Hohe Feldliniendichte entspricht einer hohen Feldstärke und umgekehrt (**Bild 3.2 c**).

Ein *homogenes Feld* liegt vor, wenn die Feldstärke an allen Stellen des Raumes den gleichen Betrag hat; die Feldlinien verlaufen dann im gleichen Abstand parallel zueinander (**Bild 3.2 a und b**). Anderenfalls spricht man von einem *inhomogenen Feld* (**Bild 3.2 c**).

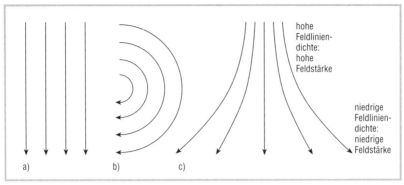

Bild 3.2   *Visualisierung von Feldstärken durch Feldlinien*
a) homogenes Feld, gerade Feldlinien
b) homogenes Feld, gekrümmte Feldlinien
c) inhomogenes Feld

3.1.2 Darstellung von Feldgrößen in Dezibel (dB)

3.1.2.1 Dezibel als dimensionsloser, relativer Verhältniswert

In der Technik ist es häufig üblich, Verhältnisse von zwei Größen mit gleicher Maßeinheit, die sich über eine Spanne von mehreren Zehnerpotenzen erstrecken können – wie es z. B. bei Feldgrößen der Fall ist –, im logarithmischen Maßstab anzugeben. Dies hat den Vorteil, dass sehr große bzw. sehr kleine Werte in eine „handliche" Größenordnung transformiert werden.

Ein solcher Maßstab ist das *Dezibel* (dB), ein Zehntel des (ungebräuchlichen) *Bel* (B). Die dimensionslose dB-Skala drückt das logarithmierte Verhältnis L von zwei Leistungs- *(P)* oder Strahlungsdichtegrößen *(S)* aus.

10 dB entspricht dem Verhältnis $10^1 : 1 = 10$; 20 dB dem Verhältnis $10^2 : 1 = 100$ usw. Hieraus folgt für 0 dB das Verhältnis $10^0 : 1 = 1$.

Für das Verhältnis von zwei Strahlungsdichten S_1 und S_2 in dB gilt allgemein:

$$L \text{ dB} = 10 \cdot \lg (S_1 / S_2) \text{ dB}.$$

Will man anstatt der Strahlungsdichte (bzw. Leistung) das Verhältnis zweier elektrischer Feldstärken E oder magnetischer Feldstärken H (bzw. Spannungen U oder Ströme I) in dB darstellen, so ist zu berücksichtigen, dass die Strahlungsdichte dem Quadrat der Feldstärke proportional ist ($S \sim E^2$ und $S \sim H^2$, s. Abschnitt 3.4.2; ebenso gilt $P \sim U^2$ und $P \sim I^2$). Die Hochzahl 2 wird bei der Bildung des Logarithmus als Faktor 2 wirksam, so dass gilt:

$$L \text{ dB} = 10 \cdot \lg (S_1 / S_2) \text{ dB} = 10 \cdot \lg (E_1 / E_2)^2 \text{ dB}$$
$$= 2 \cdot 10 \cdot \lg (E_1 / E_2) \text{ dB}$$
$$= 20 \cdot \lg (E_1 / E_2) \text{ dB}.$$

Bei gleichem dB-Wert entspricht also das Verhältnis der Strahlungsdichten dem Quadrat des Verhältnisses der Feldstärken (vgl. **Tabelle 9.4** im Anhang). Die Maßzahl dB ist somit unabhängig davon, ob sie sich auf Strahlungsdichten oder auf Feldstärken bezieht bzw., salopper ausgedrückt: „dB sind dB!". Dies ist ein weiterer großer Vorteil der Rechnung mit Dämpfungen oder Verstärkungen in Dezibel.

Die Addition der logarithmischen dB-Werte ist äquivalent zu einer Multiplikation der Faktoren. Zum Beispiel entsprechen 26 dB als Summe von (20 dB + 6 dB) für die Feldstärke dem Produkt $(10 \cdot 2) = 20$, dagegen $(100 \cdot 4) = 400$ für die Strahlungsdichte. Zur Kontrolle: $20^2 = 400$.

3.1.2.2 Dezibel als absoluter Wert

Um die Vorteile der logarithmischen Darstellung nicht nur für relative Verhältniswerte von zwei beliebigen Größen gleicher Dimension zueinander zu nutzen, sondern auch zur Darstellung absoluter Werte (z. B. Messwerte von Feldgrößen), wurden absolute Dezibel-Skalen entwickelt.

Die zunächst wie ein Widerspruch klingende Anforderung, Relatives absolut zu machen, gelingt recht mühelos durch einen kleinen „Kniff", indem man nämlich den betreffenden Wert (z. B. Messwert) zu einem definierten, absoluten Bezugswert ins Verhältnis setzt. Dieser Bezugswert wird dann als Zusatz zur dB-Bezeichnung geführt, und die entstehende Größe wird als *Pegel* bezeichnet.

Ein Spannungspegel in dBV bezieht sich beispielsweise auf den Bezugswert 1 V; 0 dBV entsprechen also 1 V, 20 dBV entsprechen 10 V usw. Operiert man mit kleineren Spannungen, so ist die Angabe in dBmV sinnvoller. Bezugsgröße ist hier 1 mV; d. h., 0 dB entsprechen 1 mV. **Tabelle 3.1** zeigt die im Rahmen der Feldmesstechnik wichtigsten absoluten dB-Skalen.

Pegel, die die gleiche physikalische Bezugsgröße enthalten und sich lediglich in der Größenordnung dieser Bezugsgröße unterscheiden, lassen sich ineinander umrechnen (z. B. dBmV in dBµV bzw. dBV). Hierfür ist einfach der dem jeweiligen Größenordnungsfaktor entsprechende – relative – dB-Wert zu addieren bzw. zu subtrahieren. Den Dimensionsstufen mit dem Faktor 1000 entsprechen bei Spannungen 60 dB, bei Leistungen 30 dB.

Tabelle 3.1 *Absolute dB-Skalen*

dB-Skala	Bezugsgröße	Umrechnung in				
		dBV	dBmV	dBµV	dBm	dBW
dBV	1 V	± 0 dBV	+ 60 dBmV	+ 120 dBµV	–	–
dBmV	1 mV	– 60 dBV	± 0 dBmV	+ 60 dBµV	–	–
dBµV	1µV	– 120 dBV	– 60 dBmV	± 0 dBµV	–	–
dBm	1 mW	–	–	–	± 0 dBm	+ 30 dBW
dBW	1 W	–	–	–	– 30 dBm	± 0 dBW

Eine Umrechnung von z. B. Spannungs- in Leistungspegel ist nicht möglich, ohne den Widerstand zu kennen, an dem die Spannung abfällt bzw. in dem die Leistung umgesetzt wird. Bei unterschiedlichen Widerständen führt z. B. der gleiche dBm-Wert zu unterschiedlichen Angaben in dBmV und umgekehrt!

3.1.3 Zeitverhalten von Feldern

Für die physikalischen Eigenschaften eines Feldes ist neben seiner räumlichen Verteilung auch sein Zeitverhalten entscheidend. Hier lassen sich folgende Unterteilungen gemäß **Tabelle 3.2** vornehmen:

Zeitlich nicht veränderlich bedeutet theoretisch streng genommen, dass im Laufe beliebig langer Zeiten überhaupt keine Änderung stattfindet. Dies kommt in der Praxis nie vor (satirisches „Murphy'sches Gesetz": Alle Konstanten sind variabel!). Auch die Gleichspannung z. B. einer Batterie ändert sich im Laufe ihrer Lebensdauer und wird durch Entladung immer kleiner. Für die Messpraxis ist also von Bedeutung, dass während des Messvorganges keine Änderung erfolgt.

Als *statisch* wird ein Feld dann bezeichnet, wenn es zeitlich nicht veränderlich ist (Gleichfeld) und zusätzlich keine Änderung der Energie stattfindet – also z. B. kein Strom fließt.

Ist das Feld zeitlich nicht veränderlich, aber durch eine Änderung der Energie bzw. durch Energietransport (z. B. durch Stromfluss) gekennzeichnet, so spricht man von einem *stationären* Feld.

Tabelle 3.2 *Zeitverhalten von Feldern*

Zeiteinteilung für Felder			
zeitlich nicht veränderlich		langsam veränderlich	schnell veränderlich
Gleichfeld		niederfrequentes Wechselfeld	hochfrequentes Wechselfeld, hochfrequente Welle
statisch	stationär	quasistatisch	quasistationär

Wenn sich das Feld in seinem Zeitverlauf periodisch ändert, so handelt es sich um ein *Wechselfeld*. Der Maßstab für die Änderungsgeschwindigkeit ist die *Frequenz* (Formelzeichen f); gemessen in Hertz ($Hz = 1/s = s^{-1}$). Der Kehrwert der Frequenz ist die *Schwingungsdauer* (Formelzeichen T); diese wird in Sekunden (s) gemessen:

$$T = 1/f \text{ bzw. } f = 1/T.$$

Die Schwingungsdauer ist die Zeit, die das Feld benötigt, um einen kompletten Schwingungsvorgang, z. B. von null über das positive Maximum zurück zu null, dann über das negative Maximum und wieder zurück zu null, zu durchlaufen (**Bild 3.3**).

Der Maximalwert der Kurve wird als *Scheitelwert* bezeichnet, das zugehörige Formelzeichen wird mit einem „Dach" (^) versehen; gesprochen wird es als z. B. „B-Dach". Der Scheitelwert einer Sinusschwingung beträgt das 1,41fache des Effektivwertes (genau: das $\sqrt{2}$-fache). Der *Effektivwert* ist ein Maß für die Leistung der Feldgröße, daher wird er üblicherweise herangezogen, um die Höhe einer Feldgröße zu bezeichnen (nähere Details s. Abschnitt 4.1.2). Alle Schwingungsvorgänge mit beliebiger Kurvenform lassen sich auf eine jeweils charakteristische Summe von Sinusschwingungen zurückführen; mathematisch wird dies durch die *Fourieranalyse* dargestellt. Daher kann man die Sinusschwingung durchaus als die „Urmutter" aller Schwingungsvorgänge bezeichnen.

Geht die zeitliche Änderung des Feldes so langsam vonstatten, dass noch keine merkliche Energieabstrahlung von Form von Wellen stattfindet, so spricht man von einem *langsam veränderlichen, quasistatischen* bzw. *quasistationären* oder auch *niederfrequenten* Wechselfeld.

Eine nennenswerte Wellenabstrahlung erfolgt erst, wenn die betrachteten räumlichen Abmessungen ¼ der Wellenlänge oder mehr betragen. Dann sind Strom bzw. Spannung auf einem Leiter nicht mehr unabhängig

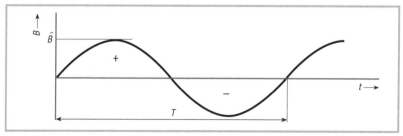

Bild 3.3   *Schwingungszug eines Wechselfeldes*

vom Ort. Sie sind dann nicht mehr an jeder Stelle des Leiters zum gleichen Zeitpunkt gleich groß, sondern ihre Größe ist vom jeweiligen Messpunkt abhängig. Diese Abhängigkeit wird durch die *Wellenlänge* charakterisiert. Zwischen Wellenlänge λ und Frequenz f gilt die Beziehung

$$\lambda = c / f$$

mit der Lichtgeschwindigkeit $c = 300\,000$ km/s.

Da die Wellenlänge bei den 50 Hz der Netzfrequenz 6000 km beträgt (und $\frac{1}{4}$ der Wellenlänge immerhin noch 1500 km) und da so lange, ununterbrochene Leitungen für die Stromversorgung aber nicht existieren, kann man bei den Feldern der elektrischen Energieversorgung immer von quasistatischen bzw. quasistationären Bedingungen ausgehen. Elektrische und magnetische Wechselfelder verhalten sich dann in ihrer Ausbreitung so ähnlich, „quasi" wie statische bzw. stationäre Felder und nicht wie – hochfrequente – Wellen.

Eine wichtige Eigenschaft von Gleichfeldern und niederfrequenten Wechselfeldern ist, dass sich das elektrische Feld und das magnetische Feld unabhängig voneinander ausbilden und dass dementsprechend beide Felder separat gemessen werden müssen. Dies gilt bei schnell veränderlichen – oder *hochfrequenten* – Feldern nur im Bereich des *Nahfeldes*, d. h. in Entfernungen von weniger als $(1 \ldots 4)\,\lambda$ von der Sendeantenne (Nahfeldbedingung).

Im *Fernfeld* eines hochfrequenten Feldes [Entfernung von der Sendeantenne deutlich größer als $(1 \ldots 4)\,\lambda$] sind dagegen elektrisches und magnetisches Feld über den *Wellenwiderstand* Z_0 des freien Raumes fest und eindeutig miteinander verknüpft. Kennt man hier z. B. die elektrische Feldstärke E, so lässt sich die magnetische Feldstärke H berechnen nach der Formel[1]

$$H = E / Z_0$$

mit $Z_0 = 377\ \Omega$.

---

1 Für den mit der Berechnung von Gleich- und Wechselstromkreisen bewanderten Leser gibt es eine einfache Merkhilfe zur Betrachtung der Feldgrößen E (elektrisches Feld), H (magnetisches Feld) und S (Leistungsflussdichte, Strahlungsdichte): Für Fernfeldbedingungen und Freiraumausbreitung kann vereinfacht die elektrische Feldstärke in Analogie zur Spannung U, die magnetische Feldstärke in Analogie zum Strom I und die Leistungsflussdichte in Analogie zur elektrischen Leistung P gesetzt werden. Dass dies „passt", zeigt ein kurzer Blick auf die Maßeinheiten: V $\rightarrow$ V/m, A $\rightarrow$ A/m, W $\rightarrow$ W/m². Aus der Formel zur Leistungsberechnung in Stromkreisen $P = U \cdot I$ wird dann für die hochfrequente Wellenausbreitung $S = E \cdot H$. Entsprechend wird das Ohm'sche Gesetz $I = U/R$ abgewandelt zu $H = E/Z_0$.

Wegen dieser definierten Verknüpfung von elektrischem und magnetischem Feld spricht man bei hochfrequenten Wellen von einem gemeinsamen *elektromagnetischen Feld.*

Die Grenze zwischen Niederfrequenz und Hochfrequenz ist nicht absolut eindeutig zu ziehen; man kann also nicht eine allgemein gültige Frequenz festlegen, die diese Grenze markiert. Vielmehr ist der Hochfrequenzbereich dadurch gekennzeichnet, dass es zu einer Wellenabstrahlung und Ausbreitung der elektromagnetischen Welle in den Raum kommt. Damit ist diese Definition relativ, da die jeweiligen räumlichen Verhältnisse in Relation zur Wellenlänge eine entscheidende Rolle dafür spielen, ob es zu einer merklichen Wellenabstrahlung kommt oder nicht. Häufig werden für diese Grenze 30 kHz genannt, da hier der Langwellenbereich beginnt, von dem ab aufwärts das elektromagnetische Spektrum im Wesentlichen zur Funkübertragung und Telekommunikation genutzt wird. Allerdings beginnt der Frequenzbereich, der den Funkdiensten zur drahtlosen Informationsübertragung von den Telekommunikationsbehörden zugewiesen ist, bereits bei 9 kHz. Und zur Nachrichtenübertragung unter Wasser werden noch erheblich niedrigere Frequenzen benutzt, z. B. 80 Hz für die U-Boot-Kommunikation.

In der Praxis werden aus unterschiedlichen Gesichtspunkten heraus z. B. die in **Tabelle 3.3** aufgeführten Grenzen zwischen Nieder- und Hochfrequenz gezogen.

Tabelle 3.3 *Beispiele für Grenzen zwischen Nieder- und Hochfrequenz*

Frequenz f	Bereich
> 300 Hz	Hochfrequenz im Sinne des internationalen EMF-Projektes der WHO*
5 Hz ... 2 kHz	niederfrequentes Band 1 nach MPR und TCO**
< 9 kHz	von den Behörden nicht an Funkdienste zugewiesener Bereich
30 kHz	Beginn des Langwellenbereichs
20 Hz ... 20 kHz	Niederfrequenz, die die vom Menschen hörbaren Tonfrequenzen umfasst
< 100 kHz oder < 400 kHz	Niederfrequenz, die auch Oberwellen der Tonfrequenzen mit umfasst

* WHO: World Health Organization (Weltgesundheitsorganisation)
** MPR und TCO: „Schwedennormen" für strahlungsarme Computerbildschirme

3.1.4   EM-Feldarten und ihre Beschreibung

Bei den EM-Feldern sind zwei Grundtypen zu unterscheiden, und zwar:
1. elektrische Felder, Formelzeichen E,
2. magnetische Felder, Formelzeichen H.

Außerdem sind im Rahmen unserer Betrachtungen zu unterscheiden:
A. Quellenfelder,
B. Wirbelfelder.

Hieraus ergeben sich mathematisch grundsätzlich vier Kombinationsmöglichkeiten, von denen aber nur drei physikalisch existieren, wie im Folgenden noch ausgeführt wird (**Tabelle 3.4**).

Die recht einfache und übersichtliche Tabelle 3.4 stellt eine wesentliche Kernaussage der komplexen *Maxwell'schen Feldgleichungen* dar, wenn sie auf die grundlegende Frage der Existenz bzw. Nichtexistenz der einzelnen Feldformen reduziert wird. Die Theorie zur mathematischen Beschreibung von elektrischen und magnetischen Feldern wurde 1867 von *James Clerk Maxwell* (1831–1879) veröffentlicht. Sie basiert auf den vier Feldgleichungen der **Tabelle 3.5**, die genau den vier „Kästchen" in Tabelle 3.4 entsprechen. Die Gleichung div $B = 0$ bedeutet in ihrer Essenz ganz einfach, dass magnetische Felder nicht als Quellenfelder existieren, sondern nur als Wirbelfelder. Elektrische Felder können dagegen als Quellen- und als Wirbelfelder existieren.

Neben der *elektrischen Feldstärke* (Formelzeichen E) und der *magnetischen Feldstärke* (Formelzeichen H) sind für die folgenden Betrachtungen noch zwei weitere Feldgrößen von Belang, die sich über Materialkonstanten aus den Feldstärken ableiten und die auch bereits in den o. a. Maxwell'schen Gleichungen aufgeführt sind.

Tabelle 3.4 *Typen von EM-Feldern*

Feldart	Quellenfeld	Wirbelfeld
Elektrisches Feld	ja	ja
Magnetisches Feld	nein	ja

Tabelle 3.5 *Maxwell'sche Feldgleichungen (hier in Differentialform für den freien Raum)*

Feldart	Quellenfeld	Wirbelfeld
Elektrisches Feld	div D = div $(\varepsilon_0 \cdot E) = \eta$	rot $H = J + \partial/\partial t\, D = J + \partial/\partial t\, (\varepsilon_0 \cdot E)$
Magnetisches Feld	div B = div $(\mu_0 \cdot H) = 0$	rot $E = -\partial/\partial t\, B = -\partial/\partial t\, (\mu_0 \cdot H)$

In homogenen Materialien (das sind Stoffe, die an allen Stellen dieselben physikalischen Eigenschaften aufweisen) ist der elektrischen Feldstärke die *elektrische Verschiebungsdichte* (Formelzeichen *D*) proportional, d. h.

$$D = \varepsilon \cdot E.$$

Der Proportionalitätsfaktor ε ist eine Materialkonstante und wird als *Permittivität* (früher: Dielektrizitätskonstante) bezeichnet. Die Permittivität ε_0 des freien Raumes (d. h. von Luft und Vakuum) wird als *elektrische Feldkonstante* bezeichnet und beträgt

$$\varepsilon_0 = 8{,}8542 \cdot 10^{-12} \text{ As/Vm (Amperesekunden pro Voltmeter)}.$$

Auf entsprechende Weise ist die *magnetische Feldstärke H* mit der *magnetischen Flussdichte* oder *Induktion* (Formelzeichen *B*) verknüpft. Proportionalitätsfaktor ist hier die *magnetische Permeabilität* μ. Für homogene Stoffe gilt allgemein

$$B = \mu \cdot H$$

und speziell im freien Raum

$$B = \mu_0 \cdot H.$$

Die Permeabilität des freien Raumes μ_0 wird als *magnetische Feldkonstante* bezeichnet und beträgt

$$\mu_0 = 1{,}2566 \cdot 10^{-6} \text{ Vs/Am (Voltsekunden pro Amperemeter)}.$$

Die physikalische Bedeutung der mathematischen Operationen div, rot und $\partial/\partial t$ wird im Folgenden konkret an den verschiedenen Feldarten erläutert, ohne mehrere Semester in höherer Mathematik zu bemühen.

3.1.4.1 Quellenfelder

Bei Quellenfeldern haben die Kraft- bzw. Feldlinien einen definierten Anfang und ein definiertes Ende; d. h., es existiert eine Feld-„Quelle" und eine Feld-„Senke" (**Bild 3.4 a**). Befindet sich die Feldsenke in großer Entfernung von der Quelle, so ergibt sich ein weitgehend symmetrisches Feldlinienbild gemäß **Bild 3.4 b**.

Elektrische Felder können als Quellenfelder auftreten, da elektrische Ladungen (positive und negative Ladungen) voneinander getrennt werden können (z. B. durch Reibung elektrostatisch aufladbarer Materialien oder in einer Spannungsquelle, wie Batterie oder Generator). Feldquellen bzw. -senken können damit unterschiedliche elektrische Ladungen sein.

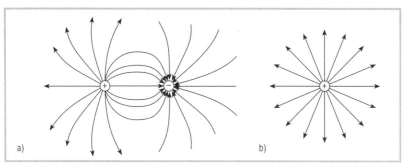

Bild 3.4   *Elektrisches Quellenfeld: Feldlinien mit Anfang und Ende*
a) zwei unterschiedliche Ladungen   b) Einzelladung

In den Maxwell'schen Feldgleichungen ist das Maß für die Quellendichte eines Quellenfeldes die „Divergenz" (= „Auseinandergehen", mathematische Schreibweise: div). Beim elektrischen Feld ist maßgebend die Divergenz der elektrischen Verschiebungsdichte, die auf der Trennung (dem „Auseinandergehen") der elektrischen Ladungen beruht.

Im freien Raum, den wir hier ausschließlich betrachten wollen, kann die elektrische Verschiebungsdichte D mit der elektrischen Feldstärke $E \cdot \varepsilon_0$ gleichgesetzt werden:

$$\operatorname{div} D = \operatorname{div} (\varepsilon_0 \cdot E) = \eta;$$

η elektrische Raumladungsdichte,
D elektrische Verschiebungsdichte,
$D = \varepsilon_0 \cdot E$ im freien Raum.

Hieraus folgt als Resümee:

▮ **Elektrische Felder können als Quellenfelder existieren.**

▮ **Die elektrische Ladung ist Ursache des elektrischen Quellenfeldes.**

Elektrische Quellenfelder können als Gleichfelder oder als zeitlich veränderliche Felder existieren.

Da es hingegen keine magnetischen Einzelpole gibt, sondern magnetische Nord- und Südpole immer gemeinsam auftreten und nicht voneinander getrennt werden können (magnetischer Dipol), existieren keine magnetischen Quellenfelder.

▮ **Magnetfelder existieren nicht als Quellenfelder.**

Die entsprechende Maxwell'sche Gleichung lautet, angewendet auf den freien Raum:

$$\operatorname{div} B = \operatorname{div} (\mu_0 \cdot H) = 0;$$

B magnetische Flussdichte oder Induktion,
$D = \mu_0 \cdot H$ im freien Raum.

3.1.4.2 Wirbelfelder

Bei Wirbelfeldern sind die Kraft- bzw. Feldlinien in sich geschlossen (**Bild 3.5**); sie weisen keinen Anfang und kein Ende auf (und damit kein „Auseinandergehen", keine „Divergenz"). Das Maß für die Wirbeldichte ist die „Rotation" (mathematische Schreibweise: rot) in den entsprechenden Maxwell'schen Gleichungen.

In den folgenden Gleichungen bezeichnet der mathematische Ausdruck $\partial/\partial t$ (sprich: d nach dt) die Geschwindigkeit der zeitlichen Änderung einer Größe:

$$\text{rot } H = J + \partial/\partial t\, D = J + \partial/\partial t\, (\varepsilon_0 \cdot E);$$

J elektrische Leitungsstromdichte,
D elektrische Verschiebungsdichte,
$D = \varepsilon_0 \cdot E$ im freien Raum.

In Worten bedeutet dies:

▌ **Magnetfelder existieren als Wirbelfelder.**

▌ **Ein magnetisches Wirbelfeld hat zwei mögliche Ursachen:**
   1. elektrischer Strom,
   2. die zeitliche Änderung eines elektrischen Feldes.

Durch einen elektrischen Strom verursachte Magnetfelder können demnach als Gleichfelder und als zeitlich veränderliche Felder existieren. Durch die zeitliche Veränderung eines elektrischen Feldes hervorgerufene Magnetfelder können dagegen nur als Wechselfelder existieren, da die zeitliche Änderung bei Gleichfeldern definitionsgemäß Null ist.

Elektrische Felder können – zusätzlich zur bereits beschriebenen Erscheinungsform als Quellenfelder – ebenfalls als Wirbelfelder auftreten.

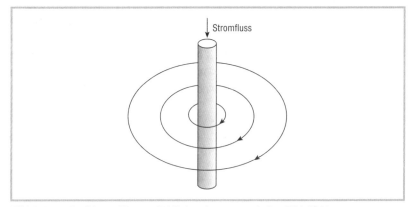
Stromfluss

Bild 3.5   *In sich geschlossene Feldlinien eines magnetischen Wirbelfeldes*

Dies kommt in folgender Maxwell'scher Gleichung zum Ausdruck:

$$\text{rot } E = -\partial/\partial t \, B = -\partial/\partial t \, (\mu_0 \cdot H);$$

B magnetische Flussdichte oder Induktion,

$B = \mu_0 \cdot H$ im freien Raum.

In Worten:

▌ Ursache eines elektrischen Wirbelfeldes ist die zeitliche Änderung eines Magnetfeldes.

Elektrische Wirbelfelder können somit nur als Wechselfelder existieren, da die zeitliche Änderung bei Gleichfeldern definitionsgemäß null ist.

Tabelle 3.6 fasst die Ergebnisse der bisherigen Betrachtungen auf Basis der Maxwell'schen Gleichungen in einer allgemeinen Übersicht zusammen. Als Ursachen für EM-Felder sind letztendlich zu verzeichnen:

▌ elektrische Ladungen, räumlich unbeweglich oder sich bewegend als Strom, als Gleich- oder Wechselgröße,

▌ Wechselfelder der „jeweils anderen Art".

Tabelle 3.6 *Ursachen elektrischer und magnetischer Quellen- und Wirbelfelder*

Feldart	Quellenfeld Divergenz	Wirbelfeld Rotation
Elektrisches Feld	Ladung (= / ~)	Änderungsgeschwindigkeit des magnetischen Feldes (~)
Magnetisches Feld	0	Strom (= / ~) + Änderungsgeschwindigkeit des elektrischen Feldes (~)
= Gleichfeld, ~ Wechselfeld		

3.1.5 Gleichfelder

Gleichfelder sind zeitlich konstante Felder, ihre Änderungsgeschwindigkeit ist null. In den Maxwell'schen Gleichungen werden damit die Ausdrücke der zeitlichen Ableitung $\partial/\partial t$ ebenfalls zu null. Somit reduziert sich die allgemein gültige Tabelle 3.6 für Gleichfelder auf die spezielle **Tabelle 3.7**.

Tabelle 3.7 *Ursachen für elektrische und magnetische Gleichfelder*

Feldart	Quellenfeld Divergenz	Wirbelfeld Rotation
Elektrisches Feld	Ladung (=)	0
Magnetisches Feld	0	Strom (=)
= Gleichfeld, ~ Wechselfeld		

In Worten ausgedrückt:

▌ **Bei Gleichfeldern ist die elektrische Ladung Ursache für das elektrische (Quellen-)Feld; Strom (d. h. bewegte elektrische Ladung) ist die Ursache für das magnetische (Wirbel-)Feld.**

Als weitere Ursache elektrischer und magnetischer Gleichfelder sind spezielle Materialien zu nennen, in denen magnetische Dipole bzw. elektrische Ladungen quasi „eingefroren" sind, die also entsprechende Feldwirkungen zeigen, ohne dass Strom fließt oder bewegliche Ladungen getrennt werden. Es sind dies *Permanentmagnete* (Dauermagnete) und so genannte *Elektrete*.

Natürliche Gleichfelder sind das Erdmagnetfeld und das elektrostatische Feld der Erde. Diese werden von den technischen Gleichfeldern überlagert; es kommt zu einer Vektoraddition der natürlichen und der technischen Komponente. Daher spricht man hier häufig von einer „Störung" oder „Verzerrung" des natürlichen Gleichfeldes durch technische Einflüsse.

3.1.6 Niederfrequente Wechselfelder (NF)

Für niederfrequente Wechselfelder gelten die allgemeinen Beziehungen gemäß Tabelle 3.6.

Niederfrequente elektrische Wechselfelder können als Quellen- und als Wirbelfelder existieren.

So führt der Ladungsüberschuss bzw. -mangel an den Polen einer niederfrequenten Wechselspannungsquelle zu elektrischen *Quellen*feldern, deren Feldstärken in der baubiologischen Messpraxis von einigen V/m bis zu über 100 V/m reichen können.

Zu größeren Änderungsgeschwindigkeiten der magnetischen Flussdichte und damit zu nennenswerten elektrischen *Wirbel*feldern kommt es, wenn entweder der Betrag der Flussdichte oder ihre Änderungsfrequenz groß ist. Bei hochfrequenten Wellenvorgängen oder im Zusammenhang mit starken niederfrequenten magnetischen Flussdichten, wie sie z. B. in der Nähe von Leitern mit hohen Strömen sowie innerhalb und im näheren Umfeld von Elektromotoren und Transformatoren auftreten, spielen daher elektrische Wirbelfelder eine bedeutsame Rolle. Existiert das sich ändernde E-Feld als Wirbelfeld nicht nur im freien Raum, sondern auch in einem leitfähigen Medium, so führt es hier zu einem (Wirbel-)Strom, dessen Magnetfeld das ursprüngliche, vom primären Strom hervorgerufene Magnetfeld überlagert.

Der räumliche Feldlinienverlauf eines niederfrequenten elektrischen Quellenfeldes entspricht dem eines elektrischen Gleichfeldes; er ändert sich synchron zur zeitlichen Änderung der das Feld verursachenden Ladung (vgl. Bild 3.4).

Niederfrequente magnetische Wechselfelder sind – wie alle Magnetfelder – Wirbelfelder. Ursache ist ein elektrischer Strom und/oder die zeitliche Änderung eines elektrischen Feldes.

Der räumliche Feldlinienverlauf niederfrequenter magnetischer Wechselfelder entspricht dem von magnetischen Gleichfeldern; er ändert sich synchron zur zeitlichen Änderung des Stromes (s. Bild 3.5).

3.1.7 Hochfrequente elektromagnetische Wellen (HF)

Bei schnell veränderlichen Feldern gewinnt die wechselseitige Erzeugung des elektrischen Feldes aus der zeitlichen Veränderung des Magnetfeldes und umgekehrt die Erzeugung des Magnetfeldes aus der Veränderung des elektrischen Feldes entscheidende Bedeutung. Liegen nun auch noch die mechanischen Abmessungen des Leiters in der Größenordnung von mindestens ¼ der Wellenlänge, so kommt es zur Abstrahlung von Energie in den freien Raum, die sich in Form einer *Welle* ausbreitet. Da es hier keine Ladungen und keinen Strom mehr gibt, reduzieren sich die Maxwell'schen Gleichungen gemäß **Tabelle 3.8** auf die Feld erzeugenden Einflüsse der jeweils anderen Feldkomponente.

In der hochfrequenten Welle gibt es nur noch Wirbelfelder; auch das elektrische Feld existiert – im Gegensatz zum niederfrequenten Fall – nur noch als Wirbelfeld.

In einer sich ausbreitenden hochfrequenten elektromagnetischen Welle sind elektrisches und magnetisches Feld als gemeinsames *elektromagnetisches Feld*[2] fest miteinander gekoppelt; beide Feldkomponenten sind Wirbelfelder, und die eine erzeugt wechselseitig die andere. Die schnelle zeitliche Änderung des Magnetfeldes ist hier also die Ursache des elektrischen

Tabelle 3.8 *Elektrische und magnetische Felder für hochfrequente Wellen*

Feldart	Quellenfeld Divergenz	Wirbelfeld Rotation
Elektrisches Feld	0	Änderungsgeschwindigkeit des magnetischen Feldes (~)
Magnetisches Feld	0	Änderungsgeschwindigkeit des elektrischen Feldes (~)
~ Wechselfeld		

2 Die immer wieder anzutreffende Verwendung des Begriffs „elektromagnetisches Feld" für ein von elektrischem Strom verursachtes Magnetfeld ist nicht korrekt.

Feldes. Und umgekehrt ist die schnelle zeitliche Änderung des elektrischen Feldes Ursache des Magnetfeldes (**Bild 3.6**).

Elektrisches und magnetisches Feld befinden sich bei der hochfrequenten Welle in einem ausgewogenen Gleichgewicht, das durch den *Wellenwiderstand* Z_0 des freien Raumes bestimmt wird. Zwischen E- und H-Feld besteht die Beziehung

$$E / H = Z_0 = \sqrt{\mu_0 / \varepsilon_0} = 377 \ \Omega$$

mit den Feldkonstanten des freien Raumes

$\varepsilon_0 = 8{,}8542 \cdot 10^{-12}$ As/Vm,

$\mu_0 = 1{,}2566 \cdot 10^{-6}$ Vs/Am.

Das bekannte Spektrum der hochfrequenten elekromagnetischen Wellen erstreckt sich von etwa 30 kHz bis über 10^{21} Hz. Es wird in folgende Spektralbereiche unterteilt:

nicht ionisierend:

▮ hochfrequente, technisch erzeugte elektromagnetische Wellen oder Funkwellen (HF)

▮ optische Spektren

  – Infrarot (IR)/Wärmestrahlung

  – sichtbares Licht

  – Ultraviolett-A (UV-A)

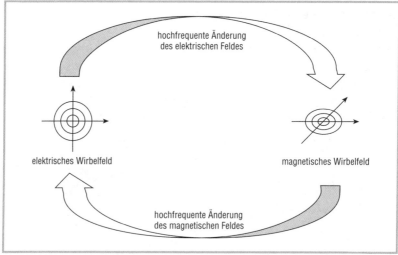

Bild 3.6   *Kopplung von elektrischem und magnetischem Feld in der hochfrequenten elektromagnetischen Welle*

ionisierend:

- Ultraviolett-B und -C (UV-B und UV-C)
- Röntgenstrahlung
- Gammastrahlung
- Höhenstrahlung

Mit Frequenzen jenseits von 300 GHz (bei bestimmten Molekülgasen bereits ab etwa 30 GHz) werden elektromagnetische Wellen durch Quanteneffekte in den Elektronenhüllen der Atome und in den Atomkernen hervorgerufen.

Hier wird auch ihre Doppelnatur von Bedeutung: Sie können außer ihren Welleneigenschaften auch Korpuskel- oder Teilcheneigenschaften aufweisen. Die Beschreibung dieser Eigenschaften, bei denen sich elektromagnetische Wellen wie Teilchen verhalten, basiert auf der Modellvorstellung des *Photons* (= *Lichtquant*). Da Photonen keine Ruhemasse und somit keine kinetische Energie (Bewegungsenergie) aufweisen, ist ihre Energie A nur von der Frequenz der korrespondierenden Welle abhängig:

$$A = h \cdot f.$$

$h = 6{,}626 \cdot 10^{-34}$ N $\cdot$ m $\cdot$ s $= 4{,}134 \cdot 10^{-15}$ eV $\cdot$ s (eV = Elektronenvolt) ist eine Naturkonstante, das *Planck'sche Wirkungsquantum.*

Die Quantenenergie von Funkwellen ($f < 300$ GHz) ist kleiner als $0{,}00124$ eV; sie reicht damit bei weitem nicht aus, um Atome oder Moleküle zu ionisieren. Bei Frequenzen über etwa 10^{15} Hz reicht die Energie dagegen aus, um Elektronen aus Atomen oder Molekülverbänden herauszuschlagen und diese damit zu ionisieren (UV-B und UV-C, Röntgen-, Gamma- und Höhenstrahlung). Diese Strahlung mit hochenergetischen, ionisierenden Photonen wird daher auch als „harte" Strahlung bezeichnet.

Wegen ihrer ionisierenden Eigenschaften sind diese Strahlen besonders gefährlich: Sie sind kanzerogen (zellschädigend und damit Krebs erregend), mutagen (Erbgut verändernd) und teratogen (Frucht schädigend, d. h., sie führen zu Fehlbildungen von Embryonen).

Aufgrund der Äquivalenz von Frequenz und Energie der Photonen wird bei der Messung bzw. Beschreibung von ionisierender Strahlung üblicherweise nicht die Frequenz benutzt, sondern die *Photonenenergie* in der Maßeinheit Elektronenvolt (eV). 1 eV ist die Energie, die ein Elektron mit der *Elementarladung e* ($e = 1{,}6021 \cdot 10^{-19}$ As) erhält bzw. abgibt, wenn es durch eine Spannung von 1 V beschleunigt bzw. abgebremst wird.

Die Frequenzbereiche – und damit auch die Energiebereiche – von Röntgen-, Gamma- und Höhenstrahlung sind nicht scharf gegeneinander abgegrenzt, sondern überlappen sich. Ihre Unterteilung erfolgt nicht anhand spektraler Merkmale, wie der Frequenz bzw. Energie, sondern anhand der ihnen zugrunde liegenden unterschiedlichen physikalischen Effekte.

3.1.7.1 Funkwellen

Der elektromagnetische Spektralbereich von etwa 30 kHz bis 300 GHz steht für technische Hochfrequenzanwendungen, insbesondere der Telekommunikation, zur Verfügung. Die Abstrahlung der Wellen erfolgt über Antennen, die in ihren mechanischen Abmessungen der jeweiligen Wellenlänge entsprechen.

3.1.7.2 Infrarotlicht (IR) / Wärmestrahlung

Frequenz $30 \cdot 10^9 \dots 375 \cdot 10^{12}$ Hz

Wellenlänge $10 \dots 800$ nm

Infrarotlicht wird von den Sinnesorganen als Wärmeempfindung wahrgenommen.

Extrem langwelliges Infrarotlicht, das von bestimmten Molekülgasen emittiert wird, reicht bis hinunter in den Bereich der Millimeterwellen und überlappt sich mit den technisch erzeugten Funkwellen im Bereich 30 bis 300 GHz.

3.1.7.3 Sichtbares Licht

Frequenz $375 \cdot 10^{12} \dots 750 \cdot 10^{12}$ Hz

Wellenlänge $800 \dots 400$ nm

Infrarotlicht, sichtbares Licht und UV-Licht werden zu den optischen Spektren gezählt. Ihre Strahlung entsteht durch Quanteneffekte in den äußeren Elektronenschalen der Atomhüllen. Fällt ein Elektron von einer höher gelegenen auf eine tiefere Schale, so wird die Differenz der Energieniveaus der beiden Schalen ΔA als Lichtquant ausgestrahlt. Die Frequenz des emittierten Lichtquants bestimmt sich zu $f = \Delta A / h$ ($h = 6,626 \cdot 10^{-34}$ N $\cdot$ m $\cdot$ s Planck'sches Wirkungsquantum $4,134 \cdot 10^{-15}$ eV $\cdot$ s).

Unterschiedliche Frequenzen im sichtbaren Spektrum werden als unterschiedliche Farben wahrgenommen.

Die Ausbreitung der optischen Spektren unterliegt den Gesetzen der Optik. Hier sind Effekte wie Reflexion, Abschattung und Beugung von Bedeutung.

3.1.7.4 Ultraviolettes Licht (UV)

Frequenz $\quad 750 \cdot 10^{12} \dots 300 \cdot 10^{15}$ Hz

Wellenlänge $\quad 400 \dots 1$ nm

Das Spektrum des ultravioletten Lichts (UV) wird unterteilt in den niederfrequenteren Bereich des UV-A, den mittleren des UV-B und den höherfrequenten des UV-C (**Tabelle 3.9**).

Der UV-C-Anteil im Sonnenlicht wird von der Atmosphäre normalerweise so stark gedämpft, dass er die Erdoberfläche nicht erreicht. Problemzonen sind aber unter den wachsenden „Ozonlöchern", z. B. in Australien. Glas dämpft UV-Licht ebenfalls.

Künstliche UV-Quellen sind: Leuchtstofflampen, Lampen in Sonnenbänken, Halogenlampen, Edelgaslampen (Helium, Neon, Xenon), Quecksilberdampflampen („Höhensonne"), Bogenlampen, Wasserstofflampen, Wolframbandlampen mit Quarzfenster, hoch erhitzte Temperaturstrahler.

UV-Licht (insbesondere UV-B und künstlich erzeugtes UV-C) hat zellzerstörende Wirkung auf Viren und Bakterien. Es kann in höheren Intensitäten hautschädigend wirken (Erythem erzeugend), bewirkt eine beschleunigte Alterung der Haut, Verbrennungen durch Sonnenbrand, Netzhautablösung, Hautkrebs (malignes Melanom). Vor allem das Schädigungspotential von künstlichem UV-Licht auf den „Sonnenbänken" der „Sonnenstudios" wird häufig stark unterschätzt. Aufschlussreiche und zur Vorsicht mahnende Informationen hierüber gibt die Broschüre „Selbstverteidigung für Solariumgänger" der Arbeitsgemeinschaft Dermatologische Prävention – ADP e.V. [1].

Andererseits ist eine Mindestdosis UV-B für einen funktionierenden Vitamin-D-Stoffwechsel unentbehrlich: Unter dem Einfluss von UV-B wird das

Tabelle 3.9 *Unterteilung des UV-Spektrums*

Strahlung	Frequenz in Hz	Wellenlänge in nm
UV-A (Bräunungsstrahlung)	$(750 \dots 950) \cdot 10^{12}$	$400 \dots 315$
UV-B (Dorno-Strahlung)	$(950 \dots 1070) \cdot 10^{12}$	$315 \dots 280$
UV-C	$(1{,}07 \dots 300) \cdot 10^{15}$	$280 \dots 100$

Provitamin D4 in der Haut umgewandelt in das Vitamin D3, das „Sonnen-vitamin" Cholecalciferol. Dieses wirkt auf den Kalzium- und Phosphat-haushalt und damit auf das Knochenwachstum. Bei Mangel an UV-B-Licht können Kinder an Rachitis erkranken (gestörte Mineralisation der Knochen-Grundsubstanz).

3.1.7.5 Röntgenstrahlung

Frequenz $120 \cdot 10^{15} \dots > 120 \cdot 10^{18}$ Hz

Wellenlänge $2{,}5 \cdot 10^{-9} \dots < 2{,}5 \cdot 10^{-12}$ m

Photonenenergie   500 eV ... > 500 keV

Zum Vergleich: Atomdurchmesser liegen in der Größenordnung von 10^{-10} m!

Röntgenstrahlen entstehen beim Aufprall von z. B. elektrisch beschleu-nigten Elektronen auf das Material der zur Beschleunigung benutzten Ano-de. Bei dem abgestrahlten Frequenzspektrum wird zwischen charakteristi-scher Strahlung und Bremsstrahlung unterschieden.

Charakteristische Strahlung entsteht durch Niveauänderungen der Elektronen *innerer* Schalen. Die dazu nötige Energie eines stoßenden Elektrons muss mindestens so groß sein, dass das herausgebrochene Elektron bis auf das Niveau einer äußeren, noch nicht voll besetzten Schale gelangt. Beim sukzessiven Nachrücken der Elektronen von den äußeren Schalen zur inneren wird ein definiertes, für das verwendete Anodenmate-rial elementspezifisches Linienspektrum abgestrahlt. Da mit Niveauände-rungen auf den inneren Schalen größere Energien verbunden sind als mit Änderungen in den äußeren Schalen, ist die Photonenenergie von Röntgen-strahlen höher als die von IR-, sichtbarem und UV-Licht. Aus dem gleichen Grund ist die Energie von Röntgenstrahlen ausreichend zur Ionisierung von Atomen, die ja in den äußeren Schalen stattfindet.

Bremsstrahlung: Die auf die Anode auftreffenden Elektronen bilden ei-nen elektrischen Strom, der von einem elektrischen und magnetischen Feld umgeben ist. Die Abbremsung der Elektronen an der Anode bedeutet eine abrupte Änderung der Stärke dieses Elektronenstromes, die sich in einer ra-schen Änderung des umgebenden Feldes auswirkt. Diese Feldänderung äu-ßert sich ebenfalls als Röntgenstrahlung. Im Gegensatz zur charakteristi-schen Strahlung ist das Spektrum der Bremsstrahlung kontinuierlich über einen bestimmten Frequenzbereich verteilt, da die einzelnen Elektronen unterschiedlich stark abgebremst werden. Die höchste auftretende Frequenz des Bremsstrahlungsspektrums entspricht der Bewegungsenergie eines Elektrons, die vollständig in Röntgenstrahlung umgewandelt wird. Mit entsprechenden Beschleunigern können Bremsstrahlungsenergien bis weit in den GeV-Bereich erzeugt werden.

3.1.7.6 Gammastrahlung

Gammastrahlung entsteht nicht bei Quantenprozessen von Elektronen in den Elektronenschalen eines Atoms, sondern bei Zerfall- und Zertrümmerungsprozessen des Atomkerns. Sie ist meist „Nebenprodukt" bei α- und β-Zerfällen. Die Frequenzen von „weicher" Gammastrahlung reichen bis in den Bereich des mittleren Röntgenspektrums hinab (**Tabelle 3.10**).

Tabelle 3.10 *Gammastrahlung*

Ursache der Stahlung	Frequenz in Hz	Wellenlänge in m	Photonenenergie
Natürliche Kernumwandlung	$2,4 \cdot 10^{18} \ldots 1,2 \cdot 10^{21}$	$125 \cdot 10^{-12} \ldots 250 \cdot 10^{-15}$	10 keV ... 5 MeV
Künstliche Kernumwandlung	$2,4 \cdot 10^{18} \ldots 4,1 \cdot 10^{21}$	$125 \cdot 10^{-12} \ldots 75 \cdot 10^{-15}$	10 keV ... 17 MeV

3.1.8 Höhenstrahlung

Bei der Höhenstrahlung handelt es sich um eine Mischung von Teilchenstrahlung und elektromagnetischer Strahlung.
Anteilige elektromagnetische Strahlung:

Frequenz $> 240 \cdot 10^{18}$ Hz

Wellenlänge $< 1,25 \cdot 10^{-12}$ m

Photonenenergie > 1 MeV

Die Höhenstrahlung wird auch als „kosmische Strahlung" oder „Ultrastrahlung" bezeichnet. Man unterscheidet nach *primärer Höhenstrahlung,* die aus dem Weltraum auf die äußeren Schichten der Erdatmosphäre trifft, und *sekundärer Höhenstrahlung,* die nach einer Kaskade von Teilchenzerfällen den Erdboden erreicht.

Die primäre Höhenstrahlung besteht aus (verhältnismäßig wenigen) Atomkernen, die sich mit nahezu Lichtgeschwindigkeit bewegen. Dementsprechend haben sie sehr große kinetische Energien (Bewegungsenergien), die zwischen 10^8 und 10^{19} eV betragen.

Bei den Teilchen der primären Höhenstrahlung handelt es sich zu etwa 79 % um Wasserstoffkerne (Protonen) und zu etwa 20 % um Heliumkerne (α-Teilchen). Schwerere Teilchen machen nur 1 % der Primärstrahlung aus und stammen von der Sonne; sie dringen bis etwa 20 km Höhe in die Atmosphäre ein. Die primären Protonen und α-Teilchen kommen aus dem tieferen Weltraum und erreichen viel niedrigere Höhen, jedoch gelangen sie praktisch nicht bis zum Erdboden.

Beim Durchdringen der Atmosphäre stoßen die primären Teilchen mit Atomen der Atmosphäre zusammen. Sie erzeugen durch Eigenzerfall, durch Spaltung der getroffenen Kerne und durch Bremsstrahlungseffekte eine ganze Kaskade sekundärer Teilchen- und elektromagnetischer Strahlen. Die sekundären Strahlen sind insbesondere Myonen, Protonen, Neutronen, Elektronen, Positronen, Neutrinos und sehr harte elektromagnetische Strahlen. Hierdurch kommt es zunächst zu einer Erhöhung der Intensität. Beim tieferen Eindringen der Strahlung in die Erdatmosphäre nimmt die Intensität dann infolge von Absorptionsprozessen ab. Am Erdboden auf Meereshöhe existiert nur noch Sekundärstrahlung. Die sekundäre Höhenstrahlung stellt somit eine Mischung von harter elektromagnetischer Strahlung und Teilchenstrahlung dar. Die sekundäre Teilchenstrahlung hat auf Meereshöhe eine mittlere Intensität von ungefähr 1 Teilchen pro min und cm^2.

Ab einigen 100 m Höhe über Meeresniveau ist bei Messungen der Gammastrahlung die Höhenstrahlung gegenüber der Strahlung aus der Erdkruste nicht zu vernachlässigen.

3.1.9 Teilchenstrahlung

Im Gegensatz zu den ionisierenden Röntgen- und Gammastrahlen, die als elektromagnetische Wellen auftreten, handelt es sich bei den folgenden – ebenfalls großenteils ionisierenden – Strahlen um materielle Teilchenstrahlung. Die Teilchen sind Bestandteile von Atomen oder Atomkernen. Die Teilchenstrahlung entsteht bei radioaktivem Zerfall sowie Kernzertrümmerungs- und -umwandlungsprozessen und ist meist von der Aussendung von Gammastrahlen begleitet.

Auch Teilchenstrahlen können physikalisch als Wellen betrachtet werden; allerdings nicht als elektromagnetische Wellen, sondern als Materiewellen (De-Broglie-Wellen).

Die in der Praxis wichtigsten Teilchenstrahlen sind:

Alphastrahlung	*Betastrahlung*
He^{++} Heliumkerne	β^- Elektronen
	β^+ Positronen

Ansonsten können noch viele andere Arten von Elementarteilchen auftreten, wie Neutronen, Neutrinos, Protonen.

In der **Tabelle 3.11** sind zusammenfassend die Ursachen für EM-Felder dargestellt.

Tabelle 3.11 *Ursachen für EM-Felder*

Statisch/stationär	E-Feld ($\uparrow$)	elektrische Ladung
	M-Feld (O)	sich bewegende elektrische Ladung = elektrischer (Gleich-)Strom
Niederfrequenz	E-Feld ($\uparrow$)	elektrische Ladung
	E-Feld (O)	sich zeitlich änderndes M-Feld
	M-Feld (O)	sich bewegende elektrische Ladung = elektrischer (Wechsel-)Strom
Hochfrequente Welle	E-Feld (O)	sich zeitlich schnell änderndes M-Feld
	M-Feld (O)	sich zeitlich schnell änderndes E-Feld
Licht und ionisierende Photonenstrahlung		Quanteneffekte von Elementarteilchen in Atomhülle und -kern oder in freier Bewegung
– Licht		Quanteneffekte in äußeren Elektronenhüllen
– Röntgenstrahlung		Quanteneffekte in inneren Elektronenhüllen und Bremsstrahlung
– Gammastrahlung		Quanteneffekte im Atomkern als Begleiterscheinung von α- oder β-Zerfall
– Höhenstrahlung		Mischung aus Teilchenstrahlung und harter Gammastrahlung

($\uparrow$) Quellenfeld,   (O) Wirbelfeld

3.2   Elektrische Wechselfelder (Niederfrequenz)

Für homogene Stoffe gilt allgemein die Beziehung (s. Abschn. 3.1.4)

$$D = \varepsilon \cdot E$$

und speziell im freien Raum

$$D = \varepsilon_0 \cdot E$$

mit $\varepsilon_0 = 8,8542 \cdot 10^{-12}$ As/Vm.

Die *Permittivitätszahl* (relative Permtitivität) ε_r eines Materials kennzeichnet seine elektrischen Eigenschaften und gibt an, um welchen Faktor die elektrische Verschiebungsdichte in diesem Material bei gleicher Feldstärke höher ist als in Luft oder im Vakuum. Damit gilt für den Zusammenhang zwischen elektrischer Feldstärke und Verschiebungsdichte in einem Material die Beziehung

$$D = \varepsilon \cdot E = \varepsilon_0 \cdot \varepsilon_r \cdot E \; .$$

Die Permittivitätszahl von Luft und Vakuum beträgt demnach 1. Bei Isoliermaterialien liegt sie in der Größenordnung von 2 ... 10; für Dielektrika in Kondensatoren werden zur Erzielung hoher Kapazitäten Werkstoffe mit Permittivitätszahlen bis zu 10 000 oder mehr eingesetzt.

E hat die Einheit V/m. Daraus folgt für D die Einheit As/Vm · V/m = As/m^2.

Elektrische Wechselfelder können grundsätzlich als Quellenfelder und als Wirbelfelder auftreten.

3.2.1 Elektrische Quellenfelder

Zur Messung von niederfrequenten elektrischen Quellenfeldern benutzt man als Sensor ein Paar leitfähiger Platten, die sich in geringem Abstand gegenüberstehen. Verbindet man diese beiden Platten durch ein Strommessgerät, so ist der zwischen den Platten fließende Strom ein Maß für die elektrische Feldstärke. Dieser Strom ist allerdings nicht nur proportional zur Potentialdifferenz zwischen den Platten und damit zur Feldstärke, sondern auch proportional zur Frequenz des elektrischen Feldes.

Solche E-Feldmessgeräte müssen daher mit einem geeigneten Filter ausgestattet sein, das die Frequenzabhängigkeit der Messsonde kompensiert (s. Abschn. 4.1.1).

Zur Messung von elektrischen Gleichfeldern werden spezielle „Elektrostatiksensoren" oder – wesentlich zuverlässigere und genauere – „Feldmühlen" eingesetzt.

3.2.2 Elektrische Wirbelfelder

Im Gegensatz zu den elektrischen Quellenfeldern können elektrische Wirbelfelder nur als zeitlich veränderliche Felder existieren (s. Abschn. 3.1.4.2).

Der Zusammenhang zwischen magnetischem und elektrischem Wirbelfeld (s. Abschn. 3.1.4.2) kann zur Messung von Magnetfeldern genutzt werden. Denn mit einer Messspule als Sensor ausgerüstete Magnetfeld-Messgeräte erfassen mit ihrem Sensor das von der Magnetfeldänderung erzeugte elektrische Wirbelfeld (s. Abschn. 3.3.2).

3.2.3   Elektrische Quellenfelder und Influenz

Obwohl sich niederfrequente elektrische (Quellen-) und magnetische (Wirbel-)Felder unabhängig voneinander ausbilden, haben sie doch eine gemeinsame Ursache: die elektrische Ladung.

Die kleinste Einheit der elektrischen Ladung ist eine Naturkonstante; sie entspricht der Ladung eines Elektrons und beträgt $e = -1{,}6021 \cdot 10^{-19}$ As. Alle vorkommenden Ladungen sind ganzzahlige Vielfache dieser Elementarladung.

Mit der Ladung verbunden ist ein *elektrisches Feld* (Formelzeichen E), das auf andere Ladungen (Formelzeichen q) eine Kraft F ausübt mit der Größe

$$F = q \cdot E.$$

Dieses elektrische Feld existiert unabhängig vom Bewegungszustand der Ladung. Eine andere Feldgröße ist aber sehr wohl vom Bewegungszustand der Ladung abhängig, nämlich das magnetische Feld. Auch niederfrequente Magnetfelder werden von elektrischen Ladungen hervorgerufen und zwar dann, wenn diese Ladungen sich bewegen, d. h. wenn ein Strom fließt.

Das hier betrachtete niederfrequente[3] elektrische Feld ist ein *Quellenfeld*. Es geht von einer positiven elektrischen Ladung als Quelle aus und „sucht sich" eine gegenpolige, negative Ladung als Senke (s. Bild 3.4). Dies ist möglich, weil negative und positive elektrische Ladungen jeweils isoliert für sich existieren können; sie können voneinander getrennt werden. (Die Pole eines Magneten können dagegen nicht voneinander getrennt werden.)

Aufgrund dieser Eigenschaft und wegen der Kraftwirkung des elektrischen Feldes auf elektrische Ladungen kann ein E-Feld in einem leitfähigen Material Ladungen durch die Verschiebung von Ladungsträgern (Elektronen) *influenzieren*. Hieraus resultiert die Abschirmwirkung des *Faraday'schen Käfigs*[4] . Sein Innenraum ist frei von elektrischen Feldern, wenn die Feldquelle sich außerhalb befindet (**Bild 3.7**).

---

3   Die in diesem Abschnitt gemachten Aussagen gelten grundsätzlich auch für statische elektrische Felder.

4   Der Faraday'sche Käfig wird auch immer wieder im Rahmen von Abschirmungen gegen hochfrequente elektromagnetische Wellen erwähnt. Elektromagnetische Wellen bestehen aber aus Wirbelfeldern, so dass das Influenzprinzip hier gar nicht zum Tragen kommen kann. Hochfrequenzabschirmungen funktionieren auf der Basis von Reflexion und/oder Absorption, haben also mit einem Faraday'schen Käfig nichts zu tun.

Das äußere E-Feld influenziert auf der Oberfläche des Faraday'schen Käfigs Ladungen – in Bild 3.7 z. B. negative Elektronen – an der der Feldquelle zugewandten Seite. Diese Elektronen sind von der Oberfläche der entgegengesetzten Seite „abgesaugt" worden und haben dort positive „Ladungslöcher" hinterlassen, an denen sich das äußere Feld in den Raum hinein und in Richtung Feldsenke fortsetzt. Im Inneren des Käfigs befinden sich keine Ladungen, somit erstrecken sich auch keine Feldlinien in das Innere – es gibt dort keine Feldsenke. Damit ist das Innere feldfrei.

Befindet sich die Feldquelle nicht außerhalb, sondern innerhalb des leitfähigen Käfigs, so stellt sich die Situation völlig anders dar (**Bild 3.8**). Hier sei z. B. ein unter Netzspannung stehender Leiter mit einer metallischen Umhüllung versehen (wie dies bei einer abgeschirmten Leitung der Fall ist). Das elektrische Feld wird bei dieser Konstellation in seiner Ausbreitung nicht behindert. Die auf der Innenseite der Umhüllung influenzierten Ladungen führen zu gegenpoligen Ladungen auf der Außenseite. Das Feld dieser äußeren Ladungen breitet sich nun weiter in den Raum aus. Erst wenn die Umhüllung geerdet wird, verschwindet das elektrische Feld im Außenraum, da die Ladungen der Außenseite zur Erde hin abfließen und somit neutralisiert werden. Nun erst ist hier eine Abschirmwirkung gegeben; die äußere Umgebung ist jetzt feldfrei.

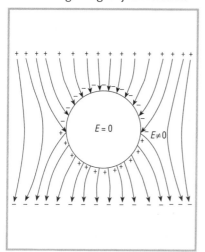

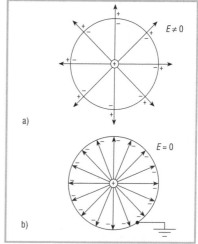

Bild 3.7 *Abschirmwirkung des Faraday'-schen Käfigs im elektrischen Feld, das Innere ist feldfrei (E = 0)*

Bild 3.8 *Elektrische Feldquelle innerhalb eines leitfähigen Hohlkörpers*
a) nicht geerdet
b) geerdet

Gleichzeitig ist durch diese Maßnahme die elektrische Feldstärke im Inneren des Hohlkörpers gestiegen, da die Umhüllung nun als Feldsenke fungiert und die – vorher weit entfernte – Feldsenke durch die Erdungsmaßnahme wesentlich näher an die Feldquelle herangerückt ist.

Abschließend sei noch erwähnt, dass die Abschirmwirkung des Faraday'-schen Käfigs durch Influenz nur gegeben ist, wenn es sich tatsächlich um einen „Käfig", also ein in sich *geschlossenes Gebilde* handelt. Ein „Halbkäfig" oder nur eine leitfähige Wand sind diesbezüglich wirkungslos. Hier setzt sich das elektrische Quellenfeld – genau so, wie in den Erläuterungen zu Bild 3.8 a beschrieben – auf der anderen Seite ungehindert fort. Um eine Abschirmwirkung zu erzielen, muss dann ebenfalls eine Erdung vorgenommen werden.

3.2.4 Elektrische Feldstärke und Potential

Die Form der Umhüllung ist in Bild 3.8 so gewählt, dass ihre Oberfläche identisch ist mit einer so genannten *Äquipotentialfläche* – d. h. Fläche gleichen Potentials – im Feld. In der Physik ist das *Potential* allgemein eine skalare, ortsabhängige Größe zur Beschreibung eines Quellenfeldes. Zwischen Potential und Feldstärke besteht folgender Zusammenhang:

▋ **Die räumliche Änderung des Potentials** (bezogen auf die drei Raumkoordinaten in *x-, y-* und *z-*Richtung) **ist die Feldstärke des Quellenfeldes.**

Betrachten wir eine Analogie aus dem Bereich der mechanischen Physik bzw. Geografie. In Landkarten werden Gebirge durch Höhenlinien dargestellt, d. h., die Orte gleicher Höhe sind jeweils durch eine Linie miteinander verbunden. Die Höhenangabe in m an der Höhenlinie ist mit dem Schwerkraft-Potential eines Berges vergleichbar. Höhenlinien stellen demnach Linien gleichen Schwerkraft-Potentials dar (Äquipotentiallinien). Die Änderung der Höhe entspricht der Steigung bzw. dem Gefälle des Berges; sie wird angegeben in m / m (Höhen-Meter pro Horizontal-Meter) und kann als Schwerkraft-Feldstärke angesehen werden. Eine Feldstärke ist also ein Maß für die räumliche Änderung des Potentials, sie entspricht einem Potentialgefälle. Bei der elektrischen Feldstärke mit der Maßeinheit V/m wird das Potential entsprechend in der Maßeinheit V angegeben. Die Differenz der Potentiale an zwei Punkten ergibt im Fall des elektrischen Feldes eine elektrische Spannung; in der Berg-Analogie entspricht sie der Höhendifferenz oder dem vertikalen Abstand zweier Punkte am Berg. Beide Größen sind ein Maß für die zu leistende Arbeit A, um die Potentialdifferenz mit einer Masse bzw. elektrischen Ladung zu überwinden:

am Berg die mechanische Arbeit

A_m= Masse · Fallbeschleunigung · Höhendifferenz

und beim elektrischen Feld die elektrische Arbeit

A_e= Ladung · Potentialdifferenz = Ladung · Spannung.

Die Einheit von A_e ist As · V = VAs = Ws.

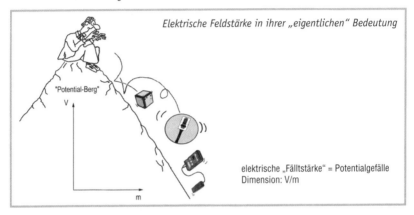

Elektrische Feldstärke in ihrer „eigentlichen" Bedeutung

"Potential-Berg"

elektrische „Fälltstärke" = Potentialgefälle
Dimension: V/m

Da an einem (idealen) elektrischen Leiter (Widerstand = 0) keine Spannung abfällt, existiert hier auch kein Potentialgefälle und somit keine elektrische Feldstärke. Ein elektrisches Feld kann daher in der Nähe eines elektrischen Leiters nicht parallel zu diesem Leiter verlaufen, es weist keine Komponente in Richtung des Leiters auf, sondern **elektrische Feldlinien stehen immer senkrecht auf leitfähigen Materialien,** so wie die Falllinie am Berg immer senkrecht zur Höhenlinie steht.

Eine weitere Konsequenz dieses Sachverhaltes ist, dass ein elektrisch leitfähiger Gegenstand immer eine *Äquipotentialfläche* bildet. Wird er so in ein elektrisches Feld gebracht, dass er deckungsgleich mit einer bereits natürlich vorhandenen Äquipotentialfläche liegt, so ändert sich am Feldverlauf nichts (wie in Bild 3.8 a). Wird ein Leiter dagegen im elektrischen Feld so angeordnet, dass er Äquipotentialflächen an Stellen „erzwingt", die es ohne ihn dort nicht gab, dann kann er das Feld erheblich „verzerren" oder stören. Dadurch können hohe Feldstärken in Bereichen auftreten, die ursprünglich feldarm waren. Man beachte, dass als „Leiter" leitfähige, ggf. weitreichende Bauelemente in Gebäuden dienen können, aber auch z. B. der menschliche Körper. Man bezeichnet das Phänomen, dass ein Leiter im elektrischen Feld je nach seiner Lage und Größe ein entsprechendes Potential annimmt, auch als *kapazitive Ankopplung*.

Die oben beschriebene Wirkung der Feldverzerrung wird noch verstärkt, wenn der im Feld liegende Leiter auf Nullpotential gebracht, d. h. geerdet wird, da hierdurch der Abstand zwischen Feldquelle (höchstes Potential) und Fläche mit Nullpotential verringert wird. Dies bedeutet, dass das Potentialgefälle steiler wird, was einer Erhöhung der elektrischen Feldstärke entspricht.

Mit dem Verständnis des Zusammenhangs zwischen Feldstärke und Potential lässt sich nun leicht der am Ende von Abschnitt 3.2.3 erwähnte Anstieg der elektrischen Feldstärke aufgrund der Erdung der leitfähigen Umhüllung in Bild 3.8 erklären. Denn der Effekt der Feldstärkeerhöhung durch Erdung – bzw. durch Verschiebung des Erdpotentials näher an die Feldquelle heran – tritt unabhängig davon auf, ob die geerdete Fläche auf einer natürlichen Äquipotentialfläche liegt oder nicht. Auch wenn die ursprünglich *ungeerdete* Fläche am Feldverlauf nichts ändert und das E-Feld *nicht stört*, so bewirkt ihre Erdung eine Feldstärkeerhöhung in dem der Feldquelle zugewandten Raumbereich.

Das Prinzip des Effektes ist auch unabhängig von der Intention, warum die Umhüllung angebracht wurde – sei es aus Gründen des Emissions- oder des Immissionsschutzes. Im oben erwähnten Fall (Abschnitt 3.2.3) des abgeschirmten Kabels will man die Ausbreitung des E-Feldes aus dem Kabel verhindern *(Emissionsschutz)*. Die Umhüllung könnte aber auch aus den Raumbegrenzungsflächen eines Zimmers bestehen (Wände, Decke, Fußboden), die mit einer leitfähigen Oberfläche versehen und geerdet wurden, um das Eindringen externer elektrischer oder hochfrequenter Felder in den Raum zu verhindern *(Immissionsschutz)*. Oder es könnte sich um ein Moskitonetz aus leitfähigem Gewebe handeln, das z. B. ein Bett gegen Hochfrequenzimmissionen des Mobilfunks abschirmen soll. Wird in einen solchen abgeschirmten und geerdeten Raumbereich eine Feldquelle hineingebracht (z. B. Nachttischleuchte, Verlängerungskabel), so ist die von dieser Quelle hervorgerufene elektrische Feldstärke innerhalb des „abgeschirmten" Raumes größer, als sie es ohne die Abschirmung wäre, da mit der geerdeten Abschirmung das Erdpotential als Feldsenke näher gerückt ist.

Auch zu dem Faraday'schen Käfig (s. Bild 3.7) seien auf Basis der Potentialverhältnisse noch einige Betrachtungen angestellt. Das Innere des allseits geschlossenen Faraday'schen Käfigs ist frei von elektrischen Feldern, da es in diesem geschlossenen Volumen keine Feldsenke gibt. Die Hülle des Faraday'schen Käfigs liegt auf einem bestimmten Potential, das von der Stärke der Feldquelle sowie der räumlichen Lage der Hülle relativ zu Feldquelle und Feldsenke abhängt. An allen Raumpunkten innerhalb der Umhüllung herrscht das gleiche Potential wie auf der Hülle selbst; es gibt im Inneren kein Potentialgefälle und damit keine elektrische Feldstärke. Das Innere stellt also ein feldfreies *Äquipotentialvolumen* dar.

Wird die Umhüllung nun geerdet, so wird ihr Potential auf Erdpotential gezwungen (**Bild 3.9 a**). Dadurch ändern sich zwar die Feldverhältnisse außerhalb der Umhüllung, nicht aber innerhalb. Das Innere bleibt weiterhin feldfrei, auch wenn sich das Potential der Umhüllung geändert hat, oder anders ausgedrückt: Das Innere ist feldfrei, unabhängig von der absoluten Höhe des Potentials der Hülle.

Wird das Erdpotential (oder ein beliebiges fremdes Potential, das ungleich dem Potential im Inneren ist) aber nicht an die Umhüllung gelegt, sondern in das Innere hineingebracht, so ist das Innere nicht mehr feldfrei (**Bild 3.9 b**). Es ist nun kein Äquipotentialvolumen mehr; auf der Länge des Radius der Umhüllung fällt jetzt die Differenz zwischen dem Potential der Umhüllung (das durch die kapazitive Ankopplung der Hülle an das E-Feld bedingt ist) und dem Erd- bzw. Fremdpotential im Inneren ab. Für die Auswirkungen auf das elektrische Feld ist es prinzipiell gesehen gleich, ob das ins Innere eingebrachte Potential höher oder niedriger ist als das Potential der Umhüllung, ob also eine Feldquelle oder eine Feldsenke installiert wird. Als Ergebnis resultiert immer die Aufhebung der Feldfreiheit und die Entstehung eines elektrischen Feldes.

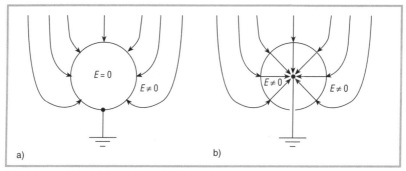

Bild 3.9   *Feldverhältnisse im Faraday'schen Käfig*
a) bei Erdung der Hülle
b) bei in das Innere eingebrachtem Erd- bzw. Fremdpotential; Umhüllung nicht
geerdet (aus Symmetriegründen und zur übersichtlicheren Darstellung wird
hier das Erd-/Fremdpotential als punktförmig in der Mitte angenommen)

Ist die Umhüllung geerdet, so liegt auch das Innere auf Erdpotential; das Einbringen eines geerdeten Gegenstandes ändert dann an den Feldverhältnissen nichts.

Lässt sich die Umhüllung aber nicht erden, weil sie z. B. nicht kontaktierbar ist (leitfähiges Material, eingebettet in isolierende Schichten oder textile Gewebe, wie sie z. B. zur Hochfrequenzabschirmung gebräuchlich sind), so sind die o. a. Effekte bei Messungen und Sanierungsvorschlägen zu berücksichtigen. Insbesondere muss beachtet werden, dass bei einer erdpotentialbezogenen E-Feldmessung in dieser Situation das Erdpotential in die Hülle eingebracht wird (durch Messsonde und Erdmessleitung). Somit wird durch das Messverfahren selbst ein Feld erzeugt, das ohne das Messgerät nicht vorhanden ist (Kunstfehler!).

Generell ist zu beachten, dass sowohl die räumliche Verlagerung von Feldquellen wie von Feldsenken Auswirkungen auf das elektrische Feld hat. Dies wird insbesondere bei Erdungsmaßnahmen an großflächigen Abschirmungen (räumliche Verlagerung der Feldsenke!) gerne übersehen.

3.3 Magnetische Wechselfelder (Niederfrequenz)

3.3.1 Magnetische Wirbelfelder

Magnetische Wechselfelder existieren – ebenso wie magnetische Gleichfelder – *ausschließlich* als Wirbelfelder (s. Abschn. 3.1.4). Ihre Kraft- bzw. Feldlinien sind in sich geschlossen; sie weisen keinen Anfang und kein Ende auf. Es existiert keine Feld-„Quelle" oder -„Senke" in der Art wie bei den Quellenfeldern; magnetische Pole können nicht voneinander getrennt werden, sie treten immer gemeinsam als Dipol („Zweipol") auf (z. B. beim Permanentmagneten als Nord- und Südpol bezeichnet).

Für homogene Stoffe gilt allgemein die Beziehung

$$B = \mu \cdot H$$

und speziell im freien Raum

$$B = \mu_0 \cdot H$$

mit $\mu_0 = 1,2566 \cdot 10^{-6}$ Vs/Am.

Die *Permeabilitätszahl* (relative Permeabilität) μ_r eines Materials kennzeichnet seine magnetischen Eigenschaften und gibt an, um welchen Faktor die magnetische Flussdichte in diesem Material bei gleicher Feldstärke höher ist als in Luft oder im Vakuum. Damit gilt für den Zusammenhang zwischen magnetischer Feldstärke und Flussdichte in einem Material die Beziehung

$$B = \mu \cdot H = \mu_0 \cdot \mu_r \cdot H.$$

Die Permeabilitätszahl von Luft und Vakuum beträgt demnach 1. Bei ferromagnetischen Materialien, z. B. Transformatorblechen, liegt sie in der Größenordnung von einigen 100 bis einigen 1000 und kann bei besonders hochwertigen Werkstoffen, z. B. MU-Metall/Permalloy, das für magnetische Abschirmungen verwendet wird, bis zu 40 000 betragen.

H hat die Einheit A/m. Daraus folgt für B die Einheit Vs/Am · A/m = Vs/m². Diese Einheit trägt die Bezeichnung Tesla (T).

Insbesondere in den USA ist auch noch die Einheit Gauß gebräuchlich – abgekürzt G:

$$1 \text{ G} = 10^{-4} \text{ T} = 0,1 \text{ mT},$$

$$1 \text{ mG} = 100 \text{ nT}.$$

Magnetische Feldstärke H und Flussdichte B stellen Vektorgrößen dar; sie weisen im Raum eine Richtung auf, die durch jeweils senkrecht aufeinander stehende Raumkoordinaten x, y, und z beschrieben werden kann. Dementsprechend können in Richtung dieser Raumkoordinaten die anteiligen Flussdichtekomponenten B_x, B_y und B_z gemessen werden. Ihre geometrische Addition ergibt den resultierenden Betrag der Flussdichte, die so genannte *Ersatzflussdichte*

$$B_{\text{Ersatz}} = \sqrt{B_x^2 + B_y^2 + B_z^2}.$$

Führt ein Leiter Strom und befindet sich der Rückleiter weit entfernt, so nimmt die magnetische Flussdichte B umgekehrt proportional zum Abstand a vom Leiter ab $(B \sim 1/a)$. Bei Verdoppelung des Abstandes sinkt die Flussdichte also auf die Hälfte, bei Verdreifachung auf ein Drittel usw. In diesem Fall spricht man auch vom Feld eines „Einleiterstromes".

Verlaufen Hin- und Rückleiter parallel nahe beieinander, so kommt es zu einem Kompensationseffekt, der das aus beiden Leitern resultierende Magnetfeld verringert („Zweileiterstrom", **Bild 3.10**).

Da die Ströme in den beiden Leitern in entgegengesetzte Richtungen fließen, sind auch die von den Strömen erzeugten Magnetfelder gegensinnig gerichtet und heben sich – teilweise – auf. Je näher die Leiter beieinander liegen, umso besser gelingt die Kompensation und umso kleiner ist das resultierende Magnetfeld. Bei einer völlig rotationssymmetrischen Anordnung, wie sie beim Koaxialkabel gegeben ist, wird das Magnetfeld außerhalb des Kabels zu null. Bei einer Paralleldrahtleitung nimmt die magnetische Flussdichte etwa umgekehrt proportional zum Quadrat des Abstandes vom Leiterpaar ab $(B \sim 1/a^2)$, s. Tabelle 3.12 und Bild 3.11.

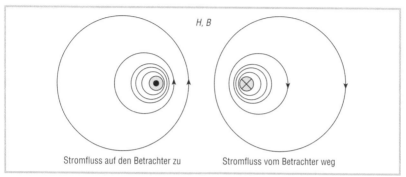

Bild 3.10   *Magnetfeld um eine stromdurchflossene Paralleldrahtleitung*

Tabelle 3.12 *Relative Änderung der magnetischen Flussdichte B (in %) als Funktion des Abstandes a vom Leiter (B = 100 % bei a = 1)*

Flussdichte proportional zu	Magnetische Flussdichte in % bei relativem Abstand *a*							
	1	1,5	2	2,5	3	4	5	
1/*a*	100	66,7	50,0	40,0	33,3	25,0	20,0	Einzeldraht
1/*a*²	100	44,4	25,0	16,0	11,1	6,3	4,0	Paralleldraht
1/*a*³	100	29,6	12,5	6,4	3,7	1,6	0,8	Paralleldraht verdrillt

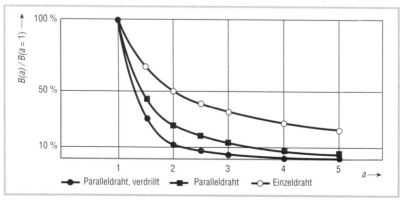

Bild 3.11   *Relative Änderung der magnetischen Flussdichte B (in %) als Funktion des Abstandes a vom Leiter (B = 100 % bei a = 1)*

Verdrillt man zusätzlich noch bei einer Paralleldrahtleitung die beiden Leiter miteinander, so tritt ein weiterer Kompensationseffekt ein, da nun auch in der Längsachse des Leiterpaares das Magnetfeld seine Richtung im Abstand der so genannten *Schlaglänge* umkehrt. Die Schlaglänge ist die Länge, innerhalb derer das Kabelpaar einmal verdrillt ist. Dieser Effekt wirkt sich in Entfernungen senkrecht zum Leiterpaar aus, die größer als eine Schlaglänge sind. Dann verringert sich die magnetische Flussdichte etwa umgekehrt proportional zur dritten Potenz des Abstandes $(B \sim 1/a^3)$, s. Tabelle 3.12 und Bild 3.11. Diese Entfernungsgesetzmäßigkeit gilt näherungsweise auch für Transformatoren.

3.3.2 Magnetische Induktion

Gemäß einer der Maxwell'schen Gleichungen können elektrische Felder als Wirbelfelder auftreten, wenn sie von einem sich verändernden Magnetfeld hervorgerufen werden. Für die Wirbeldichte des elektrischen Feldes gilt dann:

$$\text{rot } E = -\partial/\partial t \, B = -\partial/\partial t \, (\mu_0 \cdot H);$$

B magnetische Flussdichte oder Induktion,
$B = \mu_0 \cdot H$ im freien Raum.

Dieser Effekt wird als *Induktion* bezeichnet; sich ändernde Magnetfelder „induzieren" ein elektrisches Wirbelfeld. Die Bezeichnung „Induktion" wird also in einem doppelten Sinne verwendet: Zu einem ist sie Synonym für die magnetische Flussdichte; zum anderen bezeichnet sie den physikalischen Vorgang der Induktion, wie er oben beschrieben ist.

Bildet sich das induzierte Wirbelfeld in einem elektrisch leitfähigen Material, so kommt es zum Stromfluss in Form von so genannten *Wirbelströmen.* Diese Wirbelströme erzeugen ihrerseits wieder Magnetfelder, die das ursprüngliche Magnetfeld überlagern. Wegen des Minuszeichens in der Maxwell'schen Gleichung rot $E = -\partial/\partial t \, B$ wirken diese Magnetfelder dem ursprünglichen Feld entgegen und schwächen es ab.

Der Effekt der Induktion bildet u. a. die Grundlage für das Funktionsprinzip des Transformators: Ein durch eine Spule (Primärwicklung) fließender Wechselstrom erzeugt eine magnetische Flussdichte, deren zeitliche Änderung wiederum in einer zweiten Spule (Sekundärwicklung) ein elektrisches Wirbelfeld und damit eine elektrische Spannung induziert. Voraussetzung für das Induktionsprinzip ist ein Wechselfeld. Ein „Gleichspannungstransformator" ist damit also nicht möglich.

Außerdem ermöglicht der Induktionseffekt die Messung von magnetischen Wechselfeldern. Magnetfeldmessgeräte auf Induktionsbasis verfügen über eine Messspule, in der eine Spannung erzeugt wird, die der Änderung der zu messenden magnetischen Flussdichte proportional ist. Dies bedeutet, dass sie proportional ist zum Betrag des Magnetfeldes, den man eigentlich messen will, aber auch zu seiner Frequenz, da beides Einfluss auf die Änderungsgeschwindigkeit $\partial B/\partial t$ hat.

Die Änderungsgeschwindigkeit entspricht der Steigung des dreieckförmigen Induktionsverlaufes in **Bild 3.12 oben**. Da diese Steigung bei jedem der drei u. a. Feldverläufe jeweils abschnittsweise konstant ist und dann die Richtung wechselt, sind die induzierten Spannungen in **Bild 3.12 unten** ebenfalls jeweils abschnittsweise konstant – mit wechselndem Vorzeichen. Aufgrund des negativen Vorzeichens in der Maxwell'schen Gleichung rot $E = -\partial B/\partial t$ ergibt sich eine negative Spannung, wenn die Steigung $\partial B/\partial t$ positiv ist und umgekehrt.

Bei sinusförmigem Induktionsverlauf ergäbe sich eine ebenfalls sinusförmige, aber phasenverschobene induzierte Spannung mit äquivalenten Amplituden.

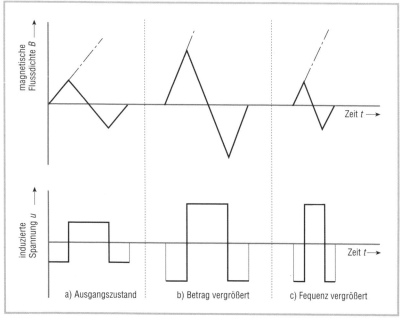

Bild 3.12   *Betrags- und Frequenzabhängigkeit der induzierten Spannung*

Solche Magnetfeldmessgeräte müssen daher mit einem geeigneten Filter ausgestattet sein, das die Frequenzabhängigkeit des Induktionseffektes kompensiert (s. Abschn. 4.1.1).

Die Änderung der magnetischen Flussdichte kann nicht nur durch einen Wechselstrom verursacht werden. Bewegt sich ein leitfähiges Gebilde (z. B. eine Leiterschleife) in einem *inhomogenen* magnetischen *Gleichfeld,* so ergibt sich innerhalb der leitfähig umschlossenen Fläche ebenfalls eine zeitliche Änderung der magnetischen Flussdichte, und es kommt durch den Induktionseffekt zu einer elektrischen Spannung in der Leiterschleife. Das Gleiche gilt, wenn eine Leiterschleife in einem Magnetfeld – auch in einem *homogenen* Magnetfeld – *beschleunigt* wird.

Übertragen auf die baubiologische Praxis bedeutet dies Folgendes: Durch Bewegung des – elektrisch leitfähigen – menschlichen Körpers in einem inhomogenen magnetischen Gleichfeld, wie es z. B. auf einer Federkernmatratze vorhanden ist, werden im Körper elektrische Wirbelfelder induziert, und es kommt zum Fließen von Wirbelströmen im Körper.

Außerdem ist das Prinzip der Induktion von Bedeutung für die Funktion von elektrischen Motoren, Generatoren und – wie oben gezeigt – von Magnetfeldmessgeräten.

3.4 Elektromagnetische Wellen (Hochfrequenz)

3.4.1 Frequenzbereiche elektromagnetischer Wellen

Die elektromagnetischen Felder (EMF) werden von der IEC (International Electrotechnical Commission) gemäß **Tabelle 9.2** des Anhangs 9.2 in Frequenzbereiche unterteilt. Die Unterteilung ist hier so gewählt, dass jeder Bereich eine Dekade (Verhältnis 10:1) umfasst und die Wellenlängen der Bereichsgrenzen glatte Dezimalwerte ergeben. (Zur Umrechnung von Frequenzen und Wellenlängen s. Abschn. 3.4.2.)

Der für Telekommunikationszwecke genutzte Frequenzbereich beginnt hier mit den Langwellen bei 30 kHz und erstreckt sich bis 300 GHz. Internationale Frequenzbereichszuweisungen an Funkdienste beginnen allerdings bereits bei 9 kHz. Aber auch noch tiefere Frequenzen werden für spezielle Einsatzgebiete zur Funkübertragung genutzt, wie z. B. der Bereich um 80 Hz für die Unterwasserkommunikation mit U-Booten.

Im englischen Sprachgebrauch ist es üblich, den Hochfrequenzbereich bis 300 MHz als Radio Frequency (abgekürzt RF) zu bezeichnen. Für Frequenzen oberhalb von 300 MHz wird der Begriff Mikrowellen verwendet. Für den Mikrowellenbereich ist international eine weitere Einteilung in Bänder gebräuchlich, die nicht nach solchen formalen Kriterien wie bei der IEC-Liste vorgenommen wurde (**Tabelle 9.3** des Anhangs). Diese Einteilung stellt keinen offiziell verbindlichen Standard dar, sondern eine informelle Übereinkunft, die teilweise in einzelnen Staaten oder von einzelnen Laboratorien nach ihren jeweiligen Gesichtspunkten modifiziert wird.

3.4.2 Abstrahlung und Ausbreitung elektromagnetischer Wellen

Wellenabstrahlung erfolgt, wenn die mechanischen Abmessungen des abstrahlenden Elements in der Größenordnung von mindestens einem Viertel der Wellenlänge oder ganzzahligen Vielfachen davon liegen. Dann ist die mit jeder leitenden räumlichen Anordnung verbundene Kapazität und Induktivität so groß, dass es zu einer Resonanz für die abzustrahlende Frequenz kommt. Besonders effektive Strahler sind *Antennen;* aber auch Leitungen und Geräteschaltungen können ihren Abmessungen entsprechende Frequenzen aussenden. Dies erfolgt meist ungewollt als Störstrahlung.

Bei der *Ausbreitung* einer elektromagnetischen Welle sind elektrisches Feld E und magnetisches Feld H fest miteinander verkettet, wenn man sich im Fernfeld befindet (s. u.).
Es gilt dann die Beziehung

$$E = H \cdot Z_0;$$

$Z_0 = \sqrt{\mu_0 / \varepsilon_0} = 377\ \Omega$ Wellenwiderstand des freien Raumes,

$\mu_0 = 1{,}2566 \cdot 10^{-6}$ Vs/Am   magnetische Feldkonstante, magnetische Permeabilität des freien Raumes,

$\varepsilon_0 = 8{,}8542 \cdot 10^{-12}$ As/Vm   elektrische Feldkonstante, Permittivität des freien Raumes.

Für die zugehörige *Strahlungsdichte* (= Leistungsflussdichte) S gilt

$$S = E \cdot H = E^2 / Z_0 = H^2 \cdot Z_0.$$

Hat man also im Fernfeld eine der Größen E, H oder S gemessen, so sind die übrigen Größen dadurch mitbestimmt und lassen sich gemäß den o. a. Formeln berechnen.

Als *Fernfeld* bezeichnet man den Bereich, in dem die elektrische Komponente und die magnetische Komponente der sich ausbreitenden Welle in einem konstanten Verhältnis zueinander stehen *(E / H = Z_0).* Dies ist im

Allgemeinen der Fall, wenn die folgenden beiden Bedingungen erfüllt sind:

1. Der Abstand *a* von der Sendeantenne ist groß gegenüber der Wellenlänge λ (mindestens vier Wellenlängen, $a \geq 4 \cdot \lambda$) und

2. der Abstand *a* von der Sendeantenne ist groß gegenüber der größten mechanischen Abmessung *D* der Sendeantenne im Verhältnis zur Wellenlänge $[a \geq 2 \cdot (D^2 / \lambda)]$.

Das *Nahfeld* eines Senders umfasst entsprechend den Bereich mit weniger als 4 Wellenlängen Abstand von der Sendeantenne. Hier müssen elektrische und magnetische Feldstärke separat gemessen werden; eine Umrechnung über den Wellenwiderstand des freien Raumes wie im Fernfeld ist nicht zulässig.

Das elektrische und das magnetische Feld einer Welle stehen senkrecht aufeinander und jeweils senkrecht zur Ausbreitungsrichtung. Als *Polarisationsebene* wird die Ebene des elektrischen Feldes bezeichnet. Diese kann zeitlich konstant sein *(linear polarisiert)* oder um die Ausbreitungsrichtung rotieren *(zirkular polarisiert)*. **Bild 3.13** zeigt die Ausbreitung einer vertikal linear polarisierten elektromagnetischen Welle (Näheres zur Polarisation s. Abschn. 3.4.4.1).

Die räumliche Ausdehnung eines Wellenzuges entspricht der *Wellenlänge λ*.

Je höher die Frequenz *f*, desto kürzer ist die Wellenlänge. Es gelten die Beziehungen

$$\lambda = c / f \text{ und umgekehrt } f = c / \lambda;$$

$c = 300\,000$ km/s Lichtgeschwindigkeit.

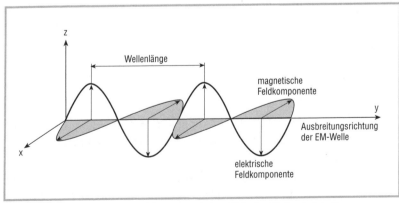

Bild 3.13   *Ausbreitung einer elektromagnetischen Welle (vertikal polarisiert)*

Wie und auf welchen Wegen sich elektromagnetische Wellen ausbreiten, hängt stark von ihrer Frequenz bzw. Wellenlänge ab. Die Ausbreitung (**Bild 3.14**) kann erfolgen als

▮ *Bodenwelle* (breitet sich entlang der Erdoberfläche aus und folgt der Erdkrümmung) und/oder

▮ *Raumwelle* (breitet sich geradlinig im Raum aus).

Die Ausbreitung per Bodenwelle kommt insbesondere bei großen Wellenlängen zum Tragen (LW, MW, KW).

Mit steigender Frequenz überwiegt die Wirkung der Raumwelle. Diese kann im Bereich der Kurzwellen an der Ionosphäre einmal oder zwischen Erdoberfläche und Ionosphäre auch mehrfach reflektiert werden. Dadurch sind Fernverbindungen über Kontinente hinweg möglich.

Meterwellen und noch kürzere Wellen werden von der Ionosphäre nicht reflektiert, sondern durchdringen diese. Sie haben *quasioptische Ausbreitungseigenschaften;* d. h., sie breiten sich vergleichbar wie Licht aus, mit ähnlicher Reichweite wie dieses und Effekten wie Reflexion, Schattenbildung, Beugung und Brechung (**Bild 3.15**). Bei Frequenzen oberhalb von 2 … 3 GHz muss für eine ausreichende Übertragungsqualität und -sicherheit quasi „Sichtverbindung" zwischen Sende- und Empfangsantenne bestehen. Sichtverbindung bedeutet, dass keine Hindernisse, wie Gebäude, Berge

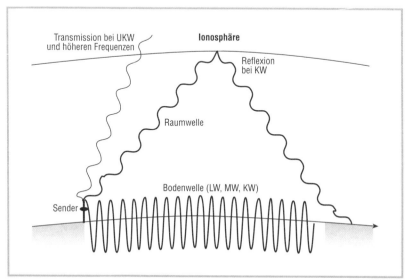

Bild 3.14   *Bodenwelle, Raumwelle und frequenzabhängiger Einfluss der Ionosphäre auf die Raumwelle (Transmision bzw. Reflexion)*

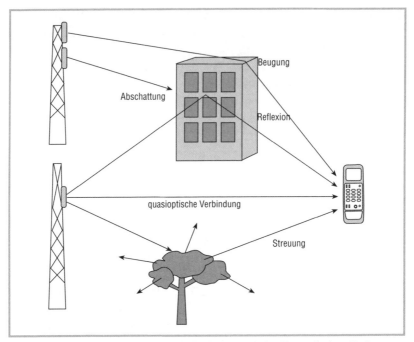

Bild 3.15   *Effekte bei quasioptischer Ausbreitung von Funkwellen: Reflexion, Abschattung,*
Beugung und Streuung (quasioptische Verbindung: „line of sight")

oder Bäume die Verbindungslinie Sendeantenne – Empfangsantenne unter-
brechen und auch durch die Erdkrümmung keine Unterbrechung erfolgt
(Begrenzung durch den optischen Horizont). Witterungseinflüsse wie Regen
und Schneefall wirken sich bei diesen hohen Frequenzen stark dämpfend
auf die Wellenausbreitung aus.

Gelangt, wie in Bild 3.15 dargestellt, eine Welle durch Reflexions- und
Streuungseffekte auf mehreren und damit unterschiedlich langen Wegen
zum Empfangsort, so kommt es dort zu *Interferenzen*. Die Addition der einzelnen Wellenanteile führt je nachdem, wie sich Wellenberge und -täler in
Abhängigkeit von den zurückgelegten Wegstrecken überlagern, zur Erhöhung der lokalen Feldstärke oder zur Verringerung bis hin zur vollständigen
Auslöschung. Die Interferenzeffekte sind sehr wellenlängen- bzw. frequenzabhängig und wirken sich bei einem mobilen Empfänger besonders stark
aus, da sich hier die Längen der Übertragungswege und die Empfangsver-
hältnisse ständig ändern. **Tabelle 3.13** enthält zusammenfassend die Eigenschaften der üblichen Funkwellen.

Tabelle 3.13 *Eigenschaften von Funkwellen*

Langwellen	
Wellenlänge	10 km … 1 km
Wellenart	überwiegend Bodenwelle
Sendeleistung	500 kW … 2.000 kW
Reichweite	bis zu 1000 km
Einsatzgebiete	Seefunk- und Navigationsfunkdienste (See- und Flugfunkfeuer), Funkverbindungen zu U-Booten (teilweise auch im ELF- und SELF-Bereich, bis hinunter zu ca. 80 Hz), Tonrundfunk

Mittelwellen	
Wellenlänge	1000 m … 100 m
Wellenart	tagsüber hauptsächlich Bodenwelle, aber mit kürzerer Reichweite als Langwellen; nachts steigende Wirkung der Raumwelle; diese kann an der Ionosphäre reflektiert werden, was dann zu Überreichweiten führt.
Sendeleistung	500 kW … 1500 kW
Reichweite	tagsüber mehrere 100 km
Einsatzgebiete	Tonrundfunk, Flugfunkfeuer, Seefunkdienst

Kurzwellen	
Wellenlänge	100 m … 10 m
Wellenart	überwiegend Raumwelle; diese kann an der Ionosphäre einmal oder zwischen Erdoberfläche und Ionosphäre auch mehrfach reflektiert werden. Dadurch sind Fernverbindungen über Kontinente hinweg möglich (vgl. Bild 3.14).
Sendeleistung	1 W … 100 kW
Reichweite	mehrere 100, mit Reflexionen bis mehrere 1000 km
Einsatzgebiete	Tonrundfunk, Funkanwendungen der BOS (Behörden und Organisationen mit Sicherheitsaufgaben), CB-Funk (Citizen Band, Jedermannfunk)

Ultrakurzwellen	
Wellenlänge	10 m … 1 m
Wellenart	Raumwelle; diese durchdringt die Ionosphäre und wird nicht reflektiert; quasioptische Ausbreitung.
Sendeleistung	500 mW … 500 kW
Reichweite	durch Beugungseffekte bis etwas über den optischen Horizont; dieser ist stark von der Höhe der Sende- und Empfangsantenne abhängig (horizontal i. d. R. einige 10 km)
Einsatzgebiete	Tonrundfunk, Betriebsfunk, Flugfunk, Fernsteuerungen

Mikrowellen	
Wellenlänge	< 100 cm
Wellenart	Raumwelle; diese durchdringt die Ionosphäre und wird nicht reflektiert; quasioptische Ausbreitung.
Sendeleistung	10 mW … 100 kW, Militär-Radar bis 1000 kW Impulsleistung
Reichweite	etwa bis zum optischen Horizont; dieser ist stark von der Höhe der Sende- und Empfangsantenne abhängig (horizontal i. d. R. einige 10 km); mit zunehmender Frequenz steigende Dämpfung
Einsatzgebiete	terrestrisch: Fernsehrundfunk, Mobilfunk, schnurlose Telefone, drahtlose Netzwerke, Flugfunk, Radar, Richtfunk, Betriebsfunk, Bündelfunk
	satellitengestützt: Fernseh- und Tonrundfunk, Mobilfunk, Datenübertragung, GPS (Navigationssystem), Weltraumerkundung

3.4.3 Spezifische Absorptionsrate (SAR)

Treffen elektromagnetische Wellen auf einen Körper, so werden sie teilweise reflektiert, teilweise absorbiert. Die SAR (spezifische Absorptionsrate) gibt an, welche Leistung (in W) 1 kg Körpergewebe absorbiert, wodurch es erwärmt wird; die Einheit ist also W/kg. Die SAR wird benutzt, um Strahlungsgrenzwerte festzulegen. Dabei unterscheidet man

▌ *Ganzkörper-SAR*
   0,08 W/kg zulässiger Grenzwert für die allgemeine Bevölkerung, gemittelt über den ganzen Körper, und

▌ *Teilkörper-SAR*
   2 W/kg zulässiger Grenzwert für die allgemeine Bevölkerung, gemittelt über 10 g Gewebe.

Bei Ganzkörperexposition gilt die Ganzkörper-SAR als zulässiger Grenzwert. Ist nur ein Körperteil der Bestrahlung stärker ausgesetzt (z. B. der Kopf beim Handy), so gilt hierfür die Teilkörper-SAR.

Beide Werte sind quadratisch über 6 min zu mitteln (Effektivwerte), da die thermische Zeitkonstante des menschlichen Gewebes etwa 6 min beträgt.

Die Eindringtiefe elektromagnetischer Wellen in leitfähige Stoffe ist frequenzabhängig und verringert sich mit zunehmender Frequenz. Dies gilt ebenso für elektrische Ströme; der Effekt wird als *Skineffekt* bezeichnet. Bei hohen Frequenzen fließen Ströme nur noch an der Oberfläche von leitfähigen Materialien.

3.4.4 Antennen

Antennen sind Resonanzgebilde zur Abstrahlung und zum Empfang von elektromagnetischen Wellen. Sie sind so aufgebaut, dass sie als Empfangsantenne entweder die elektrische oder die magnetische Komponente der Welle in eine Spannung umwandeln. Im ersten Fall erfolgt die Realisierung typischerweise als Stabantenne, im zweiten Fall als Rahmen- (Spulen)antenne. Die so genannte *Ferritantenne* in Rundfunkempfängern für Lang-/Mittel-/Kurzwelle stellt z. B. eine solche Spulenantenne dar, die auf einen Kern aus hochpermeablem Ferritmaterial gewickelt ist, um die Induktivität zu erhöhen.

3.4.4.1 Polarisation

Die Polarisation einer Antenne kennzeichnet die Schwingungsebene des elektrischen Feldes. Liegt diese zeitlich unveränderlich in einer Ebene (i. d. R. horizontal oder vertikal), so handelt es sich um *lineare Polarisation*. Bei Stabantennen liegt die Polarisationsebene in der Stabebene (horizontaler Stab: horizontale Polarisation; vertikaler Stab: vertikale Polarisation, **Bild 3.16**). Für einen optimalen Empfang muss die Empfängerantenne exakt in der Polarisationsebene der ankommenden Welle ausgerichtet sein, d. h., sie muss grundsätzlich so polarisiert sein wie die Sendeantenne. Durch Reflexionen auf dem Übertragungsweg kann es allerdings vorkommen, dass die Polarisationsebene mehr oder weniger aus der horizontalen bzw. vertikalen Ebene heraus gedreht wird. Ist die Empfangsantenne genau senkrecht zur Polarisationsebene der ankommenden Welle ausgerichtet, so wird – theoretisch – kein Signal empfangen. Diesen Effekt der „Polarisationsentkopplung" nutzt man beim Satellitenfunk, indem man auf demselben Frequenzkanal zwei verschiedene Signale mit um 90° versetzter Polarisation aussendet. Dadurch lässt sich die Übertragungskapazität verdoppeln.

Faustregel: Bei niedrigeren Frequenzen bis ca. 800 MHz wird meist horizontale Polarisation eingesetzt, bei höheren Frequenzen meist vertikale.

Insbesondere bei den Antennen von Mobilfunk-Basisstationen wird häufig die *Kreuzpolarisation* verwendet. Hier sind zwei Dipole (s. Abschn. 3.4.4.4) kreuzförmig unter ± 45° angeordnet.

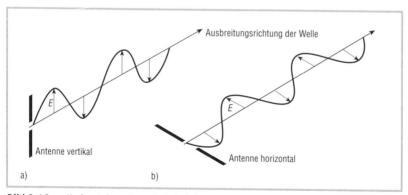

Bild 3.16   *Horizontale und vertikale Polarisation von elektromagnetischen Wellen;*
E   Elektrische Feldstärke
a) Eine senkrecht ausgerichtete Antenne strahlt eine vertikal polarisierte Welle ab (bzw. empfängt eine vertikal polarisierte Welle).
b) Eine waagerecht ausgerichtete Antenne strahlt eine horizontal polarisierte Welle ab (bzw. empfängt eine horizontal polarisierte Welle).

Im Gegensatz zur linearen Polarisation bleibt bei *zirkularer Polarisation* die Polarisationsebene nicht zeitlich konstant, sondern dreht sich ständig um die Ausbreitungsrichtung als „Achse". Je nach Drehrichtung unterscheidet man links drehende und rechts drehende zirkulare Polarisation. Bei Verwendung von zirkularer Polarisation müssen Sende- und Empfangsantenne den gleichen Drehsinn aufweisen, sonst kommt es ebenfalls zur Polarisationsentkopplung. Zirkular polarisierte Wellen können auch mit linear polarisierten Antennen empfangen werden, wobei deren Polarisationsebene keine Rolle spielt. Allerdings wird dann nur die Hälfte der übertragenen Leistung aufgenommen; d. h., die Antennenspannung verringert sich auf das 0,7fache (genau auf $1/\sqrt{2}$ bzw. um 3 dB).

3.4.4.2 Frequenzgang und Antennenfaktor

Da Antennen Resonanzgebilde sind, stehen ihre räumlichen Abmessungen in engem Zusammenhang mit der Wellenlänge. Je nach Antennentyp können sie nur in einem engeren (schmalbandigen) oder weiteren (breitbandigen) Frequenzbereich eingesetzt werden. Sie weisen daher eine *obere* und eine *untere Grenzfrequenz* auf. Innerhalb dieses Bereiches sollte die Antenne einen möglichst ausgeglichenen Frequenzgang ohne größere Einbrüche und Spitzen haben. Bei Feldstärkemessungen muss die Frequenzabhängigkeit der Antennenempfindlichkeit berücksichtigt werden. Dies geschieht durch den so genannten *Antennenfaktor,* der auch als Antennenwandlungsmaß bezeichnet wird. Er gibt an, in welchem Verhältnis die am Messpunkt herrschende elektrische Feldstärke (V/m) und die von der Antenne abgegebene Spannung (V) bei der betrachteten Frequenz stehen; als Maßeinheit sind dB/m üblich. Je größer der Antennenfaktor, desto höher ist die erforderliche Feldstärke, um eine bestimmte Antennenspannung zu erzeugen. Ein hoher Antennenfaktor bedeutet daher geringe Empfindlichkeit der Antenne, ein niedriger Antennenfaktor hohe Empfindlichkeit.

3.4.4.3 Richtwirkung

Man unterscheidet *Rundumantennen* (auch bezeichnet als omnidirektionale Antennen, Rundstrahler, Kugelstrahler oder Antennen mit isotroper Charakteristik) und *Richtantennen* (auch: direktionale Antennen). Rundumantennen haben keine bevorzugte Empfangs- (bzw. Sende-) Richtung, während Richtantennen für optimalen Empfang bzw. für exakte Messergebnisse genau auf den Sender ausgerichtet werden müssen. Richtantennen sind empfindlicher als Rundumantennen, d. h., sie liefern als Empfangsantennen eine größere Antennenspannung als jene. Als Sendeantennen ist ihre Reichweite innerhalb der „Sendekeule" größer als die von Rundstrahlern. Die Erhöhung der von der Antenne an den Empfänger abgegeben Leistung gegenüber einer normierten Bezugsantenne wird als *Antennengewinn* bezeichnet und in Dezibel (dB) angegeben. Ein Gewinn von 3 dB entspricht z. B. der doppelten Leistung. **Tabelle 9.4** im Anhang 9.4 zeigt die Gegenüberstellung von dB-Werten und entsprechenden Gewinnfaktoren (zweite Spalte).

Die *Richtdiagramme* einer Antenne geben Aufschluss über ihre Richtwirkung in der horizontalen und in der vertikalen Ebene. Richtdiagramme werden üblicherweise in Polarkoordinaten (360°) dargestellt; die Skalierung erfolgt i. d. R. in dB.

Man ermittelt die Richtdiagramme, indem man in einem festen Abstand die von der zu untersuchenden Antenne als Sendeantenne verursachte Feldstärke unter den verschiedenen horizontalen bzw. vertikalen Raumwinkeln misst. Die Messwerte werden normiert auf den jeweils höchsten Wert in der Hauptstrahlrichtung (0 dB).

Die Punkte, an denen die Feldstärke bzw. Strahlungsdichte um 3 dB gegenüber der Hauptstrahlrichtung gesunken ist, liefern eine wichtige Kenngröße zur Beschreibung der Richtwirkung einer Antenne. Eine Verringerung um 3 dB bedeutet für die Strahlungsdichte eine Reduzierung auf die Hälfte. Der Winkel zwischen den beiden 3-dB-Punkten wird als *Halbwertsbreite* oder auch als *3-dB-Öffnungsbreite* bezeichnet. Je ausgeprägter die Bündelung und Richtwirkung der Antenne, desto schmaler ist die Hauptkeule und desto kleiner die Halbwertsbreite.

Wie aus **Bild 3.17** hervorgeht, ist die vertikale Richtwirkung der hier betrachteten Mobilfunk-Sektorantenne wesentlich stärker ausgeprägt als die horizontale, wie dies bei Mobilfunkantennen i. d. R. der Fall ist. Um eine so hohe Richtwirkung zu erzielen, muss man als Nebenwirkung in Kauf nehmen, dass sich zusätzlich zur erwünschten *Hauptkeule* auch – eigentlich unerwünschte – so genannte *Nebenzipfel* ausbilden. Obwohl sie deutlich niedriger sind als die Hauptkeule, spielen sie eine wichtige und bestimmende Rolle für die Stärke der Immissionen im näheren Bereich um die Antenne [2].

Die Ausprägung der Hauptkeule und insbesondere der Nebenzipfel ist frequenzabhängig. Richtdiagramme der gleichen Antenne bei verschiedenen Frequenzen können daher unterschiedlich sein.

Der Antennengewinn allein sagt noch nicht viel aus, wenn nicht angegeben ist, auf welcher *Bezugsantenne* er beruht. Als Bezugsantennen sind

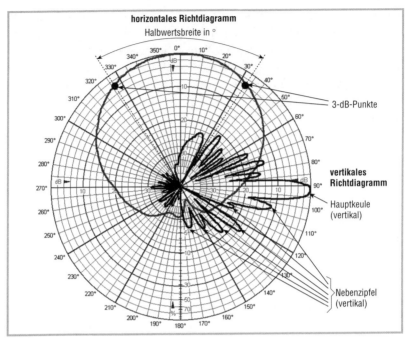

Bild 3.17   *Horizontales und vertikales Richtdiagramm einer Mobilfunk-Sektorantenne*
Kathrein 735 147, 1862 MHz; Quelle: [3]

nämlich zwei verschiedene Typen gebräuchlich; einmal der ideale (theoretische) *Rundumstrahler* mit Kugelcharakteristik (= isotrop) und zum anderen der *λ/2-Dipol* (Halbwellendipol, s. Abschn. 3.4.4.4) mit einer Richtcharakteristik in Form einer Acht. Da der Halbwellendipol eine Richtwirkung aufweist, hat er seinerseits gegenüber dem Kugelstrahler einen Antennengewinn; dieser beträgt 2,14 dB. Somit ist also der Gewinn einer Antenne, bezogen auf den Kugelstrahler, immer 2,14 dB höher als auf den Halbwellendipol bezogen. Der Antennengewinn wird, bezogen auf den isotropen Kugelstrahler, als G_i in dBi angegeben, bezogen auf den Dipolstrahler als G_d in dBd.

Hier besteht die Beziehung

$$G_i = G_d + 2,14\,\text{dB}.$$

Bei *Sendeantennen* bezeichnet der Antennengewinn die Erhöhung der abgestrahlten Strahlungsdichte in der Hauptstrahlrichtung gegenüber der Bezugsantenne. Anstatt die Leistung eines Senders anzuheben, ist es also auch möglich, durch Einsatz einer Richtantenne die Feldstärke und Strahlungsdichte im zu versorgenden Gebiet zu erhöhen bzw. die Tiefe des versorgten Gebietes zu vergrößern. Dafür wird dann allerdings die Breite des Versorgungsgebietes aufgrund des kleineren Öffnungswinkels der „Sendekeule" kleiner.

Die aufgrund der Bündelung der Abstrahlung erzielte höhere Strahlungsdichte drückt sich als so genannte *äquivalente isotrope Strahlungsleistung* aus, abgekürzt EIRP (Equivalent Isotropically Radiated Power). Sie ist in Hauptstrahlrichtung der Antenne um den isotropen Gewinn höher als die in die Antenne eingespeiste Sendeleistung. Bei einem für Mobilfunk-Sektorantennen typischen isotropen Gewinn von $G_i = 17$ dBi, der bezogen auf die Strahlungsdichte dem Faktor 50 entspricht, erhält man bei 20 W Antenneneingangsleistung eine EIRP von $20 \cdot 50$ W = 1000 W. Mit diesen 1000 W müsste eine isotrope Antenne gespeist werden, um in Hauptstrahlrichtung der Sektorantenne die gleiche Strahlungsdichte zu erzeugen wie die Sektorantenne mit 20 W.

3.4.4.4 Antennenarten

Wichtige Antennenarten sind:

▌ $\lambda/2$-*Dipol* (Halbwellendipol), die Grundform der Antennen. Die Antennenlänge beträgt die Hälfte der Wellenlänge. Bei Resonanz ergibt sich eine Strom- und Spannungsverteilung auf dem Halbwellendipol gemäß **Bild 3.18**. Je größer der Durchmesser der Dipolarme ist, umso breitbandiger ist die Antenne. Die Richtcharakteristik weist bei horizontaler Polarisation die Form einer 8 auf; bei vertikaler Polarisation handelt es sich um einen Rundstrahler.

▌ $\lambda/4$-*Stab* (Stablänge = $\lambda/4$, auch als Monopol oder engl. Rod bezeichnet). Diese Form benötigt nur die halbe Antennenlänge des Halbwellen-

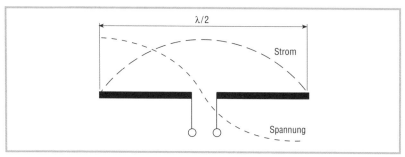

Bild 3.18   *$\lambda/2$-Dipol (Halbwellendipol) mit Strom- und Spannungsverlauf bei Resonanz*

dipols bei gleicher Resonanzfrequenz. **Bild 3.**19 zeigt die Resonanzverhältnisse bezüglich Strom- und Spannungsverteilung auf der Antenne. Die $\lambda/4$-Antenne besteht aus einem realen Teil (dem Antennenstab) und einem virtuellen Teil (dem elektrischen „Gegengewicht"), so dass sich elektrisch insgesamt wieder Verhältnisse wie beim Halbwellendipol ergeben. Das elektrische Gegengewicht wird z. B. durch die Erde, eine gut leitende Oberfläche (z. B. Autokarosserie) oder den menschlichen Körper (Handy-Benutzer) gebildet.

▌ *Bikonische Antenne:* Sie wurde aus dem Dipol entwickelt und stellt gewissermaßen einen Dipol mit besonders „dicken Armen" dar; sie ist daher recht breitbandig (**Bild 3.20**). Sie weist die gleiche Richtcharakteristik wie ein Dipol auf.

▌ *Yagi-Antenne:* Richtwirkung und Gewinn eines Dipols können gesteigert werden, wenn man hinter dem Dipol längere Stäbe (Reflektoren) und vor

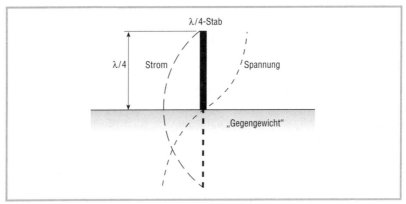

Bild 3.19   *$\lambda/4$-Stab (Monopol) mit Strom- und Spannungsverlauf bei Resonanz*

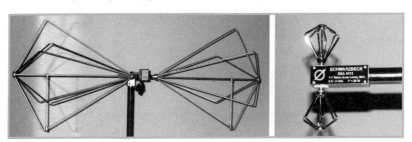

Bild 3.20   *Bikonische Antennen;*
links: Frequenzbereich 30 … 300 MHz, horizontal polarisiert;
rechts: 500 MHz … 3 GHz, vertikal polarisiert
Fotos: Fa. Schwarzbeck

dem Dipol kürzere Stäbe (Direktoren) montiert (**Bild 3.21**). Typische Einsatzbereiche für Yagi-Antennen sind UKW-Rundfunk und VHF-Fernsehrundfunk sowie Richtfunkanwendungen.

▌ *Gestockte Antenne/Sektorantenne:* Werden Dipole nebeneinander oder übereinander (gestockt) angeordnet, so lässt sich die horizontale bzw. vertikale Richtwirkung ebenfalls erhöhen. Dieses Prinzip wird typischerweise bei den Sektorantennen des Mobilfunks angewandt (**Bild 3.22**). Je größer die Anzahl der übereinander liegenden Dipole ist, umso ausgeprägter ist die vertikale Richtwirkung; gleichzeitig werden dadurch die

Bild 3.21   *Yagi-Antennen (v. o. n. u: UKW, UHF, VHF)*

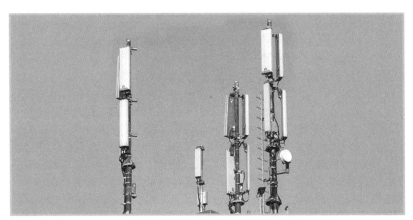

Bild 3.22   *Mobilfunk-Sektorantennen*

Nebenzipfel ausgeprägter (vgl. Bild 3.17). Mobilfunk-Sektorantennen sind selten horizontal polarisiert; es überwiegen vertikale und insbesondere X-Kreuzpolarisation unter ± 45°.

▮ *Logarithmisch-periodische Antennen* lassen sich auf die Kombination mehrerer Halbwellendipole unterschiedlicher Länge zurückführen. Sie haben die Eigenschaft, sehr breitbandig zu sein, d. h. Wellen in einem weiten Frequenzbereich empfangen (bzw. abstrahlen) zu können. Die in **Bild 3.23** dargestellte Antenne arbeitet beispielsweise in einem Frequenzbereich von 300 MHz bis 3 GHz mit einem isotropen Gewinn von 6 ... 7,5 dBi.

▮ *Hornantennen* werden vorzugsweise im höheren GHz-Bereich eingesetzt (**Bild 3.24**).

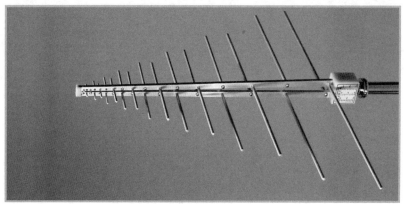

Bild 3.23   *Logarithmisch-periodische Antenne, Frequenzbereich 300 MHz ... 3 GHz*
Foto: Fa. Schwarzbeck

Bild 3.24   *Hornantenne, Frequenzbereich 1 ... 18 GHz*
Foto: Fa. Schwarzbeck

▌ *Parabolantennen* („Schüsseln") weisen eine sehr hohe Richtwirkung und dementsprechend einen hohen Gewinn auf. Sie werden vorzugsweise verwendet für Richtfunk, Satellitenfunk, Radar und Radioastronomie (**Bild 3.25**).

▌ Alle bisher vorgestellten Antennen sind als Empfangsantennen empfindlich für die elektrische Feldkomponente der elektromagnetischen Welle. Antennen, welche die magnetische Feldkomponente empfangen, sind i. d. R. als *Spulen-* oder *Rahmenantennen* ausgeführt (**Bild 3.26**). Hierzu gehören auch die in tragbaren Rundfunkempfängern für den Lang-, Mittel- und Kurzwellenbereich verwendeten *Ferritantennen*.

Bild 3.25 *Parabolantennen*

Bild 3.26 *Magnetantenne (Rahmenantenne), Frequenzbereich 70 kHz ... 120 MHz*
Foto: Fa. Schwarzbeck

▌ *Aktive Antennen* sind extrem breitbandige Empfangsantennen mit konstantem Antennenfaktor, die einen eingebauten elektronischen (= aktiven) Impedanzwandler enthalten und daher einer Versorgungsspannung bedürfen (**Bild 3.27** und **Bild 3.28**).

Um die Breitbandigkeit bei konstantem Antennenfaktor zu erzielen, betreibt man die Antenne bewusst weit unterhalb ihres Resonanzbereiches und zudem im Leerlauf. Denn die Leerlaufspannung von Elementen, die sehr kurz gegenüber der Wellenlänge sind, ist frequenzunabhängig. Aktive symmetrische Antennen haben daher zwischen den Antennenelementen und dem Koaxialkabel einen *Impedanzwandler,* der den Wellenwiderstand des Kabels (typischerweise 50 Ω) in eine sehr hochohmige Last für die Antennenelemente umwandelt. Der eingebaute aktive Impedanzwandler unterbindet auch die unkontrollierte Wechselwirkung mit dem Antennenkabel und dem Eingang des angeschlossenen Messgerätes (z. B. Spektrumanalysator oder Messempfänger) und sorgt für stabile, eindeutige Verhältnisse. Das Antennenelement selbst dient nur noch zur losen Ankoppelung an das zu messende Feld. Auf diese Weise können extrem breitbandige Antennen mit frequenzunabhängigem Antennenfaktor realisiert werden, auch über mehr als 4 Dekaden. Der Preis, den die Physik dafür fordert, besteht in einer verringerten Empfindlichkeit. Da nämlich der Impedanzwandler keine Spannungsverstärkung hat und die Elemente über den ganzen Frequenzbereich sehr kurz gegenüber denen

 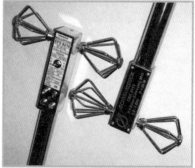

Bild 3.27 *Aktive bikonische Antenne, Frequenzbereich 9 kHz ... 300 MHz*
Foto: Fa. Schwarzbeck

Bild 3.28 *Aktive und passive Antenne mit identischen bikonischen Elementen im Vergleich: Links aktive Antenne, Frequenzbereich 9 kHz ... 300 MHz; rechts passive Antenne, Frequenzbereich 300 MHz ... 3 GHz*
Foto: Fa. Schwarzbeck

eines Halbwellendipols sind, wird die aktive Antenne immer deutlich weniger Antennenspannung liefern als ein passiver Dipol und die meisten passiven Breitbandantennen. Das ist kein Nachteil, wenn das Eigenrauschen des Impedanzwandlers klein ist und der nachgeschaltete Empfänger (Spektrumanalysator, Messempfänger) so empfindlich eingestellt werden kann, dass er dieses Eigenrauschen anzeigt. Damit verbleibt ein hoher nutzbarer Dynamikbereich zwischen diesem Rauschpegel (untere Nachweisgrenze) und der Vollaussteuerung (höchste verzerrungsfrei messbare Feldstärke) der aktiven Antenne. Reicht die Empfindlichkeit des Empfängers oder Spektrumanalysators nicht aus, so kann bei Bedarf ein rauscharmer Spannungsverstärker zwischengeschaltet werden.

Im **Bild 3.29** sind die Antennenfaktoren einiger gängiger Messantennen vergleichsweise gegenübergestellt. Man erkennt deutlich die extreme Breitbandigkeit der aktiven bikonischen Antenne (Bild 3.27) mit konstantem Antennenfaktor über einen großen Bereich, aber auch die geringere Empfindlichkeit. Bei 300 MHz ist z. B. die logarithmisch-periodische Antenne etwa 30 dB empfindlicher als die aktive (30 dB entsprechen einem Feldstärkefaktor von etwa 32 und einem Leistungsflussdichte-Faktor von 1000). Im Frequenzbereich von 30 … 300 MHz ist die passive bikonische Antenne um 25 … 35 dB empfindlicher als die aktive bikonische.

Die im Vergleich zu den passiven Antennen geringere Empfindlichkeit der Aktivantenne bedeutet eine höhere untere Nachweisgrenze (verringerte Grenzempfindlichkeit) für kleine Signale und erfordert einige besondere Maßnahmen bei der Handhabung, um die untere Nachweisgrenze mög-

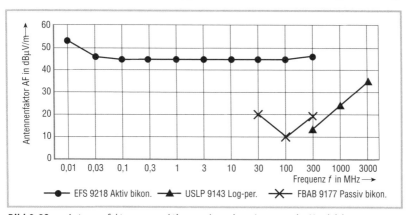

Bild 3.29 *Antennenfaktoren von aktiven und passiven Antennen im Vergleich*

lichst weit zu senken. Da übliche Spektrumanalysatoren im Gegensatz zu Messempfängern nicht auf optimale Empfindlichkeit gezüchtet sind, sondern ein nicht zu vernachlässigendes Eigenrauschen aufweisen, zeigt sich beim Wechsel von passiver zu aktiver Antenne zunächst ein eher mageres Bild. Spektrumanalysatoren „wachen" nach dem Einschalten meist in einer Grundeinstellung auf, die schwachen Signalen keine Chance gibt. Beim Einsatz einer aktiven Antenne müssen die Einstellungen des Spektrumanalysators daher so verändert werden, dass eine maximale Empfindlichkeit erreicht wird.

3.4.5 Modulationsverfahren

Um eine Nachricht zu übertragen, benötigt man ein Trägermedium – in alten Zeiten war dies der reitende Bote – und die Nachricht selbst, z. B. in Form eines Briefes, den der Bote überbringen soll. In drahtlosen (und großenteils auch in drahtgebundenen) Telekommunikationssystemen übernimmt eine hochfrequente *Trägerschwingung* die Aufgabe des Boten. Ihr wird die zu übertragene Nachricht in geeigneter Weise aufgeprägt; dieser Vorgang wird als *Modulation* bezeichnet und mittels eines *Modulators* vorgenommen. Der umgekehrte Vorgang im Empfänger heißt *Demodulation* und dient zur Rückgewinnung der Nachricht von der Trägerschwingung, damit – um im Beispiel zu bleiben – der Brief vom Empfänger entgegengenommen und gelesen werden kann.

Gemäß **Bild 3.30** wird ein Modulator mit der (hochfrequenten) Trägerfrequenz und dem (niederfrequenten) modulierenden Signal gespeist. Das modulierende Signal kann Sprache, Bilder oder Daten repräsentieren und in analoger oder digitaler Form vorliegen. Das Ausgangssignal des Modulators ist die dementsprechend mit Sprache, Bildern oder Daten analog oder digital modulierte Hochfrequenz.

Eine sinusförmige Trägerschwingung gemäß **Bild 3.31** wird in ihrem zeitlichen Spannungsverlauf beschrieben durch die Funktion

$$u(t) = \hat{U} \cdot \sin\left(2\pi \cdot f \cdot t + \varphi_0\right) = \hat{U} \cdot \sin\left(\varphi + \varphi_0\right);$$

u(t) Augenblickswert,
$\hat{U}$ Scheitelwert der Amplitude, d. h. höchster Wert des Kurvenzuges,
f   Frequenz $= 1/T$,
T   Schwingungsdauer,
φ Phasenwinkel,
φ_0 Nullphasenwinkel der Schwingung zum Zeitpunkt $t = 0$.

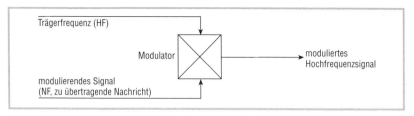

Bild 3.30   *Prinzipielle Funktionsweise eines Modulators*

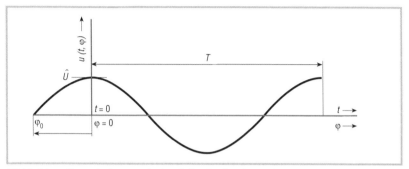

Bild 3.31   *Sinusschwingung mit den sie beschreibenden Größen*

Da alle drei Größen ($\hat{U}$, f und φ) zur Modulation der Sinusschwingung herangezogen werden können, unterscheiden wir die drei grundlegenden Modulationsarten:

▌ Amplitudenmodulation (AM),

▌ Frequenzmodulation (FM),

▌ Phasenmodulation (PM), auch als Winkelmodulation bezeichnet.

3.4.5.1 AM – Amplitudenmodulation

Bei der Amplitudenmodulation schwankt die Amplitude der Trägerfrequenz im Takt des modulierenden Signals (**Bild 3.32**). Diese Überlagerung zweier Signale im Zeitbereich hat entsprechende Konsequenzen im Frequenzbereich. Hier werden durch den Modulationsvorgang zusätzlich zur Trägerfrequenz noch so genannte *Seitenbänder* erzeugt (**Bild 3.33**). Der Name stammt daher, dass sie sich oberhalb und unterhalb der Trägerfrequenz, bei horizontaler Darstellung der Frequenzachse also „zu beiden Seiten" der Trägerfrequenz, bilden. Die Modulation der Trägerfrequenz f_T mit einem niederfrequenten Signal der Frequenz f_M führt zu einem *Frequenzspektrum* mit den drei diskreten Frequenzen f_T, $(f_T + f_M)$ und $(f_T - f_M)$. Dement-

sprechend benötigt ein amplitudenmodulierter Frequenzkanal eine Nutz-
bandbreite von 2 · f_M. Je höher die höchste noch übertragbare Frequenz
sein soll, umso größer ist die benötigte Bandbreite des Frequenzkanals. Dies
ist bei der Festlegung von Frequenz-Kanalrastern der einzelnen Funkdienste
zu berücksichtigen, denn die hohen Frequenzen eines Kanals dürfen nicht
den Nachbarkanal stören.

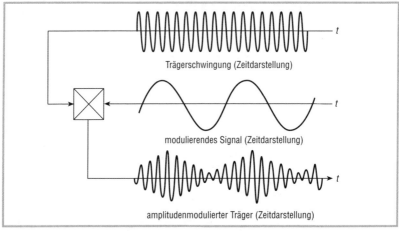

Bild 3.32   *Amplitudenmodulation (Darstellung im Zeitbereich bei Modulation des Trägers
mit einer diskreten Modulationsfrequenz)*

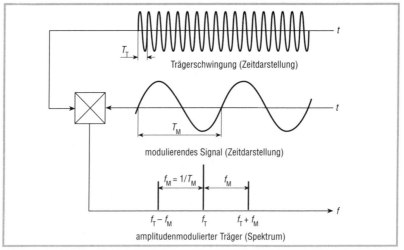

Bild 3.33   *AM-Frequenzspektrum bei Modulation des Trägers mit einer diskreten Modulationsfrequenz*

Bei der Amplitudenmodulation mit der *Sinusschwingung* einer diskreten Einzelfrequenz ergeben sich eigentlich nur zwei „Seitenfrequenzen" und noch keine richtigen „Bänder". Diese ergeben sich erst, wenn man zur Modulation ein *Frequenzgemisch* verwendet, z. B. Sprache, Musik oder das Bildsignal im analogen Fernsehen (**Bild 3.34**). Hier zeigen sich nun spiegelsymmetrisch zur Trägerfrequenz das kontinuierlich mit Frequenzen belegte *obere* und *untere Seitenband*. Dabei stellt f_{max} die höchste im modulierenden Frequenzgemisch enthaltene Frequenz dar.

Wird die Trägerschwingung mit einer regelmäßigen *Rechteck-Pulsfolge* moduliert, was einem periodischen Ein- und Ausschalten des Trägers entspricht, so ergibt sich ein Spektrum des modulierten Hochfrequenzsignals gemäß **Bild 3.35**. Dieser Fall tritt bei allen digitalen Funkdiensten mit periodisch gepulstem Signal auf, z. B. GSM-Mobilfunk, DECT-Schnurlostelefone, WLAN-Anwendungen (Wireless Local Area Network), Bluetooth, Pulsradar und der zukünftigen UMTS-Variante UMTS-TDD (Time Division Duplex, s. Abschn. 3.4.6.5 und 3.4.7.2). Hier finden wir keine kontinuierlichen Seitenbänder vor, sondern ein zur Trägerfrequenz symmetrisches Linienspektrum mit diskreten Frequenzen in den gleichmäßigen Abständen f_P.

Ein Rechteckpuls mit der Wiederholdauer T_P kann gemäß Fourieranalyse dargestellt werden als Summe der Grundschwingung mit der Frequenz $f_P = 1 / T_P$ plus ihren *Oberwellen*, also ganzzahligen Vielfachen der Grund-

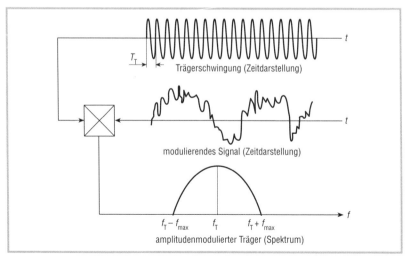

Bild 3.34 *AM-Frequenzspektrum bei Modulation mit einem kontinuierlichen Frequenzgemisch (z. B. Sprache, Musik)*

schwingung. Genau diese Oberwellen finden sich im Hochfrequenzspektrum wieder. Je höher die Pulsfrequenz, desto weiter liegen die Spektrallinien auseinander.

Aber auch die Impulsbreite T_0 findet im Spektrum ihren Niederschlag. Die einhüllende Kurve der Spektrallinien stellt eine so genannte *si-Funktion* dar, wobei si für die Funktion sin(x) / x steht. Die Nulldurchgänge dieser Funktion liegen spiegelsymmetrisch zur Trägerfrequenz bei der Frequenz f_0 = 1 / T_0 und ihren ganzzahligen Vielfachen. Je kürzer die Dauer der Impulse, desto breiter verläuft die einhüllende si-Kurve. Kurze Impulse bedeuten immer hohe Frequenz und damit große Bandbreite. Zur eindeutigen Rückgewinnung des Signals im Empfänger genügt es allerdings, wenn nur der zentrale Teil der si-Funktion $f_T \pm f_0$ übertragen wird. Die höherfrequenten Anteile jenseits dieser Frequenzgrenzen können zur Bandbreitenreduzierung bzw. zur Verringerung von Nachbarkanalstörungen herausgefiltert werden.

Bei der Messung von Linienspektren gemäß Bild 3.35 mit einem Spektrumanalysator wird man eine leicht veränderte Darstellung finden. Da ein Spektrumanalysator nur den Betrag des gemessenen Signals im Display anzeigt, erscheinen die negativen Teile der si-Funktion in den positiven Bereich „hochgeklappt".

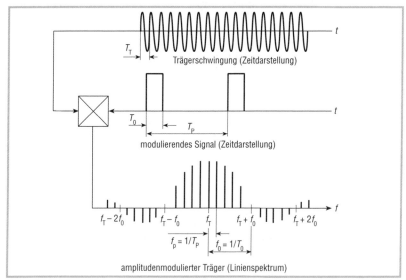

Bild 3.35 *AM-Frequenzspektrum bei Pulsung des Trägers (entspricht der Modulation mit einem Rechtecksignal)*

Da auf Funkkanälen üblicherweise große Enge herrscht, hat man schon lange versucht, die erforderliche Bandbreite zu verringern. Eine Möglichkeit hierzu ist die Unterdrückung eines der beiden Seitenbänder mit einem geeigneten Filter, so dass nur noch das andere Seitenband und ggf. die Trägerfrequenz ausgestrahlt werden. Dieses Verfahren wird als *Einseitenbandmodulation* bezeichnet, abgekürzt SSB (von engl. Single Side Band). SSB wird insbesondere im Kurzwellenbereich eingesetzt, u. a. auch im Amateurfunk.

Amplitudenmodulierte Signale haben den Vorteil, dass sie im Empfänger sehr einfach zu demodulieren sind. Daher hat man in den Anfangszeiten der Rundfunktechnik diese Modulationsart realisiert.

In digitalen Systemen verwendete Formen der Amplitudenmodulation sind z. B.:

ASK	Amplitude Shift Keying und
QAM	Quadratur-Amplitudenmodulation mit den Einzelformen
4-QAM	4-wertige Quadratur-Amplitudenmodulation,
	(identisch mit 4-PSK = QPSK)
16-QAM	16-wertige Quadratur-Amplitudenmodulation
...	
256-QAM	256-wertige Quadratur-Amplitudenmodulation

Je höherwertig eine digitale Modulationsart ist, desto mehr Informationen (Bit) lassen sich mit einem digitalen Symbol übertragen. Dieser Vorteil muss aber damit bezahlt werden, dass das höherwertige Verfahren nicht so robust und anfälliger für Störeinflüsse ist, es also eine Verbindungsstrecke hoher Qualität benötigt. Dieses Grundprinzip gilt auch für die im Folgenden beschriebene Frequenzmodulation und die Phasenmodulation.

3.4.5.2 FM – Frequenzmodulation

Bei der Frequenzmodulation wird die Frequenz des Trägersignals entsprechend dem modulierenden Signal verändert; die Amplitude des Trägersignals bleibt konstant (**Bild 3.36**). Mit einem AM-Demodulator ist daher eine Frequenzmodulation nicht festzustellen, allenfalls ist ein erhöhtes Rauschen hörbar.

Der Bandbreitenbedarf eines frequenzmodulierten Hochfrequenzsignals ist von der höchsten zu übertragenden Amplitude des Modulationssignals abhängig und wird als *Frequenzhub* oder einfach als *Hub* bezeichnet.

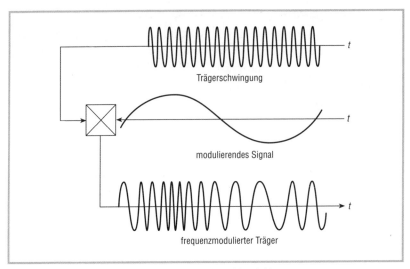

Trägerschwingung

modulierendes Signal

frequenzmodulierter Träger

Bild 3.36   *Frequenzmodulation (Darstellung im Zeitbereich)*

Werden mittels Frequenzmodulation digitale Signale übertragen, so erfolgt die Modulation häufig als so genannte *Frequenzumtastung,* abgekürzt FSK (von engl. Frequency Shift Keying).

Die einfachste Form stellt das 2-FSK (2-wertiges Frequency Shift Keying) dar. Die digitalen Zustände „0" und „1" werden dabei durch zwei unterschiedliche Frequenzen repräsentiert.

Beim 4-FSK (4-wertiges Frequency Shift Keying) werden dementsprechend 4 verschiedene Frequenzen verwendet; dadurch können in einem Zeichen 4 verschiedene Binärwerte, d. h. 2 Bit, dargestellt werden.

Weitere digitale Frequenzmodulationsverfahren sind z. B. FFSK (Fast Frequency Shift Keying), AFSK (Audio Frequency Shift Keying) und DFSK (Direct Frequency Shift Keying).

3.4.5.3 PM – Phasenmodulation oder Winkelmodulation

Die Phasenmodulation ist eng mit der Frequenzmodulation verwandt. Dies wird aus **Bild 3.37** deutlich, das eine analog modulierte Trägerschwingung zeigt.

In **Bild 3.38** ist ein digital moduliertes Signal dargestellt. Hier ist zu erkennen, dass an den Stellen, wo beim modulierenden Digitalsignal die Amplitudensprünge zwischen den beiden digitalen Zuständen erfolgen, beim

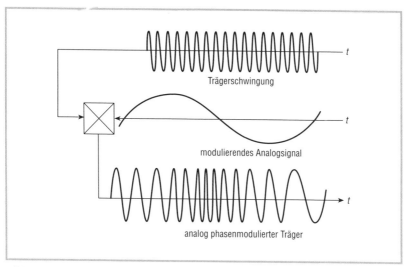

Bild 3.37   *Phasenmodulation mit analogem Signal (Darstellung im Zeitbereich)*

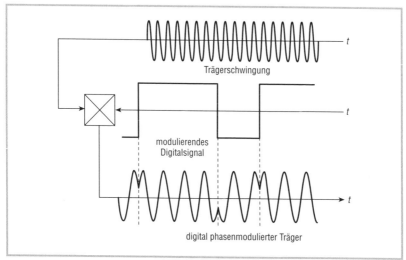

Bild 3.38   *Phasenmodulation mit digitalem Signal (Darstellung im Zeitbereich)*

modulierten Träger entsprechende Phasensprünge stattfinden. In diesen Phasensprüngen steckt im Prinzip die übertragene Information.

Digitale Verfahren benutzen häufig die Phasenmodulation, so dass hier eine ganze Vielzahl von speziellen Arten entwickelt wurde, z. B.:

PSK	Phase Shift Keying
DPSK	Differential Phase Shift Keying
QPSK	Quadrature Phase Shift Keying
DQPSK	Differential Quadrature Phase Shift Keying
$\pi/4$-DQPSK	Differential Quadrature Phase Shift Keying mit $\pi/4$-Offset $(\pi/4 = 45°)$
MSK	Minimum Shift Keying
GMSK	Gaussian Minimum Shift Keying.
2-PSK	2-wertiges Phase Shift Keying (= BPSK)
4-PSK	4-wertiges Phase Shift Keying (= QPSK, technisch identisch mit 4-QAM)
8-PSK	8-wertiges Phase Shift Keying
16-PSK	16-wertiges Phase Shift Keying
4-DPSK	4-wertiges Differential Quadrature Phase Shift Keying (= DQPSK)
8-DPSK	8-wertiges Differential Phase Shift Keying

3.4.6 Zugriffsverfahren

Die digitalen Funkdienste, wie GSM-Mobilfunk, UMTS und TETRA-Bündelfunk sind für eine große Benutzerzahl ausgelegt, die *gleichzeitig* auf die zur Verfügung stehenden Kommunikationskanäle zugreifen wollen. Dementsprechend müssen die vorhandenen Übertragungskapazitäten besonders gut genutzt werden, und es muss ein *Vielfachzugriff* möglich sein. Diese gleichzeitige (parallele) Nutzung kann durch unterschiedliche so genannte Zugriffsverfahren realisiert werden. *Zugriffsverfahren* bezeichnen die Art des Zugriffs auf den hochfrequenten Übertragungskanal, mit dessen Hilfe die beiden Teilnehmer der Verbindung miteinander kommunizieren, während gleichzeitig auf anderen Kanälen andere Teilnehmer kommunizieren.

Folgende Zugriffsverfahren sind in der Praxis anzutreffen:

FDMA	Frequency Division Multiple Access (Frequenzmultiplex)
TDMA	Time Division Multiple Access (Zeitmultiplex)
FHMA	Frequency Hopping Multiple Access (Zeitmultiplex plus Frequenzsprungverfahren)
CDMA	Code Division Multiple Access (Codemultiplex)
TD-CDMA	Time Division-Code Division Multiple Access (Zeit- und Codemultiplex)

SDMA   Space Division Multiple Access
          (Vielfachzugriff durch Raumaufteilung)
OFDM   Orthogonal Frequency Division Multiplexing
          (Multiple-Carrier-Verfahren)
COFDM   Coded Orthogonal Frequency Division Multiplexing
          (Codiertes Multiple-Carrier-Verfahren)
DSSS   Direct Sequence Spread Spectrum
FHSS   Frequency Hopping Spread Spectrum

3.4.6.1 FDMA – Frequency Division Multiple Access (Frequenzmultiplex)

Beim FDMA wird das zur Verfügung stehende Frequenzband in eine bestimmte Anzahl von Kanälen mit festen Trägerfrequenzen aufgeteilt (**Bild
3.39**). Alle Trägerfrequenzen (und damit auch die Frequenzkanäle) haben
den gleichen Abstand voneinander; dieser Abstand entspricht der nutzba-
ren Bandbreite inkl. einem Sicherheitsabstand zur Vermeidung von gegen-
seitigen Störungen. Der Kanalabstand wird auch als *Kanalraster* bezeichnet
und in kHz oder MHz angegeben. So bedeutet ein Kanalraster von 200 kHz,
dass die Trägerfrequenzen der einzelnen Kanäle jeweils 200 kHz von den
Trägerfrequenzen ihrer Nachbarkanäle entfernt liegen. Auf allen Frequenzkanälen kann gleichzeitig (parallel) gearbeitet werden. FDMA eignet sich
zur Übertragung von analogen und von digitalen Signalen.

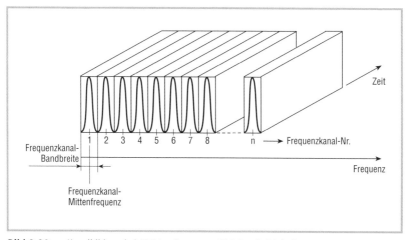

Bild 3.39   *Kanalbildung bei FDMA – Frequency Division Multiple Access*

3.4.6.2 TDMA – Time Division Multiple Access (Zeitmultiplex)

Beim TDMA oder Zeitmultiplex entsteht ein periodisch gepulstes Hochfrequenzsignal, indem unterschiedliche Zeitabschnitte von verschiedenen Teilnehmern zur Datenübertragung genutzt werden. Jeder Teilnehmer erhält periodisch einen so genannten *Zeitschlitz* oder *Zeitkanal* in der Größenordnung von Millisekunden zugeteilt; die Zeit wird von einem *Multiplexer* in für jeden Teilnehmer gleich große Stücke „zerhackt" (**Bild 3.40**). Daher ist dieses Verfahren nur bei digitalen Signalen anwendbar, nicht aber bei analogen. Jeweils eine sich periodisch wiederholende Sequenz mit einer systemspezifischen Anzahl von Zeitschlitzen wird als *TDMA-Rahmen, Bitrahmen* oder einfach *Rahmen* bezeichnet. Dementsprechend kann seine Länge in ms oder in einer Anzahl Bits angegeben werden. **Bild 3.41** zeigt z. B. den Rahmen des GSM-Standards mit 8 Zeitschlitzen von je 0,577 ms Länge. Bei digitalen, periodisch gepulsten Systemen entspricht der zeitliche Kehrwert der Rahmenlänge der Puls-Grundfrequenz; bei GSM sind dies $1 / (8 \cdot 0,577$ ms$) = 217$ Hz. Zu weitergehenden Informationen über die Funktionsweise von GSM-Systemen sei auf [4] verwiesen.

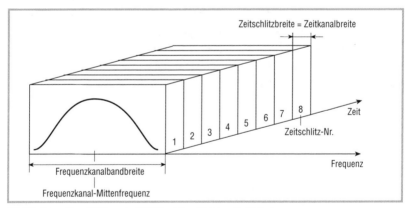

Bild 3.40   *Kanalbildung bei TDMA – Time Division Multiple Access*

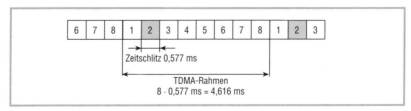

Bild 3.41   *TDMA-Rahmen des GSM-Standards (8 Zeitschlitze von je 0,577 ms Dauer)*

TDMA wird bei den hier betrachteten Funksystemen immer mit FDMA kombiniert. Die Anzahl der Kommunikationskanäle berechnet sich dann als Produkt aus der Anzahl Frequenzkanäle und der Anzahl der Zeitschlitze pro Rahmen.

Die digitalen Bits der einzelnen Teilnehmer werden nacheinander *(seriell)* übertragen und am Ende der Übertragungsstrecke im *Demultiplexer* wieder getrennt. Da die eigentliche Datenübertragung hier seriell erfolgt, aber so schnell und in so kleinen „Häppchen", dass die Benutzer dies gar nicht merken, sondern den Eindruck haben, ihre Daten würden gleichzeitig übertragen, spricht man hier auch von einem „quasiparallelen" Verfahren.

3.4.6.3 FHMA – Frequency Hopping Multiple Access (Zeitmultiplex plus Frequenzsprungverfahren)

FHMA basiert auf dem TDMA-Verfahren, wobei zusätzlich noch von Zeitschlitz zu Zeitschlitz auf eine andere Frequenz gesprungen wird. Hierdurch werden Interferenzprobleme „demokratisch" verteilt, indem interferenzarme und interferenzbehaftete Frequenzen von allen Teilnehmern abwechselnd genutzt werden, damit nicht für einen einzelnen Teilnehmer möglicherweise die gesamte Verbindung durch seine feste, stark interferenzbehaftete Frequenz gefährdet wird.

3.4.6.4 CDMA – Code Division Multiple Access (Codemultiplex)

CDMA benutzt ein völlig anderes Konzept als FDMA und TDMA, um den Vielfachzugriff zu realisieren. Das Verfahren ist sehr komplex und stammt ursprünglich aus dem militärischen Anwendungsbereich. Im Rahmen von terrestrischen Mobilfunknetzen wird CDMA in Europa erstmals für UMTS (Universal Mobile Telecommunication System) eingesetzt, in den USA und Japan bei den Mobilfunksystemen der technischen Standards cdmaOne und cdma2000.

Bei CDMA erfolgt die Kanalbildung und der Zugriff auf die Benutzerkanäle über eine spezielle *Codierung* (= Code Division). Alle Teilnehmer einer Basisstation arbeiten „wild gemischt" im gleichen Frequenzblock. Anstelle der Zeit oder einzelner Frequenzen teilen sich die Teilnehmer hier die zur Verfügung stehende Sendeleistung. Das heißt, wenn nur wenige Verbindungen über eine Basisstation laufen, steht für jeden Teilnehmer eine größere Maximalleistung zur Verfügung, als wenn viele Teilnehmer aktiv sind.

Damit ist die Reichweite der Basisstation u. a. von der Anzahl aktiver Teilnehmer abhängig. Dieser Effekt wird als „Cell Breathing" bezeichnet; die Zellengröße „atmet" mit der Anzahl aktiver Teilnehmer. Durch die Überlagerung der Signale vieler Teilnehmer im selben Frequenzbereich hat das resultierende Gesamtsignal prinzipiell einen dem Rauschen ähnlichen Charakter. Eine schnelle Leistungsregelung sorgt für eine exakte Anpassung an sich ändernde Situationen.

Der Zugriff auf die Übertragungskanäle erfolgt bei CDMA völlig anders als bei den herkömmlichen Telekommunikationssystemen. Damit die Signale der einzelnen Teilnehmer voneinander unterschieden werden können, werden sie mit einem speziellen Erkennungsmerkmal in Form einer Codierung versehen. Hierbei wird das zu übertragende digitale Nutzsignal mit einem ebenfalls digitalen, individuellen Codierungssignal höherer Frequenz überlagert (entsprechend einer Multiplikation der beiden Signale bei logischer 1 des Nutzsignals und zusätzlicher Invertierung des Codierungssignals bei logischer 0 (**Bild 3.42**). Die Frequenz des Codierungssignals wird als *Chiprate* bezeichnet, da die einzelnen Bits des Codierungssignals hier „Chips" genannt werden. Die Chiprate beträgt bei UMTS z. B. 3,84 Mcps (Mega-Chips pro Sekunde). Durch die Überlagerung der beiden Signale wird die Bandbreite des kombinierten Signals vergrößert oder „gespreizt"; es ergibt sich das Spread Spectrum, dessen Bandbreite der Chiprate entspricht. Liegt die Bandbreite des Spread Spectrum in der Größenordnung von etwa 5 MHz, so spricht man von WCDMA (Wideband CDMA), wie es bei UMTS eingesetzt wird (Chiprate 3,84 Mcps, Bandbreite 3,84 MHz).

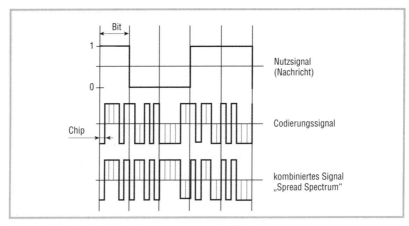

Bild 3.42   *Codierungsprinzip bei CDMA (Zeitdarstellung)*

Da die Chiprate konstant ist, werden bei hohen Datenraten des Nutzsignals kürzere und bei niedrigen Datenraten längere Spreizcodes verwendet. Mit dem *Spread Spectrum* wird der eigentliche Hochfrequenzträger moduliert (**Bild 3.43**). Es ergibt sich dann im UMTS-Band das Spektraldiagramm in Form des typischen „Tafelberges" (**Bild 3.44**). Alle Spread Spectrum-Nutzkanäle eines CDMA-Systems werden gemeinsam in einem einzigen Frequenzblock übertragen. Im Gegensatz zu FDMA und TDMA können bei CDMA einzelne Benutzer- oder Steuerkanäle nicht

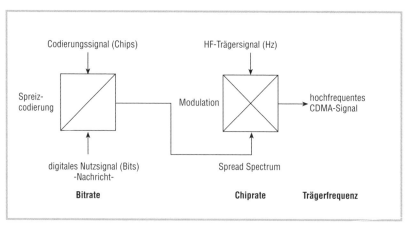

Bild 3.43   *Erzeugung eines CDMA-Signals*

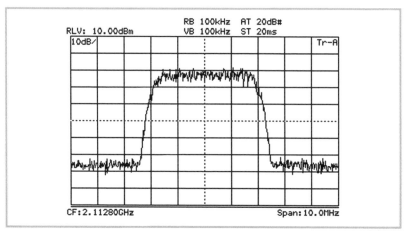

Bild 3.44   *Hochfrequenzspektrum eines WCDMA-Signals (UMTS)*
              CF   Center Frequency = Mittenfrequenz der Anzeige
              Span   Spanne = Breite des angezeigten Frequenzausschnitts

mehr auf den physikalischen Ebenen von Zeit und Frequenz unterschieden werden. Hierzu muss man auf die logische Ebene der Codierung gehen.

Der Empfänger filtert „sein" Signal aus dem Signalgemisch verschiedener Teilnehmer, indem er genau die Anteile mit „seiner" Codierung erkennt; alle anderen Codes sind für ihn wie Rauschen. Hierzu werden so genannte *Korrelationsempfänger* verwendet. Diese sind in der Lage, ein ihnen bekanntes Signalmuster – nämlich das Codierungssignal – selbst dann noch zu erkennen, wenn es von Rauschen oder anderen Signalen bis zu einer gewissen Grenze überdeckt ist. Je länger der verwendete Spreizcode ist, umso besser kann das Signal auch in hohen Störpegeln detektiert werden.

Die zur Zeit bedeutsamste praktische Anwendung von WCDMA stellt das Mobilfunksystem UMTS-FDD dar. Zur weitergehenden Information über UMTS sei auf [5] verwiesen.

3.4.6.5 TD-CDMA – Time Division-Code Division Multiple Access (Zeit- und Codemultiplex)

TD-CDMA stellt eine Kombination aus TDMA und CDMA dar und kommt bei den Mobilfunksystemen der 3. Generation (UMTS = Universal Mobile Telecommunication System) zur Anwendung. Hier ist pro Frequenz- und Zeitkanal zusätzlich eine bestimmte Anzahl von Codekanälen vorgesehen (8 Codekanäle bei UMTS) (**Bild 3.45**).

3.4.6.6 SDMA – Space Division Multiple Access (Vielfachzugriff durch Raumaufteilung)

SDMA ist ein jüngst entwickeltes Zugriffsverfahren, das z. B. in drahtlosen Ortsnetzen (WLL: Wireless Local Loop) zur Anwendung kommen kann. Der Mehrfachzugriff erfolgt über verschiedene Raumbereiche mit in ihrer Richtcharakteristik steuerbaren Antennen.

3.4.6.7 OFDM / COFDM – Orthogonal Frequency Division Multiplex ing / Coded OFDM

OFDM wird eingesetzt bei den terrestrischen Anwendungen des digitalen Rundfunks (z. B. DAB = Digital Audio Broadcasting) und des digitalen Fernsehens (DVB = Digital Video Broadcasting).

Da insbesondere beim digitalen Rundfunk ein störungsfreier Empfang

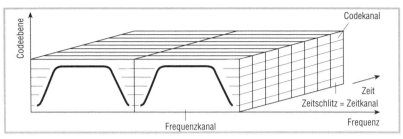

Bild 3.45   *Kanalbildung bei TD-CDMA.*
Ein Nutzkanal ist definiert durch einen Träger (Frequenzkanal), einen Zeitschlitz und einen Code.

auch für portable und mobile Geräte während der Bewegung gesichert sein soll, mussten hierfür neue Verfahren entwickelt werden, die gegenüber Mehrwegempfang mit seinen Interferenzen unempfindlich sind.

Mehrwegempfang kommt zustande, wenn das Signal eines Senders auf unterschiedlichen – und damit unterschiedlich langen – Wegen zum Empfänger gelangt, z. B. aufgrund von Reflexionen an Gebäuden („Echosignale"). Am Empfangsort interferieren diese Wellen miteinander, d. h., sie überlagern sich mit unterschiedlichen Phasenlagen, da sie ja unterschiedliche Strecken zurückgelegt haben. Bei Phasengleichheit führt die Interferenz zu einem Anwachsen der Feldstärke, bei unterschiedlichen Phasenlagen zur Verringerung und ggf. sogar zu Auslöschung. Bewegt sich der Empfänger, so unterliegt der Interferenzeffekt dauernden kurzfristigen Schwankungen. Interferenzeffekte sind von der Wellenlänge abhängig und meist schmalbandig. Während also ein Frequenzkanal eines Funksystems durch Interferenzen beeinträchtigt wird, kann der Nachbarkanal durchaus ungestört sein. Störungen durch Interferenzen können bei *Duplexbetrieb* – also Kommunikation in beiden Richtungen – behoben werden, indem der Empfänger den Sender zur Wiederholung des gestörten Teils auffordert. Bei Rundfunksystemen mit ihrer „eingleisigen" Kommunikation ist dies nicht möglich. Hier muss durch andere technische Maßnahmen die Übertragung gegen Interferenzen unempfindlich gemacht werden.

Eine Möglichkeit hierzu, die beim OFDM angewendet wird, besteht im Übergang von serieller auf *parallele Übertragung.* Es wird nicht nur eine Trägerfrequenz moduliert, sondern viele Trägerfrequenzen (ggf. bis zu mehreren tausend) in einem engen, äquidistanten Frequenzraster ($f_{T1} \dots f_{Tn}$ in Bild 3.46), so dass sich im Spektrum ein breiter „Tafelberg" ergibt (**Bild 3.46**). Durch diese Parallelisierung ist es möglich die Übertragungslänge

eines Zeichens auf einem Träger zu erhöhen, d. h. die Übertragungsge-
schwindigkeit pro Trägerfrequenz zu senken, wodurch die Anfälligkeit gegen kurzfristige Interferenzeffekte sinkt.

Beim COFDM erfolgt die Reihenfolge der Parallelisierung nicht einfach
linear, sondern verschachtelt nach einem systemspezifischen Code, um die
Interferenzanfälligkeit noch weiter zu minimieren.

Auch bei diesem digitalen Verfahren erfolgt eine Unterteilung der Digi-
talsignale in Bitrahmen. Zu Zwecken der Grob-Synchronisation senken
terrestrische DAB-Sender einen Teil ihrer Sendeleistung nach jedem Bitrahmen für etwa 1 ms kurz ab, so dass es hier zu einem Effekt von periodischer
Pulsung kommt.

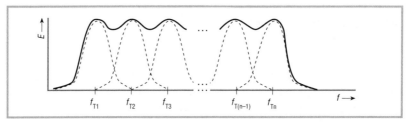

Bild 3.46   *OFDM / COFDM: Zusammensetzung des Gesamtsignals aus vielen Einzelträgern
(Multicarrier)*

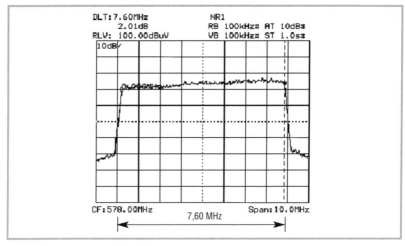

Bild 3.47   *Spektraldiagramm eines DVB-T-Signals (digitales terrestrisches Fernsehen)
mit 6817 Trägerfrequenzen im Abstand von je 1,116 kHz*
  CF   *Center Frequency = Mittenfrequenz der Anzeige*
  Span   *Spanne = Breite des angezeigten Frequenzausschnitts*
  DLT   *gemessene Breite des DVB-T-Blocks*

3.4.7 Duplexverfahren

Duplexbetrieb stellt eine besondere Variante des Multiplexbetriebes dar. Während sich der *Multiplexbetrieb* auf jeden beliebigen Teilnehmer in einem Funkdienst bezieht, bezieht sich der *Duplexbetrieb* genau auf die beiden Teinehmer, die miteinander kommunizieren wollen.

Von modernen Telekommunikationsverfahren wird erwartet, dass die beiden Teilnehmer im echten Duplexbetrieb miteinander kommunizieren können; d. h. beide Teilhehmer können (quasi-) gleichzeitig senden und empfangen. Beim Halbduplex-(Semiduplex-)betrieb wäre dies nur abwechselnd möglich; während der eine Teilnehmer spricht, kann er nicht hören und umgekehrt (so genanntes Wechselsprechen).

3.4.7.1 FDD – Frequency Division Duplex / Frequenzduplex

Bei Frequenzduplex senden und empfangen die beiden Teilnehmer auf unterschiedlichen Frequenzen. Teilnehmer A sendet z. B. auf Frequenz 1 und hört auf Frequenz 2. Gleichzeitig sendet Teilnehmer B umgekehrt auf Frequenz 2 und hört auf Frequenz 1. Hierfür werden also zwei Frequenzkanäle benötigt.

Bei diesem Verfahren wird das zur Verfügung stehende Frequenzband meist in zwei Teilbänder aufgeteilt, das so genannte *Unterband* (niedrigerer Frequenzbereich) und das *Oberband* (höherer Frequenzbereich). Im Oberband senden dann z. B. alle Basisstationen des Netzes, im Unterband alle Mobilstationen. Da die Basisstationen in der Systemhierarchie höher stehen als die Mobilstationen, wird die Verbindung Basisstation → Mobilstation auch als „downlink" bezeichnet und die Verbindung Mobilstation → Basisstation als „uplink". Der Abstand zwischen den Duplexkanälen eines Mobilfunksystems ist für alle Kanäle konstant und wird als *Duplexabstand* bezeichnet. Frequenzduplex ist für digitale und analoge Übertragungsverfahren geeignet.

3.4.7.2 TDD – Time Division Duplex / Zeitduplex

Bei Zeitduplex senden und empfangen beide Teilnehmer zeitversetzt auf derselben Frequenz; jeder erhält im ms-Bereich abwechselnd einen Zeitschlitz. Wenn Teilnehmer A sendet, schaltet B auf Empfang und umgekehrt. Daher ist dieses Verfahren nur für digitale Übertragungsverfahren geeignet.

Bei der Kombination TDD/ TDMA erhalten die beiden Teilnehmer abwechselnd den gleichen Zeitschlitz in jeweils aufeinander folgenden TDMA-Rahmen zugewiesen.

3.5   Elektrisches Gleichfeld

Ursache elektrischer Gleichfelder sind elektrische Ladungen. Diese Ladungen können mechanisch getrennt worden sein, wie es durch Reibung an einem nicht oder nur wenig leitfähigen Material geschieht (z. B. bei synthetischen Stoffen).

Die kleinste Einheit der elektrischen Ladung ist eine Naturkonstante; sie entspricht der Ladung eines Elektrons und beträgt $e = -1,6021 \cdot 10^{-19}$ As. Alle vorkommenden Ladungen sind ganzzahlige Vielfache dieser Elementarladung.

Außerdem entstehen elektrische Gleichfelder durch den Ladungsüberschuss bzw. -mangel an den Polen einer Gleichspannungsquelle (Batterie, Straßenbahn-Oberleitung, Eisenbahn-Oberleitung in manchen Staaten).

So genanntes *Elektret-Material* weist ebenfalls ein Gleichfeld auf. Hier sind elektrische Ladungen im Material sozusagen permanent „eingefroren". Typischer Einsatzbereich sind Elektret-Kondensatormikrofone, die – im Gegensatz zu extern gespeisten „normalen" Kondensatormikrofonen – keine Versorgungsspannung zur Erzeugung des elektrischen Feldes benötigen.

Auch die Erde weist ein natürliches elektrisches Gleichfeld auf, das durch das Wetter beeinflusst wird (hohe Feldstärken bei Gewitter).

Der prinzipielle Feldlinienverlauf elektrischer Gleichfelder entspricht dem von niederfrequenten elektrischen Wechselfeldern.

3.6   Magnetisches Gleichfeld

Magnetische Gleichfelder werden durch elektrischen Gleichstrom hervorgerufen (z. B. bei Straßenbahnen, auch Eisenbahn-Oberleitung in anderen Staaten).

Dauermagnete (Permanentmagnete) weisen ebenfalls ein Gleichfeld auf, ohne dass ein Strom fließt. Es handelt sich sozusagen um ein „eingefrorenes" Magnetfeld. Charakteristisch hierfür ist, dass der Raum um den Magneten herum zwar eine magnetische Flussdichte aufweist, die magnetische Feldstärke aber null ist.

Auch die Erde weist ein natürliches magnetisches Gleichfeld etwa in Nord-Süd-Richtung auf.

Der prinzipielle Feldlinienverlauf magnetischer Gleichfelder entspricht dem von niederfrequenten magnetischen Wechselfeldern.

4 Baubiologische Feldmesstechnik

Im Folgenden werden die grundlegenden Prinzipien der Feldmesstechnik dargestellt, die das Verständnis für den physikalischen Hintergrund schaffen sollen. Detaillierte Hinweise zur Durchführung der einzelnen Messverfahren im Sinne von Verfahrensanweisungen sind z. B. in den Richtlinien des Berufsverbandes Deutscher Baubiologen VDB e.V. zu finden [6].

4.1 Messung von Vektorfeldern

Bei Vektorfeldern wird die Feldstärke bestimmt durch den *Betrag* („Größe") *und* die *Richtung* im Raum [kartesische x-, y-, z-Koordinaten oder Polarkoordinaten (Betrag und Winkel)].

Die Richtungsinformation kann grundsätzlich für folgende drei Aspekte von Belang sein:

1. Voraussetzung zur korrekten Ermittlung des Betrages (bei eindimensionaler Messung),
2. Rückschluss auf den Ort der Feldquelle; hierzu muss der charakteristische Feldlinienverlauf der Feldart bekannt sein und beachtet werden (Quellenfeld, Wirbelfeld),
3. biologische Relevanz/Risikopotential der Feldrichtung; hierzu ist bisher kaum etwas bekannt.

Feldsonden arbeiten entweder

a) eindimensional: Der Messwert des Betrages hängt davon ab, wie die Messsonde räumlich zum Feld orientiert ist; eine korrekte Ermittlung des Betrages erfolgt nur, wenn die Sonde auf das Maximum ausgerichtet ist, oder

b) dreidimensional (isotrop): Der Messwert des Betrages ist unabhängig davon, wie die Messsonde räumlich zum Feld orientiert ist.

Bei eindimensional arbeitenden Messgeräten muss daher die Sonde so im Raum ausgerichtet werden, dass das lokale Maximum angezeigt wird. Hier ist die Ermittlung der Richtung die Voraussetzung für eine korrekte Messung des Betrages. Gleichzeitig lassen sich aus der Richtung der Sonde Rückschlüsse auf den Ort der Feldquelle ziehen (vgl. oben Punkte 1 und 2).

Bei dreidimensional arbeitenden Messgeräten wird in jeder Raumlage der Sonde richtungsunabhängig der gleiche Betrag angezeigt. Dazu besteht die Feldsonde aus drei orthogonalen Komponenten, die die Feldbeiträge aller drei Raumrichtungen (B_x, B_y, B_z) erfassen. Hieraus wird durch Vektoraddition der Betrag der Ersatzflussdichte bzw. Ersatzfeldstärke berechnet:

$$B = \sqrt{B_x^2 + B_y^2 + B_z^2}.$$

Zusätzlich können aus den drei Raumkomponenten die Informationen über die Ausrichtung des Feldes im Raum berechnet werden.

Bei der Messung von hochfrequenten Feldern unter Verwendung von Richtantennen ist außer den Raumrichtungen auch die Polarisationsebene der Welle und der Messantenne zu beachten, um korrekte Betragswerte zu erhalten.

4.1.1 Prinzipieller Aufbau von Feldmessgeräten

Feldmessgeräte bestehen grundsätzlich aus den Komponenten Feldsonde und Auswerteeinheit. Baulich können beide Komponenten in einem Gehäuse integriert oder auch getrennt ausgeführt sein.

Die *Feldsonde* dient als Wandler, der die zu messende Feldgröße in ein äquivalentes Spannungs- oder Stromsignal umwandelt, das von der Auswerteeinheit weiter verarbeitet werden kann.

Die *Auswerteeinheit* bereitet die Messdaten auf, zeigt die Messwerte an und verfügt ggf. über Schnittstellen zur Weiterleitung der Daten an externe Geräte. Können Messreihen über längere Zeit aufgenommen und in der Auswerteeinheit gespeichert werden, so spricht man hier häufig von einer „Loggerfunktion".

Zur Signalaufbereitung gehört häufig zunächst eine *Frequenzgangkorrektur,* denn viele Sonden wandeln die zu messende Feldgröße frequenzabhängig in ein elektrisches Signal um und nicht frequenzkonstant. So ist z. B. die in einer Messspule induzierte Spannung nicht nur proportional zur Amplitude des Magnetfeldes, sondern auch proportional zur Frequenz (s. Abschn. 3.3.2). Um die Frequenzabhängigkeit zu neutralisieren, muss das Signal entsprechend gefiltert werden. Ist die Höhe des Messsignals proportional zur Frequenz, so muss es durch ein Filter geführt werden, das die umgekehrte Frequenzabhängigkeit aufweist, dessen Filtercharakteristik also umgekehrt proportional zur Frequenz ist. Dies wird von einem *Tiefpass* erfüllt (Tiefpass: lässt tiefe Frequenzen passieren), wenn der zu messende Frequenzbereich sich nicht über den Durchlassbereich des Filters, sondern über die Filterflanke erstreckt, wie in **Bild 4.1** dargestellt.

Mit f_g wird die *Grenzfrequenz* oder *Eckfrequenz* des Filters bezeichnet. Frequenzen $f < f_g$ liegen im Durchlassbereich des Filters und passieren dieses unbeeinflusst. Dieser Bereich muss somit unterhalb des Frequenzbereiches liegen, für den das Messgerät spezifiziert ist. Als Grenzfrequenz f_g ist diejenige Frequenz definiert, bei der das Signal auf den Wert $1/\sqrt{2}$ abgesunken ist (entsprechend 3 dB). Weiter oberhalb der Grenzfrequenz wird das Signal je nach Flankensteilheit des Filters proportional zu $1/f$ (Filter 1. Ordnung), $1/f^2$ (Filter 2. Ordnung) usw. abgesenkt. Für die hier gewünschte Frequenzgangkorrektur muss also ein Filter 1. Ordnung gewählt werden.

Während dieses Korrekturfilter für eine frequenzunabhängige Funktion des Gerätes immer zwingend erforderlich ist und daher vom Bediener nicht beeinflusst werden darf und kann, sind die *Auswerteeinheiten* häufig mit zusätzlichen Filtern ausgestattet, mit denen der Benutzer bestimmte Frequenzbereiche ausblenden kann. Hierfür sind die in **Bild 4.2** gezeigten Filtercharakteristiken möglich.

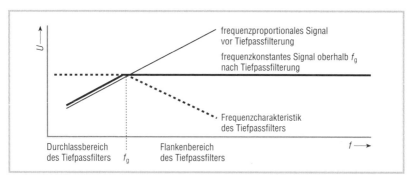

Bild 4.1 *Frequenzgangkorrektur durch Tiefpassfilterung*

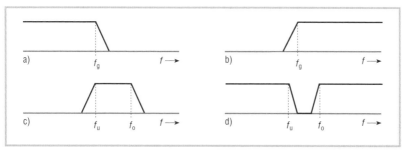

Bild 4.2 *Frequenzcharakteristiken unterschiedlicher Filterarten*
a) Tiefpass b) Hochpass c) Bandpass d) Bandsperre

▌ *Tiefpass*
Lässt tiefe Frequenzen passieren (Umkehrung des Hochpasses).

▌ *Hochpass*
Lässt hohe Frequenzen passieren (Umkehrung des Tiefpasses).

▌ *Bandpass*
Lässt einen bestimmten Frequenzbereich $f_u < f < f_o$ zwischen unterer Grenzfrequenz f_u und oberer Grenzfrequenz f_o passieren; bei einem sehr schmalen Bandpassfilter fallen f_u und f_0 zu einer einzigen Durchlassfrequenz zusammen (Umkehrung des Notch-Filters).

▌ *Bandsperre*
Auch als *Notch-Filter* (notch: engl. Einbruch, Loch) oder *Sperrfilter* bezeichnet. Lässt alle Frequenzen bis auf den Sperrbereich $f_u < f < f_o$ zwischen unterer Grenzfrequenz f_u und oberer Grenzfrequenz f_o passieren; bei einem sehr schmalen Notch-Filter fallen f_u und f_o zu einer einzigen Sperrfrequenz zusammen (Umkehrung des Bandpasses).

Je nachdem, ob es sich um eine eindimensional oder dreidimensional arbeitende Messsonde handelt, muss in der Auswerteeinheit noch die Berechnung der Ersatzfeldstärke und der Richtungsinformation aus den drei Raumkomponenten des Feldes erfolgen.

Schließlich gibt es noch verschiedene Möglichkeiten zur Wahl des *Detektors,* der Einfluss auf die Höhe des ermittelten und angezeigten Messwertes hat:

▌ Spitzenwert-Detektor,

▌ Effektivwert-Detektor (RMS-Detektor),

▌ Mittelwert-Detektor (Average).

Die detaillierte Beschreibung der Eigenschaften der verschiedenen Detektoren erfolgt im Abschnitt 4.1.2. Feldmessgeräte sollten wegen des häufig nicht sinusförmigen Verlaufs der Feldgrößen unbedingt über einen echten Effektivwert-Detektor verfügen und nicht nur über einen Mittelwert-Detektor, der lediglich für sinusförmige Größen korrekte Werte liefert. Ein zusätzlicher Spitzenwert-Detektor kann in bestimmten Fällen von Vorteil sein.

Insgesamt ergibt sich das Blockschaltbild gemäß **Bild 4.3** für den prinzipiellen Aufbau eines dreidimensionalen Feldmessgerätes.

4.1.2 Spitzenwert, Effektivwert (RMS) und Average

Wechselspannungen können auf einem digitalen Display nicht direkt angezeigt werden; dazu muss die Wechselspannung zunächst in eine äquivalente

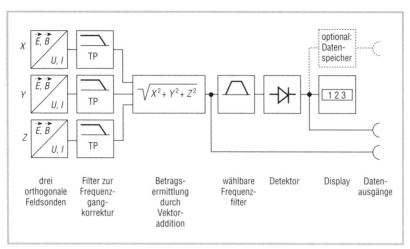

Bild 4.3   *Prinzipielles Blockschaltbild eines 3D-Feldmessgerätes*

Gleichspannung umgewandelt werden. Und hier liegt ein Problem. Denn wozu soll die Gleichspannung äquivalent sein? Hier gibt es mehrere Möglichkeiten, und alle diese Möglichkeiten sind in der Messtechnik gebräuchlich. Die Vielfalt der Möglichkeiten kann zu Verwirrung und unterschiedlichen Messergebnissen mit unterschiedlichen Geräten führen. So sind bei einer Wechselspannung zu unterscheiden:

1. Spitzenwert (Scheitelwert, U_s, $\hat{U}$),
2. Spitze-Spitze-Wert (U_{ss}),
3. Gleichanteil = Mittelwert,
4. linearer gleichgerichteter Mittelwert (AVG = Average),
5. Effektivwert (quadratischer Mittelwert des Wechselanteils, RMS),
6. quadratischer Mittelwert des Gleich- und Wechselanteils.

Die einfachste und grundlegende Form der Wechselspannung hat einen sinusförmigen Verlauf. Beschrieben wird sie durch die Zeitfunktion gemäß **Bild 4.4:**

$$u(t) = \hat{U} \cdot \sin\left(2\pi \cdot f \cdot t\right);$$

$u(t)$ Augenblickswert,
$\hat{U}$ Spitzenwert,
$f = 1/T$ Frequenz,
T Periodendauer.

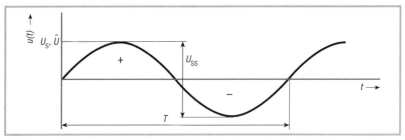

Bild 4.4   *Größen zur Bestimmung einer sinusförmigen Wechselspannung*

1. Spitzenwert

Die mit einem „Dach" (^) versehene Größe $\hat{U}$ (sprich: U Dach) in obiger Gleichung und in Bild 4.4 stellt den Scheitelwert oder Spitzenwert der Wechselspannung dar (auch als U_s bezeichnet). Im zeitlichen Verlauf der Wechselspannung gibt es keinen Augenblickswert, der höher ist als dieser Spitzenwert. Hiermit ist auch schon gesagt, dass es sich beim Spitzenwert um einen Augenblickswert handelt, der bei der Sinusspannung in jedem Schwingungszug nur für einen kurzen Moment erreicht wird.

Allgemein ist der Spitzenwert definiert als der höchste während einer Zeitperiode vorkommende Spannungswert. Der Spitzenwert sagt also nichts über die Zeitdauer aus, in der er erreicht wird.

2. Spitze-Spitze-Wert

Der Spitze-Spitze-Wert (U_ss) gibt die Differenz zwischen Maximal- und Minimalwert an. Bei amplitudensymmetrischen Signalen ist er doppelt so hoch wie der (positive) Spitzenwert (vgl. Bild 4.4).

3. Mittelwert (Gleichanteil) und linearer gleichgerichteter Mittelwert (AVG = Average)

Wie oben ausgeführt, sagt der Wert einer Spitzenspannung nichts darüber aus, wie häufig oder wie lange dieser Spitzenwert auftritt. Um eine Aussage über die Höhe der Spannung in einem längeren Zeitintervall zu machen, wird der Mittelwert der Spannung über dieses Zeitintervall gebildet. Der *einfache* (auch: lineare) *Mittelwert* berechnet sich aus dem Integral:

$$U_\mathrm{MW} = \frac{1}{T} \int_0^T u\,(t)\ \mathrm{d}t.$$

$u(t)$	Augenblickswert,
$\hat{U}$	Spitzenwert (Amplitude),
$f = 1/T$	Frequenz,
T	Periodendauer.

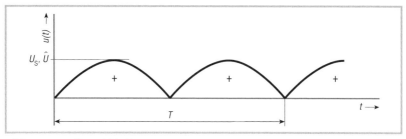

Bild 4.5   *Vollweggleichrichtung einer Sinusspannung zur Bildung des Average-Wertes*

Im Fall eines reinen Wechselspannungssignals ohne Gleichspannungskomponente ist dieser Wert „dummerweise" gleich null (denn er gibt genau den Gleichspannungsanteil an).

Um eine Aussage über die Wechselspannung zu erhalten, muss man den *Betrag* der Wechselspannung linear mitteln (mathematisch wird die Betragsbildung für eine Größe durch zwei senkrechte Linien dargestellt: $|u(t)|$). Dies entspricht bildlich einem „Hochklappen" oder Spiegeln der negativen Anteile an der Nulllinie (**Bild 4.5**); hardwaremäßig wird dies durch eine so genannte *Vollweggleichrichtung* realisiert. „Vollweg" bedeutet, dass die negativen Anteile nicht einfach abgeschnitten werden, sondern in positive gleichen Betrages „umgewandelt" werden.

$$U_{AVG} = \frac{1}{T} \int_0^T |u(t)| \, dt.$$

Dieser Mittelwert wird üblicherweise gemäß dem englischen Sprachgebrauch als „Average" bezeichnet, abgekürzt „AVG".

4. Effektivwert (quadratischer Mittelwert, RMS = Root Mean Square)

Der Effektivwert wird gemäß dem englischen Sprachgebrauch auch als RMS (Root Mean Square) bezeichnet. Er ist definiert als eine der Wechselspannung äquivalente Gleichspannung, die an einem ohmschen Widerstand die gleiche Leistung in Wärme umsetzt. Da die Leistung proportional zum Quadrat der Spannung ist, ergibt sich für den Effektivwert der Wechselspannung

$$U_{eff} = U_{RMS} = \sqrt{\frac{1}{T} \int_0^T u^2(t) \, dt.}$$

Bei sinusförmigem Spannungsverlauf beträgt das Verhältnis von Spitzenwert zu Effektivwert genau $\sqrt{2}$, also $\hat{U} = \sqrt{2} \cdot U_{eff}$.

Der Effektivwert stellt einen quadratischen Mittelwert dar, was auch genau der englischen Bezeichnung entspricht: Root Mean Square = Wurzel aus dem quadratischen Mittelwert. Dessen messtechnische Realisierung ist aufwendig und damit teuer, da die Messelektronik jetzt auch die Quadrierung und Radizierung des Signals bewerkstelligen muss. Viel einfacher ist dagegen die Ermittlung des linear gleichgerichteten Mittelwertes (AVG), da dies mit einer einfachen Gleichrichterschaltung und einem simplen Integrator realisiert werden kann. Für sinusförmige Spannungen stehen der Average und der quadratische Mittelwert in einem festen Verhältnis. Somit kann man *für sinusförmige Spannungen* die Anzeige eines Average-Wertes in Effektivwerten graduieren, was man auch tut. Ein Messgerät mit AVG-Detektor zeigt also nicht den tatsächlichen linearen Mittelwert des Betrages einer Sinusspannung an, sondern den Wert des zugehörigen quadratischen Mittelwertes, somit den um einen festen Faktor abweichenden Wert. Dieser Faktor gilt aber nur für den sinusförmigen Spannungsverlauf; ist die Kurvenform eine andere, so ist auch dieser Faktor ein anderer. Die Konsequenz aus dieser Tatsache ist, dass die Anzeige eines Messgerätes mit AVG-Detektor nur für sinusförmige Spannungen korrekte Messergebnisse liefert. Weicht die Kurvenform der zu messenden Spannung vom sinusförmigen Verlauf ab, so führt das Verfahren der linearen Mittelwertbildung zu Abweichungen und damit zu Messfehlern.

Crest-Faktor

Je impulsartiger die zu messende Spannung ist, umso schwieriger ist messtechnisch die Ermittlung des Effektivwertes; d.h. die Ungenauigkeit der Messung steigt.

Der Crest-Faktor (CF) gibt für periodische Signale im Niederfrequenzbereich das Verhältnis von Spitzenwert zu Effektivwert an:

$$\text{Crest-Faktor} = \hat{U}/U_{RMS}.$$

Zu einer aussagekräftigen Beschreibung eines Messgerätes mit RMS-Detektor gehört daher auch die Angabe des Crest-Faktors, bis zu dem eine angegebene Messgenauigkeit eingehalten wird. Bei Messgeräten, die den Detektor nicht mit Hardware, sondern softwaremäßig realisiert haben, entfällt diese Beschränkung üblicherweise; hier hat die Höhe des Crest-Faktors i.d.R. keine Auswirkung auf die Genauigkeit.

Tabelle 4.1 zeigt beispielhaft die Crest-Faktoren von verschiedenen Signalformen.

Tabelle 4.1 *Signalformen und ihre Crest-Faktoren*

Signalform	Crest-Faktor
Gleichspannung	1,000
Symmetrisches Rechteck	1,000
Sinus	1,414
Dreieck	1,732
Puls mit 25,00 % Tastverhältnis	2,000
Puls mit 11,11 % Tastverhältnis	3,000
Puls mit 6,25 % Tastverhältnis	4,000
Puls mit 2,78 % Tastverhältnis	6,000
Puls mit 1,56 % Tastverhältnis	8,000
Puls mit 1,00 % Tastverhältnis	10,000

Tastverhältnis = T_0/T_P
T_0 Impulsdauer, T_P Periodendauer (s. **Bild 4.6**)

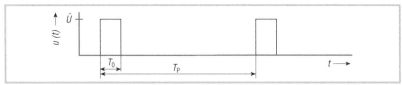

Bild 4.6   *Tastverhältnis bei pulsförmigen Signalen*

4.2 Elektrische Wechselfelder

4.2.1 Übersicht über die direkten und indirekten Messverfahren

Messungen des elektrischen Feldes sind generell sehr diffizil, weil das E-Feld durch das Einbringen der Messapparatur bereits verzerrt werden kann, was zu falschen Messergebnissen führt. Insbesondere leitfähige Gegenstände (z. B. Metallstative), aber auch der Körper der messenden Person können das Messergebnis stark verfälschen.

Bei der Messung elektrischer Wechselfelder sind mehrere verschiedene Verfahren gebräuchlich, die sich grob in Verfahren der direkten Feldmessung und in indirekte Verfahren unterteilen lassen. Bei den *direkten* Verfahren wird mit Feldsonden die elektrische Feldstärke selbst gemessen; bei den *indirekten* Verfahren werden andere Messgrößen (z. B. Spannung, Strom) an einer im Feld befindlichen Versuchsperson oder einem Dummy ermittelt, aus denen dann die Höhe der elektrischen Feldstärke abgeleitet wird bzw. die als Indikator für die Stärke des elektrischen Feldes angesehen werden.

Bild 4.7 zeigt eine Übersicht über die verschiedenen Messverfahren.

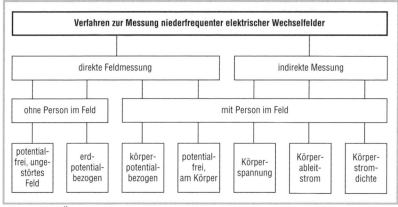

Bild 4.7   *Übersicht über die direkten und indirekten Verfahren zur E-Feldmessung*

4.2.2 Beschreibung der Messverfahren und Messgeräte

4.2.2.1 Potentialfreie Messung des ungestörten E-Feldes

Die potentialfreie Messung erlaubt es, das weitgehend ungestörte E-Feld zu messen und es durch den Messvorgang möglichst wenig zu beeinflussen. Daher muss die Person, die die Messung durchführt, mindestens 3 m Abstand zur Messsonde halten. Als Datenleitung zwischen Messsonde und Auswerteeinheit wird ein Glasfaserkabel verwendet, um das Feld nicht durch eine metallene Leitung zu beeinflussen. Trotzdem wird in der Praxis das Feld durch das Einbringen der Messsonde so gestört, dass Messfehler von einigen Prozent entstehen können.

Die *Messsonde* besteht aus zwei gleich großen, einander gegenüberliegenden ebenen Platten (Feldplattenpaar), die aufgrund ihres Abstandes im elektrischen Feld auf unterschiedlichen Potentialen liegen. Verbindet man die Feldplatten über ein Amperemeter, so fließt ein Strom, der ein Maß für die elektrische Feldstärke ist. Dieser Strom ist frequenzabhängig und nimmt mit wachsender Frequenz zu; für eine frequenzunabhängige Funktion des Feldmessgerätes muss daher eine Frequenzgangkorrektur mir einem Tiefpassfilter vorgenommen werden (s. Abschn. 4.1.1).

Verfügt die Feldsonde nur über ein Plattenpaar, so handelt es sich um eine *eindimensionale Sonde,* die im Feld auf das Maximum der Anzeige ausgerichtet werden muss. Von Vorteil ist, dass sich sehr flache Sonden konstruieren lassen, die das elektrische Feld nur äußerst wenig beeinflussen.

Dreidimensional und damit isotrop messende Feldsonden erhält man, indem drei Plattenpaare zu einer würfelförmigen Sonde zusammengepackt werden (**Bild 4.8**).

Eine andere Lösungsmöglichkeit für 3D-Sonden besteht in der Anordnung der sechs Sondenflächen auf der Oberfläche einer Kugel (**Bild 4.9**). Wegen der Kugelsymmetrie wird hier das elektrische Feld noch weniger als beim Würfel und unabhängig vom Einfallswinkel verzerrt. Aufgrund der aufwendigen Fertigung und der damit verbundenen hohen Kosten hat sich dieses System aber nicht am Markt behaupten können.

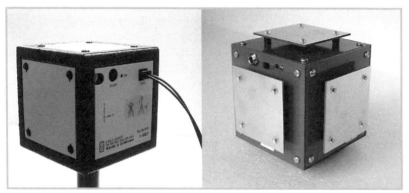

Bild 4.8 *Dreidimensionale „Würfelsonden" zur potentialfreien Messung elektrischer Wechselfelder*
Fotos: Fa. narda/Wandel & Goltermann (links), Fa. ROM Elektronik (rechts)

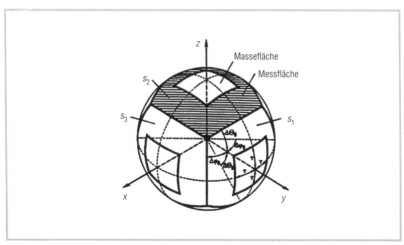

Bild 4.9 *Isotroper E-Feldsensor in Kugelform* [7]

Bei Messungen mit Flach- und insbesondere mit 3D-Würfelsonden in unmittelbarer Nähe (< 5 cm) von leitfähigen Gegenständen oder Körpern ist zu beachten, dass es hier zu Wechselwirkungen der leitfähigen Fläche mit der nächstliegenden Sondenplatte kommt. Dieser so genannte *Näherungseffekt* führt zu einer erhöhten Feldstärkeanzeige und wächst mit geringer werdendem Abstand. Zur Berücksichtigung bzw. Verringerung des Näherungseffekts sind folgende Maßnahmen möglich:

1. Rechnerische Korrektur durch entfernungsabhängige Korrekturfaktoren.
2. Einhaltung eines Mindestabstands von 5 cm zu leitfähigen Flächen. Als Unterlage zur Erzielung des gewünschten Abstands über horizontalen Flächen (z. B. Bettmatratze bei Schlafplatzuntersuchungen) sollten nicht beliebige Kunststoffe benutzt werden, sondern ausschließlich möglichst reines Styropor, um Messverfälschungen möglich gering zu halten. Empfehlenswert ist die Verwendung des Styroportyps PS 20, da er weniger Feuchtigkeit aufnimmt als der üblicherweise angebotene PS 10.
3. Vermeidung der Parallellage von leitfähigen Flächen und den Sondenplatten. Dies wird erreicht durch Positionierung der Würfelsonde auf einer ihrer Ecken, gestützt durch einen Styroporblock mit entsprechender Aussparung (**Bild 4.10**).

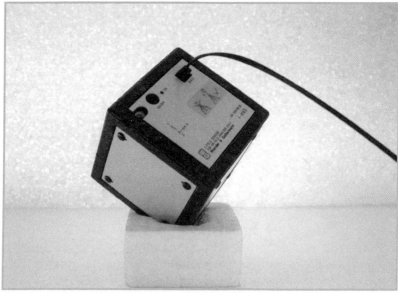

Bild 4.10   *Positionierung einer 3D-Würfelsonde auf der Spitze zur Reduzierung des Näherungseffekts über einer leitfähigen Fläche*

4.2.2.2 Erdpotentialbezogene E-Feldmessung

Während die potentialfreie Messung die Erfassung des *ungestörten* elektrischen Feldes zum Ziel hat, wird bei der erdpotentialbezogenen Messung eine Veränderung des Feldes in Kauf genommen bzw. bewusst provoziert (s. Abschn. 4.2.3.2).

Die Sonde besteht wie im potentialfreien Fall ebenfalls aus einem Feldplattenpaar, jedoch wird nun eine der Feldplatten auf Erdpotential gelegt. Entsprechende E-Feldsonden für erdpotentialbezogene Messungen werden über eine hierfür vorgesehene Buchse und Erdungsmessleitung mit dem Erdpotential verbunden. Solche Feldmeter sind für potentialfreie Messungen (durch Weglassen des Anschlusses an Erdpotential) *nicht* geeignet! Feldsonden für erdpotentialbezogene Messungen sind immer eindimensionale Sonden.

Wichtig für erdpotentialbezogene E-Feld-Messungen ist es, dass auch wirklich ein einwandfreies Erdpotential zur Verfügung steht, an das die Feldsonde angeschlossen wird (s. Abschn. 5.5.10.1). Außerdem darf die Messung nicht in der unmittelbaren Nähe von Gegenständen (Bettgestell, Matratze, Wand) durchgeführt werden; hier ist ein Abstand von mindestens 20 … 30 cm einzuhalten.

Die Geräte zur erdpotentialbezogenen E-Feldmessung werden in zwei Gruppen eingeteilt:

▌ MPR-/TCO-Sonden (Tellersonden) und

▌ Kleinsonden.

Die klassische Sonde zur erdpotentialbezogenen Messung ist die *Tellersonde* für Messungen gemäß MPR und TCO (schwedische Standards für strahlungsarme Computermonitore, Drucker, Kopierer und Faxgeräte), s. **Bild 4.11**. Die mechanischen Abmessungen sind von MPR/TCO genau spezifiziert. Das im Zentrum befindliche Feldplattenpaar ist konzentrisch umgeben von einer breiten, ringförmigen Fläche, die – zusammen mit der rückwärtigen Feldplatte – ebenfalls auf Erdpotential gelegt wird.

Bei den so genannten *Kleinsonden* fehlt dieser äußere, geerdete Ring; außerdem ist die Sondenfläche deutlich kleiner als bei den MPR-/TCO-Sonden und häufig rechteckig ausgeführt. Bei den Kleinsonden ist zu unterscheiden nach Geräten, die vom Hersteller für körperferne Haltung (am ausgestreckten Arm) bei der Messung kalibriert sind, und solchen, die für körpernahe Haltung kalibriert sind.

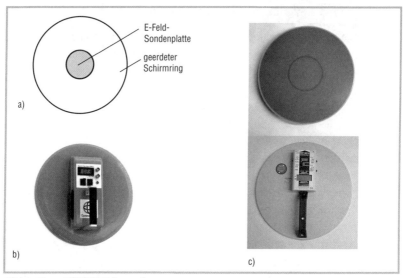

Bild 4.11   *MPR/TCO-Tellersonden*
a) prinzipieller Aufbau (Vorderansicht)
b) Gerätebeispiel Fa. EnviroMentor (Rückseite mit Auswerteinheit)
c) Gerätebeispiel Fa. Gigahertz Solutions
     (oben: Vorderseite, unten: Rückseite mit Auswerteinheit)

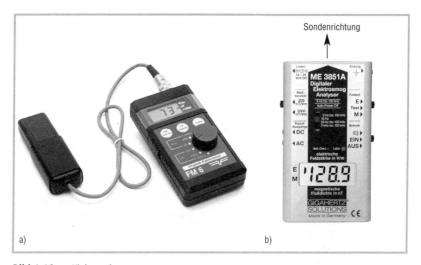

Bild 4.12   *Kleinsonden*
a) von der Auswerteeinheit abgesetzte Sonde für körperferne Haltung
     Foto: Fa. Fauser
b) in die Auswerteeinheit integrierte Sonde für körpernahe Haltung
     Foto: Fa. Gigahertz Solutions

4.2.2.3 Körperpotentialbezogene E-Feldmessung

Bei diesem Messverfahren wird die elektrische Feldstärke an der Körperoberfläche einer im elektrischen Feld befindlichen Person gemessen – so, wie es durch diese Person beeinflusst ist. Hierzu werden Geräte benutzt, die für eine erdpotentialbezogenen Messung ausgelegt sind. Anstatt auf Erdpotential wird die rückwärtige Sondenplatte – und bei MPR-/TCO-Sonden damit auch der äußere Schirmring – auf das Körperpotential der im elektrischen Feld befindlichen Person gelegt.

Anstatt auf Erdpotential wird dazu die „Erdungs"buchse des Messgerätes über eine Leitung auf das Körperpotential der im Feld befindlichen Person gelegt.

Hierzu bringt die im Feld befindliche Person die „Erdungs"leitung der für erdpotentialbezogene Messungen vorgesehenen Sonde in Kontakt mit dem Körper, indem sie z. B. den „Erdungs"stecker direkt in eine Hand nimmt, oder unter Verwendung einer Handsonde. Da der gesamte Körper eine Äquipotentialfläche bildet und elektrische Feldlinien immer senkrecht zu den Äquipotentialflächen verlaufen, muss die Messsonde senkrecht zum Körper gehalten werden; der Abstand der Sonde vom Körper soll möglichst gering sein. Um keine Feldverzerrungen durch andere Personen hervorzurufen, hält die Versuchsperson selbst die Sonde in der anderen Hand (z. B. linke Hand „Erdungs"stecker, rechte Hand Sonde). Anstelle einer „Erdungs"leitung kann in die „Erdungs"buchse des Feldmessgerätes auch ein Blindstecker gesteckt werden, den die Versuchsperson dann mit einem Finger berührt und somit auf ihr Körperpotential bringt.

Gemessen wird an mehreren Stellen des Körpers, z. B. im Kopf-, Brust- und Bauchbereich sowie an Ober- und Unterschenkeln.

Das Verfahren wurde 1999 von *Elschenbroich* in [8] vorgestellt.

Bei der Verwendung von Tellersonden nach MPR-/TCO-Bauart ist zu beachten, dass sich bei diesen Sonden das Display meist auf der Rückseite der Tellersonde befindet. Da die Rückseite bei diesem Messverfahren auf der Körperoberfläche aufliegt, ist das Display dann allerdings schlichtweg nicht ablesbar. Es muss in diesem Fall über eine möglichst kurze Leitung ein Zusatzdisplay – oder ersatzweise ein Digitalvoltmeter – angeschlossen werden, oder es sind Messgeräte mit von der Auswerteeinheit abgesetzter Sonde zu verwenden.

Die verwendete Leitung zur Verbindung von Sonde und Anzeigeeinheit bzw. von Messgerät und Zusatzdisplay sollte so kurz wie möglich gehalten werden, wobei eine vernünftige Handhabung noch gewährleistet sein muss.

Auch die Leitung, mit der der Kontakt zum Körperpotential hergestellt wird, sollte nicht länger sein als für eine praktikable Handhabung erforderlich. Beide Leitungen sollen möglichst dicht am Körper der Versuchsperson aufliegen.

4.2.2.4 Potentialfreie E-Feldmessung an der Körperoberfläche

Prinzipiell zu den gleichen Ergebnissen wie bei der körperpotentialbezogenen Messung gelangt man mit der potentialfreien Messung an der Körperoberfläche einer im Feld befindlichen Person. Hierfür ist am besten eine eindimensionale Flachsonde geeignet. Aber auch mit 3D-Würfelsonden erzielt man gute Resultate, wenn man den Näherungseffekt berücksichtigt.

4.2.2.5 Körperspannungsmessung

Die Körperspannungsmessung (nach *Erich W. Fischer*) basiert auf dem Prinzip der *kapazitiven Ankopplung*. Hierbei liegt der Körper der Person isoliert im Bett; die Abnahme der Körperspannung erfolgt an einer Hand (z. B. mittels Handelektrode) und wird gegen Erdpotential gemessen. Das verwendete Voltmeter muss gemäß Standard der Baubiologischen Messtechnik (SBM) einen Eingangswiderstand von 10 MΩ aufweisen; die Eingangskapazität darf maximal 100 pF betragen. Wird die Verbindung zur Handelektrode über ein abgeschirmtes Kabel hergestellt, so ist die Kabelkapazität zur Eingangskapazität des Voltmeters zu addieren. Man beachte, dass typische Kapazitäten von Koaxialkabeln in der Größenordnung von 100 pF/m liegen! Die Eingangskapazitäten handelsüblicher Digitalvoltmeter mit 10 MΩ Eingangswiderstand liegen zwischen 30 und 50 pF.

Voraussetzung für eine korrekte Messung ist auch hier – wie bei allen erdpotentialbezogenen Messverfahren – ein einwandfreies Erdpotential (s. Abschn. 5.5.10.1).

Die Körperspannungsmessung stellt im Gegensatz zur punktuellen direkten Feldmessung ein summarisches oder integrales Messverfahren dar, da der Messwert nicht Ergebnis der Feldverhältnisse an *einem* Messpunkt ist, sondern *alle* Feldeinflüsse auf den *gesamten Körper* repräsentiert (der gesamte Körper fungiert als „Messsonde"). Außerdem gehen bestimmte Eigenschaften des Körpers, z. B. seine Größe, sowie seine i. d. R. nicht exakt reproduzierbare Lage im meist inhomogenen E-Feld mit in die Messung ein.

Aus elektrotechnischer Sicht bildet der Körper gemäß **Bild 4.13** einen

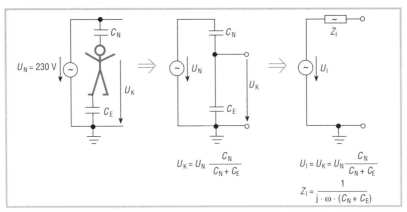

Bild 4.13 *Modell des kapazitiven Spannungsteilers bei der Körperankopplung*
$(\omega = 2 \cdot \pi \cdot f)$

kapazitiven Spannungsteiler. Er koppelt über die Kapazität C_N an die Netzspannung (Feldquelle) an. Gleichzeitig bildet er gegenüber der Erde (Feldsenke) die Kapazität C_E. Somit ergibt sich ein kapazitiver Spannungsteiler; es stellt sich aufgrund der Ankopplung eine Körperspannung U_K ein. Dieser kapazitive Spannungsteiler lässt sich zusammen mit der Netzspannungsquelle als Ersatzschaltbild darstellen und umrechnen in eine Ersatzspannungsquelle für die Körperspannung mit der Leerlaufspannung U_l und dem kapazitiven Innenwiderstand Z_l.

Da die kapazitive Ankopplung im Wohnbereich zumeist nur schwach ist – das heißt, die Koppelkapazitäten zu den Feldquellen sind klein –, liegen entsprechend hochohmige Verhältnisse vor. Unter „Normalbedingungen" in Wohnräumen sind für die Koppelkapazitäten Werte in den Größenordungen von $C_N = 1\,\text{pF}$ und $C_E = 100\,\text{pF}$ typisch. Der kapazitive Innenwiderstand der Ersatzspannungsquelle liegt für diese Werte bei $50\,\text{Hz}$ in der Größenordnung von $30\,\text{M}\Omega$. Bei der Messung mit einem Voltmeter, das $10\,\text{M}\Omega$ ohmschen Eingangswiderstand aufweist und zusätzlich noch eine Eingangskapazität bis zur Höhe der Koppelkapazität des Körpers gegen Erde, wird die Ersatzspannungsquelle durch das Messgerät stark belastet und somit nur ein Bruchteil der tatsächlichen Körperspannung gemessen, erfahrungsgemäß ca. die Hälfte bis ein Viertel. **Bild 4.14** zeigt die Erweiterung des kapazitiven Spannungsteilers um die Eingangsimpedanz des Voltmeters.

Bild 4.15 zeigt die Einflüsse des Voltmeter-Eingangswiderstandes sowie der Koppelkapazitäten C_N und C_E auf das Verhältnis der gemessenen Körperspannung zur tatsächlichen Körperspannung.

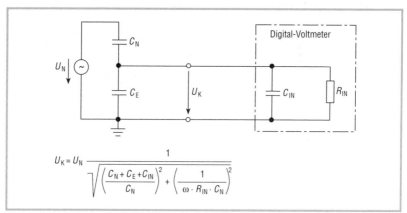

Bild 4.14   *Ersatzschaltbild für die Messung der Körperspannung mit einem realen Voltmeter (d. h. $R_{IN} \neq \infty$ und $C_{IN} \neq 0$), ($\omega = 2 \cdot \pi \cdot f$)*

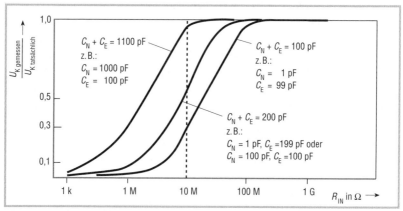

Bild 4.15   *Einfluss von Eingangswiderstand R_{IN} sowie Koppelkapazitäten C_N und C_E auf die gemessene Körperspannung*

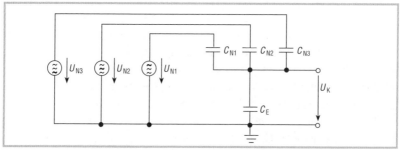

Bild 4.16   *Ersatzschaltbild für die Körperspannung bei Dreiphasen-Netzankopplung*

Je niederohmiger der Innenwiderstand der Ersatzspannungsquelle ist – d. h. je größer die Koppelkapazitäten sind –, umso weniger wird sie durch das Messgerät belastet und umso genauer entspricht die gemessene der tatsächlichen Körperspannung. Dieser Fall wird in Bild 4.15 durch die linke Kurve repräsentiert; er entspricht beispielsweise der Messung, wenn die Person auf einer elektrischen Heizdecke liegt. Je schwächer die Ankopplung wird – d.h. je kleiner die Koppelkapazitäten sind – umso stärker wird das Messergebnis durch die Impedanz des Messgerätes beeinflusst.

Die bisher angestellten Betrachtungen gelten für den Fall, dass der Körper nur an einen einzigen Außenleiter der elektrischen Stromversorgung ankoppelt. Da wir es bei der elektrischen Energieversorgung aber mit Dreiphasensystemen zu tun haben, ist das Ersatzschaltbild der Körperspannung gemäß **Bild 4.16** auf drei Phasen zu erweitern, wobei die drei Netzspannungen U_{N1}, U_{N2} und U_{N3} in der Phase um jeweils 120° gegeneinander verschoben sind und die Koppelkapazitäten C_{N1}, C_{N2} und C_{N3} i.d.R. unterschiedliche Werte aufweisen. Die Effekte des Dreiphasensystems auf die Körperspannung werden in Abschnitt 5.2.3 diskutiert.

Schließlich ist noch Folgendes zu beachten: Mit der Körperspannung misst man das *Potential* des Körpers gegen Erde. Dieses Potential ist aber von der relativen Lage des Körpers zur Feldquelle bzw. -senke abhängig. Aus diesem Grund gibt es prinzipbedingt keinen eindeutigen Zusammenhang zwischen Körperspannung und elektrischer Feldstärke.

4.2.2.6 Messung des Körperableitstromes

Der *Gesamtkörperableitstrom* ist der Strom, der durch die Füße einer aufrecht im elektrischen Wechselfeld stehenden, 165 cm großen „Norm"-Person oder Körpernachbildung zum Erdpotential fließt. Das verwendete Amperemeter muss einen Innenwiderstand von weniger als 10 Ω haben. Es lässt sich dann aus dem gemessenen Gesamtkörperableitstrom I und seiner Frequenz f die äquivalente homogene elektrische Feldstärke E nach folgender empirisch ermittelter Formel näherungsweise berechnen:

$$E = 3500 \cdot I / f;$$

E in V/m,
I in μA,
f in Hz.

Die Messung des Gesamtkörperableitstromes dient zur Prüfung einer möglichen Personengefährdung in sehr starken elektrischen Feldern, wo durch (unbeabsichtigten) Erdkontakt des Körpers lebensgefährlich große Körperströme fließen könnten.

4.2.2.7 Messung der Körperstromdichte

Das von *Zeisel* vorgestellte Verfahren zur Messung der Körperstromdichte [9] ist wenig bekannt und wird in der Praxis kaum eingesetzt. Außerdem ist seine Aussagekraft und Praktikabilität nicht unumstritten [10].

Die Grundzüge des Verfahrens seien im Folgenden kurz skizziert (nach [9] zitiert):

„Zur Ermittlung der Körperbelastung durch elektrische ... Wechselfelder bedienen sich die Baubiologen bzw. die Elektrobiologen der Meßgeräte, mit denen ... die elektrische Feldstärke in Volt/m bzw. die sog. kapazitive Ankopplung in Volt gemessen wird. Wichtig ist hier die Feststellung, daß dabei das extrakorporale Feld gemessen wird. Die Körperbelastung, also der Gegenstand der baubiologischen Untersuchung, ist allerdings durch das intrakorporale Feld, letztendlich durch die vom Feld verursachten intrakorporalen Ströme gegeben.

Wie kommt man aber an die im Körper fließenden Ströme heran, ohne invasive Techniken zu benutzen? Eine Teilantwort auf diese Frage will dieser Beitrag geben. ...

Beim Eintauchen des menschlichen Körpers in das Feld wird dieses auf zweierlei Weise gegenüber ursprünglichem Zustand verändert:

▌ *in der Form (Feldlinienverzerrung),*

▌ *in der Feldstärke (Feldstärkenerhöhung).*

Die extra- und intrakorporalen Feldstärken sind unterschiedlich groß und verhalten sich zueinander wie die spezifischen Widerstände der Feldmedien außerhalb und innerhalb des Körpers. Mit vertretbarem Aufwand ist nur die äußere Feldstärke meßbar. Die daraus resultierende innere Strombelastung kann daher nur sehr ungenau bestimmt werden. ...

Das in diesem Beitrag vorgeschlagene Meßverfahren stellt eine ... modifizierte Feldstärkemessung dar, bei der es keinerlei Umrechnung der extrakorporalen Feldstärke in intrakorporale Stromdichte bedarf. Das Verfahren beruht auf der Tatsache, daß an der Grenze Körper/Umgebung die extra- und intrakorporalen Stromdichten gleich sind. Mittels Messung der extrakorporalen Stromdichte an der Körperoberfläche erhält man ohne Umweg einer Umrechnung die unter der Oberfläche wirkende intrakorporale Stromdichte.

*Prinzip des Meßverfahrens zur Bestimmung der intrakorporalen Strom-
dichte.*

*Befindet sich ein (menschlicher) Körper (MK) im elektrischen Wechsel-
feld, fließt im Körper ein der Feldstärke proportionaler Verschiebungsstrom,
dessen Stromdichte $S = I/A$ über die Flächengröße A und den Verschiebungsstrom I innerhalb dieser Fläche ermittelt werden kann ... Um die
Stromstärke innerhalb der Teilfläche A messen zu können, muß vom Körper
MK dieses Flächenstück abgetrennt, d. h. isoliert und zwischen ihm und
dem restlichen Körperteil ein geeignetes Amperemeter eingefügt werden ...
In so einer Anordnung ist der Verschiebungsstrom des Körpers, bzw. des
abgetrennten Flächenteils gleich dem Leitungsstrom des Amperemeters I_A.
Aus gemessener Stromstärke und bekannter Flächengröße ergibt sich die
gesuchte, am Meßort im Körper wirkende Stromdichte oder, bildlich, die
Anzahl der Feldlinien pro Flächeneinheit.*

*Die Problematik der Messung reduziert sich auf die Realisierbarkeit des
vom Körper isolierten Flächenteils. Verwirklicht wird dies mit einer leitenden Platte gleichen spezifischen Widerstandes, wie es die Bindegewebs-
schichten an der Oberfläche des menschlichen Körpers haben. So eine Platte (Meßsonde) wird dicht, jedoch isoliert an die Körperstelle plaziert, an
welcher die Stromdichte gemessen werden soll.*

*Im inhomogenen Feld ist an jedem Ort des Körpers eine andere Strom-
dichte zu finden. Es ist Sache der Medizin, diejenigen Körperteile bzw. Orte zu benennen, welche die größte Empfindlichkeit gegenüber Feldströmen
aufweisen. Die Messung kann dann auf diese Stellen beschränkt werden.*

*Aus bisherigen Erfahrungen weiß man, dass sich die größte Belastung er-
gibt bei Orientierung des elekt. Feldes in der Körper-Längsachse und des
magn. Feldes quer zur Längsachse in seitlicher „Arm zu Arm-"Richtung.
Beide so gerichteten Feldarten haben zur Folge einen in Körper-Längsachse
fließenden Strom. Es wird deshalb sinnvoll sein, die Stromdichte vor allem
an der Schädeldecke und den Fußsohlen zu messen. Die in der Regel vorhandene Inhomogenität des Feldes wird an diesen Meßstellen unterschiedliche Werte mit sich bringen. Die Erfahrung mit der Meßmethode muß
zeigen, wie das hinsichtlich der Grenzwerte zu bewerten ist. ...*

*Mit dem hier vorgeschlagenen Verfahren wird der in den Körper fließen-
de Wechselstrom in Form seiner Dichte gemessen und zwar an der, durch
die Ortslage und Flächengröße der Meßsonde gegebenen Körperstelle. Es
kann freilich nicht auf einfache Weise ermittelt werden, wie sich dieser
Strom im Körper auf die einzelnen Organe verteilt."*

4.2.3   Eigenschaften und Grenzen der Messverfahren

*„Ich hab's sehr gründlich nachgeprüft", sagte der Computer, „und das ist
ganz bestimmt die Antwort. Das Problem ist, glaub ich, wenn ich mal ganz
ehrlich zu euch sein darf, dass ihr selber wohl nie richtig gewusst habt, wie
die Frage lautet."* (Per Anhalter durch die Galaxis, [11], S. 164)

Bei der Vielfalt der dargestellten Verfahren zur Messung elektrischer Wechselfelder ist es von Bedeutung, die Eigenschaften und Grenzen der einzelnen Verfahren zu kennen und – um bei dem o. a. Literaturzitat zu bleiben –
die jeweilige Fragestellung zu kennen, auf die die einzelnen Messverfahren
Antwort geben.

4.2.3.1 Homogenes elektrisches Feld und potentialfreie E-Feldmessung

Das homogene elektrische Feld ist im Rahmen der baubiologischen Messtechnik als Modell und theoretisches Konzept anzusehen, das es ermöglicht, überhaupt nachvollziehbare Überlegungen zu den grundsätzlichen Effekten bei der Feldmessung anzustellen. In der Praxis trifft man so gut wie
nie auf homogene Felder, aber grundsätzliche Überlegungen mit inhomogenen Feldern anzustellen wäre nicht mehr verständlich und erfordete beliebig komplizierte Annahmen.

Ein homogenes elektrisches Feld existiert im Inneren eines Plattenkon-
densators, dessen Plattenabstand d klein gegenüber den Kantenlängen der
Platten ist. Die Plattenflächen muss man sich dementsprechend deutlich
größer vorstellen, als in den folgenden Bildern aus Platzgründen dargestellt
(z. B. **Bild 4.17**); die Bilder zeigen also nur einen repräsentativen Platten-
ausschnitt aus der deutlich größeren Gesamtfläche.

Bei den folgenden Überlegungen wird die linke Kondensatorplatte als geerdet betrachtet (Potential: Erde, Feldsenke); die rechte liegt auf dem Potential U (Feldquelle). Definitionsgemäß ist die elektrische Feldstärke an jedem
Punkt zwischen den Platten – also im homogenen Feld – gleich groß und somit unabhängig vom Abstand x des Messpunktes zu den Platten. Die Feldstärke berechnet sich aus der Spannung der Feldquelle U gegenüber der
Feldsenke (Erde) und dem Plattenabstand d zu

$$E(x) = U/d = \text{const.}$$

Bringt man eine ideale E-Feldsonde in das homogene Feld und misst potentialfrei die Feldstärke, so misst man in allen Stellen den gleichen Betrag (und auch die gleiche Richtung). Entlang der x-Achse kann man daher nicht feststellen, ob man sich auf die Feldquelle zu bewegt oder von ihr weg. Der Verlauf des elektrischen Potentials P zwischen den Kondensatorplatten ist in **Bild 4.18** dargestellt.

Das Potential steigt von null an der geerdeten Platte linear bis auf den Wert U. U entspricht der Potentialdifferenz und damit der Spannung zwischen den beiden Kondensatorplatten. Hieraus ist ersichtlich, dass das Potential jeden beliebigen Wert zwischen null und U annehmen kann – ausschließlich in Abhängigkeit von der Lage des Messpunktes auf der x-Achse. Bei der Körperspannungsmessung entspricht dieses positionsabhängige Potential der Körperspannung. Je nachdem, in welcher Entfernung sich der Körper – und damit der Messpunkt – von der Feldsenke befindet, kann jede beliebige Körperspannung zwischen null und U gemessen werden – bei in allen Fällen *gleicher* Feldstärke! Die Körperspannung entspricht der Potentialdifferenz zwischen dem Ort, an dem sich der Körper befindet, und Erde. Aufgrund von Körperspannungsmessungen können daher keine Aussagen über die Höhe der Feldstärke getroffen werden.

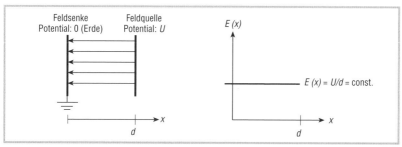

Bild 4.17 *Feldstärke im homogenen elektrischen Feld*

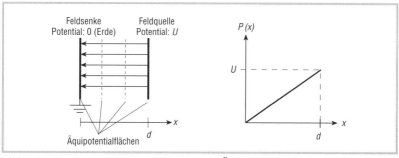

Bild 4.18 *Homogenes elektrisches Feld mit seinen Äquipotentialflächen und Potentialverlauf*

Flächen gleichen Potentials heißen *Äquipotentialflächen*. Alles, was den natürlichen Verlauf der Äquipotentialflächen verändert, wie leitfähige Körper/Gegenstände (z. B. menschliche Körper oder aber Feldplatten von Messsonden) und geerdete Körper/Gegenstände („aufgezwungenes" Erdpotential), führt zu Verzerrungen des elektrischen Feldes!

Zur Erinnerung: Elektrische Feldlinien stehen immer senkrecht auf Äquipotentialflächen (s. Abschn. 3.2.4).

4.2.3.2 Erdpotentialbezogene E-Feldmessung

Bei Sonden zur erdpotentialbezogenen E-Feldmessung ist eine der beiden Sondenplatten – die so genannte *Gegenelektrode* – geerdet. Dadurch wird – durch das Messprinzip selbst bedingt – das Erdpotential in das Ursprungsfeld eingebracht und das Feld somit verändert. Abhängig von der örtlichen Verteilung der Potentiale und der Messsondenausrichtung werden meist entweder zu hohe oder aber zu niedrige Messwerte gegenüber dem unveränderten Feld angezeigt.

Sonden-Vorderseite in Richtung der Feldquelle

Einfluss des Abstandes zwischen Sonden-Vorderseite und Feldquelle
Zeigt die Sonden-Vorderseite in Richtung der Feldquelle, so ist die Feldstärke, die sich zwischen der Messsonde und der Feldquelle ausbildet, eine Funktion des Abstandes a der Messsonde zur Feldquelle (mit $a = d - x$). Idealerweise (ohne zusätzliche Effekte der Feldstärkeüberhöhung in Abhängigkeit vom Sondentyp) ist die gemessene Feldstärke (**Bild 4.19**):

$$E(x) = U/a = U/(d - x) \neq \text{const.} \sim 1/a.$$

Nur wenn $x = 0$ und somit $a = d$ ist und die Potentiale sowie die Sondenausrichtung entsprechend Bild 4.19 gegeben sind, wird die gleiche Feldstärke wie im ungestörten bzw. potentialfreien Fall gemessen. Am Ort $x = 0$ (und nur an diesem Ort) liegt auch die natürliche Äquipotentialfläche auf Erdpotential und wird daher durch das von der Feldsonde „aufgezwungene" Erdpotential nicht verändert.

Die erdpotentialbezogene Messung provoziert prinzipbedingt eine Erhöhung der gemessenen Feldstärke, wenn die Sonden-Vorderseite in Richtung Feldquelle ausgerichtet ist! Das Maß der Erhöhung ist variabel und hängt ab vom Abstand der Messsonde zur Feldquelle! Die Höhe der gemessenen Feldstärke ist damit von der Messanordnung abhängig. Reproduzierbare und vergleichbare Messergebnisse kann man nur erhalten, wenn die Mess-

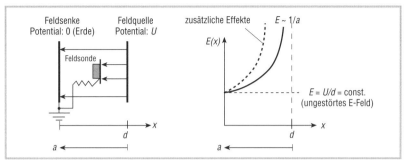

Bild 4.19 *Durch die erdpotentialbezogene Messung beeinflusstes elektrisches Feld, die Sonden-Vorderseite zeigt in Richtung Feldquelle: —→ Tendenz zur* **erhöhten** *Feldstärkeanzeige gegenüber der Situation ohne eingebrachte Sonde*

anordnung (und damit der Abstand zwischen Feldsonde und Feldquelle) bei jeder Messung gleich ist. Außerdem ist es nicht sinnvoll, die Messsonde sehr nahe an die Feldquelle zu bringen, da sich dann fast beliebig hohe Feldstärken „messen" – besser gesagt „erzeugen" – lassen. Daher ist es angezeigt, einen Mindestabstand zur Feldquelle festzulegen, der nicht unterschritten werden darf. Andererseits ist die erdpotentialbezogene Messung aufgrund ihres Effektes der Feldstärkeerhöhung bei Annäherung an die Quelle sehr gut dazu geeignet, Feldquellen aufzuspüren und zu lokalisieren.

Genau genommen kann man sagen, dass die erdpotentialbezogene Messanordnung überhaupt nicht das vorhandene Feld misst, sondern ein Feld, das lediglich vom Potential der Feldquelle und dem Abstand zur Feldsonde abhängt ($E = U/a$). Das ohne die erdpotentialbezogene Messanordnung vorhandene Feld hängt von zwei Größen ab: dem Potential der Feldquelle und dem Abstand d der Kondensatorplatten ($E = U/d$). Eine potentialfreie Messung reagiert exakt auf Veränderungen beider Parameter. Die erdpotentialbezogene Messung reagiert dagegen nur auf Veränderungen des Quellenpotentials; Feldstärkeänderungen aufgrund von Variationen des Abstandes d (z. B. durch Anbringen einer geerdeten Abschirmfläche) werden nicht „registriert", da durch die Messanordnung der Abstand a bestimmt ist, der maßgeblich für die gemessene Feldstärke ist (dies stellt den theoretischen Idealfall dar; wie weiter unten gezeigt wird, gibt es in der Praxis noch eine weitere Einflussgröße).

Diese „Blindheit für den Hintergrund" ist eine unverzichtbare Eigenschaft für die Messung von *Feldemissionen,* die von elektrischen Geräten (z. B. Computermonitoren) ausgehen. Aufgrund der Festlegung der Feldsenke durch das Messverfahren selbst wird eine ortsunabhängige Vergleichbarkeit verschiedener Geräte als Emittenten hinsichtlich ihrer Stärke als Feldquelle überhaupt erst möglich. Die potentialfreie Messung würde beim gleichen Gerät in verschiedenen Umgebungen mit unterschiedlichen räumlichen Erdverhältnissen unterschiedliche Messergebnisse liefern – auch bei stets gleichem Abstand zwischen Messsonde und Feldquelle.

Bei der Messung von Feldemissionen nach den schwedischen Standards MPR und TCO sind das Messverfahren und der Messaufbau sehr genau definiert. Diese Messungen haben zum Ziel die Bewertung der Feldarmut bzw. der Wirksamkeit der eingesetzten Abschirmmaßnahmen gegenüber elektrischen Feldern an Bürogeräten, wie Computermonitoren, Druckern, Kopierern und Faxgeräten bei unterschiedlichen Gerätetypen und Fabrikaten, *unabhängig von Umgebungseinflüssen.* Ergebnis ist die Vergabe einer Prüfplakette für das untersuchte Gerät unter den Messbedingungen der MPR-/TCO-Norm mit genau definiertem Ort des Erdpotentials (30 cm Entfernung) an der großflächigen Messsonde. Die dabei gewonnenen Messergebnisse sagen jedoch wenig über die tatsächliche Feldsituation im praktischen Einsatz der Geräte aus, wo die Orte des Erdpotentials in beliebigen Entfernungen liegen können. Da diese Entfernungen aber immer größer als 30 cm sein werden, ist die elektrische Feldstärke im praktischen Einsatz auf jeden Fall kleiner als die unter MPR-/TCO-Bedingungen gemessene.

Genau genommen handelt es sich bei der E-Feldmessung nach MPR/TCO um ein Vehikel zur Ermittlung des Potentials der Feldquelle. Die Einhaltung des TCO-Richtwertes von $E = 10\,V/m$ in $a = 30\,cm$ Messabstand bedeutet eigentlich, dass das Gerät an seiner Oberfläche kein höheres Potential als $P = E \cdot a = 10 \cdot 0,3\,V = 3\,V$ aufweist. Mit Bezug auf das anschauliche Beispiel des Potentialgebirges in Abschnitt 3.2.4 lässt sich die MPR-/TCO-Messung mit der Bestimmung der Berghöhe vergleichen. Hier geht man in der Geodäsie einen äquivalenten Weg: Wenn der horizontale Abstand zu einer Bergspitze bekannt ist, lässt sich aus der Messung des Winkels, unter dem die Bergspitze in der Horizontalen auf der Höhe des Bergfußes erscheint, die Höhe des Berges berechnen. Setzt man in der Analogie das Potential am Fuß des Berges zu null (Erdpotential) und den gemessenen Winkel mit der gemessenen Feldstärke gleich (Feldstärke = Potentialgefälle), so erhält man unter Einbeziehung des horizontalen Abstandes (Messentfernung) das Potential an der Oberfläche des Gerätes.

Außer der Abstandsabhängigkeit gibt es bei erdpotentialbezogenen Messungen noch weitere Effekte, welche die gemessene Feldstärke zusätzlich beeinflussen können, z. B. die Ausführung der Sondenfläche, insbesondere ob sie mit einem Schirmring versehen ist oder nicht. Unterschiedliche Sondenausführungen werden demgemäß zu unterschiedlichen Messergebnissen führen. Außerdem kann das Messergebnis durch weitere Faktoren beeinflusst werden, z. B. die Haltung der Sonde durch die messende Person (körpernah oder körperfern bei Kleinsonden, Körper der messenden Person geerdet oder nicht geerdet).

MPR/TCO schafft definiertere Verhältnisse durch den großflächigen geerdeten Ring um die Sonde, der das Feld vor der Sonde „homogenisiert" und die Empfindlichkeit gegenüber seitlichen oder rückwärtigen Feldeinwirkungen – wie sie für die Kleinsonden ohne Erdungsring typisch ist – stark reduziert (Bild 4.11). Tellersonden haben damit eine wesentlich ausgeprägtere „Richtwirkung" als die Kleinsonden. Vergleichbare und reproduzierbare Messwerte gibt es hier aber auch nur dann, wenn man aus den oben genannten Gründen bei allen Messungen exakt den gleichen Abstand zur Feldquelle einhält. Dies geht bei der Messung von Geräte*emissionen* hervorragend (z. B. Monitor, Netzanschluss- oder Verlängerungskabel), da es sich um eine einzelne Feldquelle handelt, deren Ort und Geometrie genau bekannt sind. Bei den üblichen baubiologischen Messungen am Schlafplatz ist das Feld dagegen diffus, setzt sich aus Anteilen unterschiedlicher Quellen zusammen, die räumlich großenteils nicht exakt lokalisierbar und von unterschiedlicher Ausdehnung sind. Daher gibt es hier auch keinen definierten Abstand zu „der" Feldquelle.

Einfluss des Abstandes zwischen Sonden-Rückseite und Flächen mit Erdpotential
In der Praxis verhalten sich die Messsonden nicht wie im einfachen theoretischen Idealfall, sondern es spielen weitere Effekte eine Rolle, die berücksichtigt werden müssen. So kommt es zu *Beugungseffekten,* die sich auf das Messergebnis unterschiedlich stark auswirken, je nachdem, wie weit eine größere, auf Erdpotential liegende Fläche (z. B. geerdete Abschirmung) auf der Sonden-Rückseite von der Sonde entfernt ist und quasi mit der ebenfalls auf Erdpotential liegenden Sondenfläche „in Konkurrenz" tritt.

Befinden sich auf Erdpotential liegende Flächen weit von der Sonden-Rückseite entfernt, so „zieht die Sonde die elektrischen Feldlinien an"; es kommt zu einer Konzentration durch Beugungseffekte (**Bild 4.20 a**). Befindet sich dagegen eine große, auf Erdpotential liegende Fläche dicht hinter der Sonde, so werden die Feldlinien nicht mehr zur Sonde hin konzentriert, da Sonde und Fläche potentialmäßig nahezu wie eine Einheit wirken (**Bild 4.20 b**).

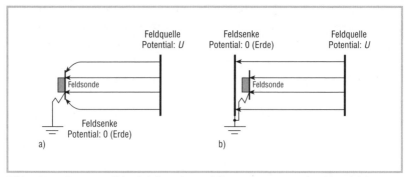

Bild 4.20 *Beugungseffekte bei der erdpotentialbezogenen Messung in Abhängigkeit*
vom Ort des Erdpotentials hinter der Messsonde
a) Erdpotential von der Sonden-Rückseite weit entfernt
b) große, auf Erdpotential liegende Fläche dicht hinter der Sonde

Obwohl im Fall b) die elektrische Feldstärke gegenüber Fall a) ansteigt, zeigt die erdpotentialbezogene Messsonde aufgrund des oben beschriebenen Effektes im Fall b) eine Verringerung. In der Praxis entspricht dies beispielsweise Vergleichsmessungen vor einer abgeschirmten Wand, wenn a) die Abschirmung nicht geerdet ist und b), wenn sie geerdet ist. Der hier beschriebene Effekt wirkt sich umso stärker aus, je näher sich die geerdete Fläche hinter der Messsonde befindet. Die erdpotentialbezogene E-Feldmessung ist also auch aufgrund dieses Effektes für Vergleichsmessungen bei großflächigen, geerdeten Abschirmmaßnahmen nicht anwendbar.

Sonden-Vorderseite in Richtung Erdpotential

Zeigt die Sonden-Vorderseite bei der erdpotentialbezogenen Messung zu einer Fläche, die auf Erdpotential liegt (z.B. geerdete Abschirmung), so besteht die Tendenz zur verringerten Feldstärkeanzeige gegenüber der Situation ohne in das Feld eingebrachte Sonde (**Bild 4.21**). Denn die auf Erdpotential liegende Sonde „sieht" jetzt ebenfalls Erdpotential; idealerweise ist die Potentialdifferenz gleich null und damit die gemessene Feldstärke ebenso. Realerweise werden jedoch noch „Restfeldstärken" gemessen, die aus Beugungseffekten an der Sonde resultieren. Je weiter die Sonde von der auf Erdpotential liegenden Fläche entfernt ist, umso stärker wirken sich diese Beugungseffekte aus. Außerdem hat auch die Sondenform (TCO-Tellersonde mit Erdungsring bzw. Kleinsonde ohne Erdungsring) Einfluss auf die Stärke der Beugungseffekte.

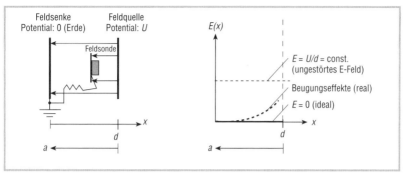

Bild 4.21 *Erdpotentialbezogene Messung mit umgekehrter Sondenrichtung wie in Bild 4.19, die Sonden-Vorderseite zeigt nun in Richtung Feldsenke mit Erdpotential: —>Tendenz zur* **verringerten** *Feldstärkeanzeige gegenüber der Situation ohne eingebrachte Sonde*

4.2.3.3 Körperpotentialbezogene E-Feldmessung

Wie in Abschnitt 4.2.3.2 gezeigt wurde, führt die erdpotentialbezogene Messung – dann und nur dann – zu keiner Feldstörung und damit zu korrekten Messergebnissen, wenn sich die Feldsonde am Ort des „natürlichen" Erdpotentials befindet.

Allgemein gesagt führt eine potentialbezogene Messung zu keiner Störung, wenn sich die Gegenelektrode der Messsonde auf dem natürlicherweise sowieso vorhandenen Potential des untersuchten Raumpunktes befindet. Dies gilt entsprechend auch für eine Feldmessung direkt an der Körperoberfläche, wenn sich die Gegenelektrode auf Körperpotential befindet – also bei einer körperpotentialbezogenen Feldmessung.

Die körperpotentialbezogene E-Feldmessung kann aus einem anderen Blickwinkel auch als ein Grenzfall der potentialfreien Messung betrachtet werden. Führt man mit einem potentialfreien Messgerät eine Messung direkt an der Körperoberfläche durch, so befindet sich die auf dem Körper aufliegende, isolierte Sondenplatte auf dem gleichen Potential wie der Körper. Verbindet man nun diese Sondenplatte elektrisch leitfähig mit dem Körper, so ändert sich an den Feldverhältnissen nichts. Vom Prinzip her gelten somit für die körperpotentialbezogene Messung die gleichen Vorteile bzw. Einschränkungen wie für die potentialfreie Messung direkt am Körper (s. Abschn. 4.2.2.4 und 4.2.3.4).

Da der Körper mit Rumpf, Kopf und Extremitäten unterschiedlich große Körperteile aufweist, sind die lokalen Feldverzerrungen – und damit Feldstärkeerhöhungen – an den einzelnen Körperteilen verschieden. Eine körperpotentialbezogene Feldmessung muss daher an verschiedenen Stellen des Körpers vorgenommen werden, um das Maximum und ggf. die Feldstärkedifferenzen zwischen verschiedenen Körperregionen zu ermitteln.

Die körperpotentialbezogene E-Feldmessung ist bisher in der baubiologischen Messpraxis – wie auch in der Feldmesstechnik überhaupt – wenig geläufig; sie stellt aber einen vielversprechenden und zukunftsweisenden Ansatz dar.

Bei Vergleichsmessungen werden die Tendenzen zur Feldstärkeerhöhung bzw. -verringerung korrekt wiedergegeben, sowohl bei Maßnahmen des Emissionsschutzes an der Feldquelle (Abschalten, Phasentausch) als auch bei Maßnahmen des Immissionsschutzes mit räumlicher Verschiebung des Ortes des Erdpotentials (großflächige geerdete Abschirmungen). Um zu solchen qualitativen Aussagen zu gelangen, kann jedes beliebige E-Feldmessgerät verwendet werden, das für die erdpotentialbezogene Messung entwickelt wurde.

Es kann allerdings nicht grundsätzlich davon ausgegangen werden, dass ein für die erdpotentialbezogene Messung hergestelltes und kalibriertes Messgerät bei körperbezogener Verwendung auch quantitativ korrekte Messergebnisse liefert.

In einer Untersuchung an einem quaderförmigen, leitfähigen Dummy mit Körpergröße konnte gezeigt werden, dass die Messwerte – im Vergleich zur potentialfreien Messung an der Körperoberfläche (s. Abschnitt 4.2.3.4) – umso genauer sind, je flacher die verwendete Messsonde ist und umso weniger sie sich damit von der Körperoberfläche abhebt ([12], **Bild 4.22**).

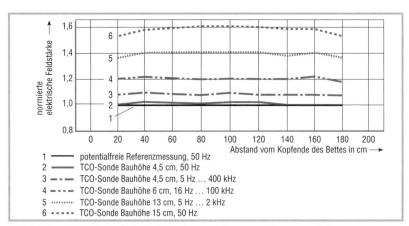

1 ——— potentialfreie Referenzmessung, 50 Hz
2 ——— TCO-Sonde Bauhöhe 4,5 cm, 50 Hz
3 —·— TCO-Sonde Bauhöhe 4,5 cm, 5 Hz … 400 kHz
4 —--- TCO-Sonde Bauhöhe 6 cm, 16 Hz … 100 kHz
5 ········· TCO-Sonde Bauhöhe 13 cm, 5 Hz … 2 kHz
6 ▪▪▪▪ TCO-Sonde Bauhöhe 15 cm, 50 Hz

Bild 4.22 *Feldstärkeanzeigen bei körperpotentialbezogener Messung mit Dummy im E-Feld; TCO-Tellersonden; Messwerte normiert auf potentialfreie Referenzmessung; die Frequenzangaben beziehen sich auf die verwendeten Filtereinstellungen*

Dies wird insbesondere bei den *MPR-/TCO-Tellersonden* deutlich, deren Bauhöhe entscheidend von der Größe des Handgriffs auf der Sondenrückseite bestimmt wird. Die „beste" – und mit einer Bauhöhe von 4,5 cm flachste – Sonde zeigte gegenüber der potentialfreien Referenzmessung am Dummy-Körper eine um 2 % höhere Feldstärke bei 50-Hz-Filterung an; bei breitbandiger Messung (5 Hz … 400 kHz) ergab sich eine Erhöhung um 9 % (hier spielt offensichtlich auch das Eigenrauschen des Gerätes eine Rolle). Die stärkste Anzeigeerhöhung von 60 % ergab sich bei einem Gerät mit 15 cm Bauhöhe.

Bei den untersuchten *Kleinsonden,* die allesamt eine relativ große Bauhöhe von 13 … 16 cm aufweisen, scheint ein anderer Effekt für die unterschiedlichen Messergebnisse maßgeblich zu sein. Interessanterweise lagen die Messwerte der für körperferne Haltung kalibrierten Kleinsonde nur 5 … 7 % über den Referenzwerten der potentialfreien Messung. Die für körpernahe Haltung kalibrierten Kleinsonden wiesen dagegen Erhöhungen zwischen 40 und 80 % auf.

4.2.3.4 Leitfähiger Körper im homogenen E-Feld: potentialfreie E-Feldmessung an der Körperoberfläche

Ein leitfähiger Körper (mit der Länge l) im elektrischen Feld führt zu einer Erhöhung der Feldstärke, da er den effektiven Abstand zwischen Feldquelle und -senke „verkürzt" (**Bild 4.23** und **Bild 4.24**).

Mit feldstärkebestimmend auf der Linie des Körpers ist hierbei die Abstandsdifferenz $d - l$; die sich ausbildende Feldstärke beträgt dort idealerweise

$$E = U/(d - l).$$

Der gesamte Körper liegt auf gleichem Potential; er bildet eine Äquipotentialfläche (genauer: ein „Äquipotentialvolumen"). Die Höhe seines Potentials hängt wiederum vom Abstand des Körpers zur Feldsenke ab.

Allerdings weist der menschliche Körper eine wesentlich differenziertere Geometrie auf als der hier angenommene einfache Quader. Es kommt damit auch zu lokal differenzierten Feldstärkeerhöhungen, die z. B. am Kopf wesentlich höher ausfallen als am Rumpf. Messungen am Körper müssen daher an mehreren, repräsentativen Punkten vorgenommen werden.

Theoretisch korrekt wäre eine potentialfreie Messung der E-Feldstärke direkt an der Oberfläche des Körpers. Dann hat man alle möglichen Einflüsse der Feldstärkeerhöhung durch den Körper erfasst, erzeugt jedoch durch das Messverfahren selbst keine weitere Feldverzerrung.

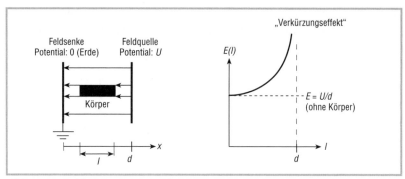

Bild 4.23   Leitfähiger Körper im elektrischen Feld und längenabhängige Feldstärke-
             erhöhung durch den „Feldverkürzungseffekt"

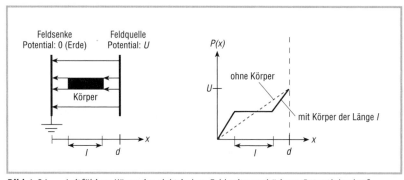

Bild 4.24   Leitfähiger Körper im elektrischen Feld mit zugehörigem Potentialverlauf

Potentialfreie Messgeräte sind allerdings ursprünglich nicht für diesen
Anwendungsfall gedacht. In einer Studie durchgeführte Versuche haben
aber gezeigt, dass der Einsatz von handelsüblichen potentialfreien Messgeräten zu korrekten Ergebnissen führt und praktikabel ist, wenn man den
Näherungseffekt berücksichtigt [13]. Weil die elektrischen Feldlinien immer
senkrecht auf dem Körper stehen, da seine leitfähige Oberfläche eine Äquipotentialfläche bildet, sind eindimensional arbeitende Messgeräte (1D) für
diesen Einsatzfall völlig ausreichend; allerdings sind solche Sonden am
Markt nicht erhältlich. Aufgrund ihrer flachen Bauform haben sie sogar Vorteile gegenüber den würfelförmigen, dreidimensional messenden Sonden,
die aufgrund ihrer höheren Bauform mit drei orthogonalen Plattenpaaren
das elektrische Feld stärker beeinflussen und einen deutlichen Näherungseffekt mit Überbewertung der Feldstärke in unmittelbarer Körpernähe aufweisen. Messungen am Körper mit 3D-Sonden sollten zur Reduzierung des

Näherungseffektes so durchgeführt werden, das die Würfelsonde auf einer ihrer Spitzen steht (s. Bild 4.10).

Bisher überhaupt nicht berücksichtigt werden in der baubiologischen Messpraxis Untersuchungen der elektrischen Feldstärke unterhalb des im Bett liegenden Körpers (Messungen zwischen Körper und Matratze). Hierfür bieten flache 1D-Soden natürlich auch Vorteile.

4.2.3.5 Messfehler-Fallen

Feldmessverfahren sollen auch geeignet sein, effektive Sanierungsvorschläge zur Feldverringerung zu erarbeiten und die Wirksamkeit von durchgeführten Sanierungsmaßnahmen zu kontrollieren.

Bei den Sanierungsmaßnahmen für elektrische Felder sind im Wesentlichen zu unterscheiden:
1. Feldquellen abschalten (z. B. mittels „Netzfreischalters"; *Emissions*schutz),
2. Feldquellen kompensieren (z. B. durch Phasentausch; *Emissions*schutz),
3. Feldquellen abschirmen
   a) durch abgeschirmtes Installationsmaterial (*Emissions*schutz),
   b) durch großflächige Wandabschirmung/Abschirmvlies (*Immissions*schutz).

Während sich die Punkte 1, 2 und 3a als Maßnahmen des Emissionsschutzes immer auf Veränderungen an Feldquellen beziehen, sind von Punkt 3b (Immissionsschutz) auch Feldsenken betroffen. Dies trifft typischerweise bei der Abschirmung von Wänden und dem Einsatz von Abschirmvliesen zu; insbesondere, wenn nicht alle Feldquellen von der Abschirmung erfasst sind. Dann wird durch die Erdung der Abschirmung das Erdpotential näher an die restlichen Feldquellen gebracht, was zu einer Vergrößerung der Feldstärke führen kann.

Körperspannungsmessung

Die Körperspannung hängt im Wesentlichen von der Stärke (d. h. dem Potential) der Feldquelle (z. B. Leitungen der Elektroanlage) und vom Abstand des Körpers zur Feldsenke (Erde) ab.

Vergleichende Körperspannungsmessungen liefern nur dann eine verwertbare Aussage über die Feldsituationen, wenn zwischen den Messungen der Abstand des Körpers zur Feldsenke bzw. der Abstand der Feldsenke zum Körper nicht geändert wird. Diese Bedingung ist bei Maßnahmen des Emissionsschutzes an der Feldquelle erfüllt.

Bei Abschirmmaßnahmen mit geerdeten Wandfarben oder Abschirmvliesen (Immissionsschutz) ist eine solche Änderung aber unvermeidlich.
Durch die geerdete Abschirmung wird das Erdpotential näher an den Körper gebracht, er wird also auf ein tieferes Potentialniveau „gezogen". Besonders stark ist dieser Effekt bei der Verwendung eines Abschirmvlieses
unter oder gar auf der Matratze; dann ist der Körper der Person sehr nahe
am Erdpotential, und die Körperspannung geht drastisch zurück, auch wenn
noch große Feldstärken herrschen. Wird die geerdete Abschirmung fälschlicherweise vor der Feld*senke* angebracht und nicht vor der Feld*quelle,* so
wird durch den jetzt verringerten Abstand zwischen Quelle und Senke die
Feldstärke erhöht! Eine Körperspannungsmessung gaukelt aber demjenigen,
der glaubt, die Höhe der Körperspannung und die Höhe des elektrischen
Feldes verliefen proportional zueinander, eine Verringerung vor!

Bild 4.25 veranschaulicht diese Verhältnisse an einem Beispiel. Betrachtet werden die Auswirkungen auf Feldstärke und Körperspannung am Punkt
k (k gewählt zu $0,6 \cdot d$) bei einer Verschiebung der linken Fläche mit Erdpotential (Erde „1") in Richtung Feldquelle durch den Einbau einer Abschirm-

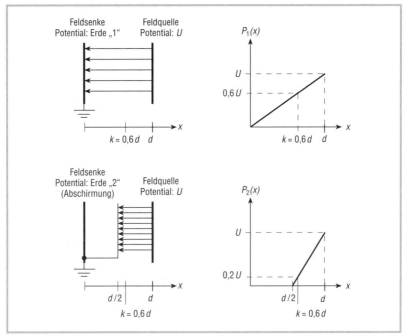

Bild 4.25   *Körperspannung vor (oben) und nach (unten) der Abschirmung einer Feldsenke*

fläche bei $x = d/2$ (Erde „2"). Hier verdoppelt sich die Feldstärke durch die Abschirmung ($E_2 = 2 \cdot E_1$, da $d_2 = d_1/2$). Das Potential und damit die Körperspannung am Punkt k reduziert sich aber (bei einem Potential der Feldquelle von $U = 230\,V$) von $0,6 \cdot 230\,V = 138\,V$ auf $0,2 \cdot 230\,V = 46\,V$ und somit auf $1/3$, da der Abstand von der geerdeten Abschirmung nun nur noch $1/5$ des Abstandes der Kondensatorplatten ausmacht (von 0,6 auf 0,2 bzw. von $3/5$ auf $1/5$ reduziert).

In der Praxis kann der oben geschilderte Fall eintreten, wenn man mit geerdeten Wandabschirmungen oder Abschirmvliesen arbeitet – aber leider nicht 100%ig – und dabei Feldquellen übersieht oder nicht sanieren kann. Für diese restlichen Feldquellen, die nicht abgeschirmt oder abgeschaltet wurden, wirkt die geschaffene Abschirmung wie eine Verkürzung des Kondensators; die von den Restquellen hervorgerufene Feldstärke wird gegenüber der Ausgangssituation vergrößert! Die Körperspannungsmessung kann dabei aber eine Verbesserung vortäuschen!

Die vergleichende Körperspannungsmessung darf daher bei Abschirmmaßnahmen des *Immissions*schutzes (Abschirmung von Wänden und Einsatz von Abschirmvliesen) nicht angewendet werden! Aufgrund der Verschiebung des Erdpotentials durch die Abschirmung selbst sind die Messwerte nicht miteinander vergleichbar. Es kann zu falschen Sanierungsempfehlungen und zur Fehlinterpretation der Feldsituation nach der Durchführung von – ggf. kontraproduktiven – Abschirmmaßnahmen kommen.

Erdpotentialbezogene E-Feldmessung

Wie in Abschnitt 4.2.3.2 ausgeführt, sind die Ergebnisse der erdpotentialbezogenen Feldmessung sehr stark vom Abstand zwischen Feldsonde und Feldquelle abhängig. Bei Vergleichsmessungen „reagiert" die erdpotentialbezogene Feldmessung nur auf Änderungen des Potentials der Feldquelle mit der richtigen Tendenz, nicht aber bei Feldstärkeänderungen, die durch eine räumliche Verschiebung von Flächen mit Erdpotential „hinter" der Sonde zustande kommen. Daher gilt für erdpotentialbezogene Vergleichsmessungen die wichtige Einschränkung: Tendenzen der Feldveränderung aufgrund von Veränderungen an der Feld*quelle* können mit diesem Verfahren korrekt gemessen werden (Feldstärkeerhöhung bzw. -verringerung), Feldveränderungen aufgrund von Veränderungen an der Feld*senke* (geerdete Abschirmungen des Immissionsschutzes vor Feldsenken) dagegen nicht.

Dies kann zu Fehlinterpretationen der Feldsituation und zu falschen Sanierungsempfehlungen führen. Diese Gefahr besteht insbesondere, wenn mehrere Feldquellen existieren, aber nur ein Teil von ihnen abgeschirmt wird. Dann wird die abgeschirmte, geerdete Teilfläche zur „willkommenen" Feldsenke der nicht abgeschirmten übrigen Feldquellen.

Auch bei der Mischung von Sanierungsmaßnahmen, also teilweiser Abschirmung von Wänden (bzw. Einsatz von Abschirmvliesen) und zusätzlicher Abschaltung von Stromkreisen, besteht die Gefahr der Fehlmessung, wenn trotz aller dieser Maßnahmen noch ein Restfeld bleibt. So würde das Abschalten eines Stromkreises z. B. zu einer korrekt ausgewiesenen Tendenz zur Verringerung der gemessenen Feldstärke führen; die durch ein zusätzlich angebrachtes Abschirmvlies unter der Matratze tatsächlich hervorgerufene Feldstärkeerhöhung würde aber fälschlicherweise mit einem unveränderten oder gar verringerten Messwert quittiert.

Diese Messfehler können bei potentialfreier und körperpotentialbezogener Feldmessung prinzipbedingt nicht auftreten.

4.2.3.6 Fazit und die Fragen zu den Antworten

Aus den o. a. Ausführungen lässt sich folgendes Fazit für die baubiologische Messtechnik ziehen:

1. Zur **Messung des ungestörten elektrischen Feldes** in unbekannten Feldsituationen – ohne Person im Feld – eignet sich nur das **potentialfreie Messverfahren**.
   Vergleichsmessungen bei Abschirmmaßnahmen des Emissions- und des Immissionsschutzes – auch an Feldsenken – führen zu korrekten Aussagen hinsichtlich der Sanierungsqualität.

2. Zur Bestimmung von E-Feld**emissionen** aus einem einzelnen elektrischen Gerät ist die **erdpotentialbezogene Feldmessung** in definiertem Abstand geeignet. Das **Verfahren nach MPR/TCO mit Tellersonde und großflächigem Erdring** ist dasjenige, das die am besten reproduzierbaren und vergleichbaren Messergebnisse liefert, weitgehend unabhängig von den lokalen Erdpotentialverhältnissen im Messraum.

3. Die **erdpotentialbezogene Messung** ist aufgrund ihres Effektes der Feldstärkeerhöhung bei Annäherung an die Quelle sehr gut dazu geeignet, **Feldquellen aufzuspüren und zu lokalisieren.** Zur Ermittlung der ungestörten elektrischen Feldstärke ist sie nicht geeignet, bzw. nur dann, wenn die Feldsituation bekannt ist und die Sonde sich am Ort des natürlicherweise vorhandenen Erdpotentials befindet, sie also keine Veränderung der Potentialverhältnisse bewirkt. Dies ist in Innenräumen i. d. R.

nicht gegeben. **Vergleichende erdpotentialbezogene Messungen sind zum Test oder zur Kontrolle von Abschirmmaßnahmen des Immissionsschutzes** (Abschirmung von Raumbegrenzungsflächen und Einsatz von Abschirmvliesen) **ungeeignet.** Es kann zur Fehlinterpretation der Feldsituation und zu falschen Sanierungsempfehlungen kommen.

4. Für die Messung von diffusen, aus verschiedenen und möglicherweise unbekannten Quellen stammenden E-Feldimmissionen am Schlafplatz liefern die **potentialfreie** und die **körperpotentialbezogene Feldmessung** diejenigen Messwerte, die am ehesten der tatsächlichen Feldbelastung des Körpers entsprechen, wenn **direkt am Körper gemessen** wird. Die Messergebnisse sind u. a. abhängig von den individuellen Eigenschaften des Körpers [Größe, räumliche Lage relativ zum Feld, Messpunkt am Körper (z. B. Kopf, Rumpf, Bein)].

Vergleichsmessungen bei Abschirmmaßnahmen des Emissions- und des Immissionsschutzes – auch an Feldsenken – führen zu korrekten Aussagen hinsichtlich der Sanierungsqualität.

5. Die **Körperspannungsmessung ist keine Feldstärkemessung, sondern eine Potentialmessung. Sie ist zur korrekten Ermittlung der Belastung durch elektrische Wechselfelder sowie zum Test und zur Kontrolle von Abschirmmaßnahmen des Immissionsschutzes** (Abschirmung von Raumbegrenzungsflächen und Einsatz von Abschirmvliesen) **ungeeignet.** Aufgrund der Verschiebung des Erdpotentials durch die Abschirmung selbst sind die Messwerte nicht miteinander vergleichbar. Es kann zur Fehlinterpretation der Feldsituation und zu falschen Sanierungsempfehlungen kommen.

Vergleichende Messungen bei Maßnahmen des Emissionsschutzes (Abschalten von Stromkreisen) zeigen jedoch korrekt die Tendenz der Wirksamkeit (besser/schlechter).

Wie die vorstehenden Ausführungen zeigen, gibt es nicht „*das*" eine richtige" Verfahren zur Messung niederfrequenter elektrischer Wechselfelder, sondern je nach Fragestellung haben verschiedene Messverfahren ihre Berechtigung.

Die **Tabelle 4.2** stellt in aller Kürze den häufigsten Messaufgaben die zu deren Lösung am besten geeigneten Messverfahren gegenüber.

Tabelle 4.2 *Zuordnung der Messverfahren zu den Messaufgaben*

Frage	Antwort
Wie wird ein in gegebener Umgebung vorhandenes E-Feld (Immission) möglichst störungsfrei gemessen, d. h. ohne es durch Personen oder die Messanordnung selbst zu beeinflussen (Wirkung von Feldquelle und -senke)?	potentialfreie E-Feldmessung (3D)
Wie wird die E-Feldstärke (Immission) gemessen, die auf einen im elektrischen Feld befindlichen (leitfähigen) Körper einwirkt, der selbst das Feld beeinflusst (Wirkung von Feldquelle, -senke und Körper)?	potentialfreie E-Feldmessung am Körper (1D oder 3D, ggf. Korrekturfaktor für Näherungseffekt beachten oder 3D-Sonde auf eine Ecke stellen) oder körperpotentialbezogene E-Feldmessung
Wie spürt man möglichst genau Feldquellen auf und ortet sie (Wirkung der Feldquelle)?	erdpotentialbezogene E-Feldmessung, Sondenform beliebig
Wie misst man vergleichbar und reproduzierbar die von *einer* definierten elektrischen Feldquelle (= Gerät) ausgehende E-Feldemission (Wirkung der Feldquelle)?	erdpotentialbezogene E-Feldmessung in definiertem Abstand von der Feldquelle, mit MPR-/TCO-Tellersonde (im ansonsten feldarmen Raum)
Welches Messverfahren ermöglicht in Ergänzung zur direkten E-Feldmessung eine einfache Kontrolle der Wirksamkeit von Sanierungsmaßnahmen durch Abschalten von Stromkreisen (Wirkung von Feldquelle, -senke und Körper)?	Körperspannungsmessung

4.3   Magnetische Wechselfelder (Niederfrequenz)

4.3.1   Funktionsprinzipien von Magnetfeldmessgeräten

Magnetfeldmessgeräte für Wechselfelder können auf zwei unterschiedlichen physikalischen Prinzipien beruhen:
  1. Induktionseffekt in einer Messspule (s. Abschn. 3.3.2),
  2. Hall-Effekt in einer Hall-Sonde.

1D-Geräte auf Basis der Messspule verfügen über nur eine Spule; diese muss im Magnetfeld auf das Maximum der Anzeige ausgerichtet werden. Die isotropen und damit richtungsunabhängigen 3D-Geräte enthalten drei orthogonal angeordnete Spulen. Hier sind zwei verschiedene Technologien im Einsatz.

Bei der einen Variante verwendet man Spulen, die mechanisch voneinander unabhängig, meist direkt auf der Leiterplatte des Messgerätes und in die Auswerteeinheit integriert, nebeneinander angeordnet sind (**Bild 4.26**). Mit dieser Lösung lässt sich ein Frequenzbereich zwischen 5 … 15 Hz (untere Grenzfrequenz) und 1 … 2 kHz (obere Grenzfrequenz) erfassen.

Bild 4.26 *Orthogonaler 3D-Spulensatz auf einer Leiterplatte*
Foto: Fa. Merkel Messtechnik

Bild 4.27 *3D-Spulensatz mit Kreuzspulen in konzentrischer Ausführung*
Foto: Fa. narda/Wandel & Goltermann

Bei höheren Anforderungen an die obere Grenzfrequenz müssen dagegen Spulen in konzentrischer Anordnung (Kreuzspulen) zur Anwendung kommen (**Bild 4.27**). Dieser „ineinander verflochtene" 3D-Spulensatz ist aufwendiger in der Herstellung und wird i.d.R. für von der Auswerteeinheit abgesetzte Magnetfeldsonden verwendet.

Messgeräte mit so genannten *Hall-Sonden* gibt es ebenfalls in 1D- und 3D-Ausführung. Sie nutzen den physikalischen Hall-Effekt als Messprinzip.

Hiermit lassen sich magnetische Wechselfelder, aber auch Gleichfelder messen. Hall-Sonden werden daher u. a. in Magnetometern zur Messung des Erdmagnetfeldes bzw. seiner Störungen eingesetzt. Außerdem finden sie in Strommesszangen Verwendung, wie sie in der baubiologischen Messtechnik z. B. zur Erfassung von Ausgleichsströmen eingesetzt werden.

Für die direkte Messung niederfrequenter magnetischer Wechselfelder dominieren allerdings Messgeräte mit Induktionsspulen. Auch Strommesszangen gibt es in der Version mit Messspulen.

4.3.2 Direkte Messverfahren

4.3.2.1 Messung an einem Punkt

Magnetfelder durchdringen Baustoffe und den menschlichen Körper nahezu ungehindert, sie lassen sich nicht so leicht „ablenken" wie elektrische Felder. Eine nennenswerte Beeinflussung tritt nur durch ferromagnetische Werkstoffe, insbesondere solche mit hoher Permeabilität auf.

Von daher gestalten sich Messungen von magnetischen Feldern viel einfacher, zuverlässiger und reproduzierbarer als die von elektrischen Feldern.

Andererseits sind Magnetfeldmessungen mit einer besonderen Problematik behaftet, die bei elektrischen Wechselfeldern so gut wie keine Rolle spielt. Die Netzspannung ist mit 230 V ± 10 % zeitlich ziemlich konstant, die elektrischen Wechselfelder in Wohnungen und Büroräumen sind es daher ebenso, wenn nicht Leitungsabschnitte geschaltet werden. Magnetfelder, die durch elektrische Ströme hervorgerufen werden, schwanken dagegen mit der Stromstärke. Die Stromstärke ändert sich mit der Art und Anzahl der elektrischen Verbraucher, die ständig ein- und ausgeschaltet werden. **Bild 4.28** zeigt den typischen Tagesgang der magnetischen Flussdichte an einem Schlafplatz. Ursache des Magnetfeldes ist hier in erster Linie das Erdkabel des Versorgungsnetzbetreibers (VNB) unter dem Bürgersteig vor dem Haus. Vom Bahnstrom verursachte Magnetfelder spielen so gut wie keine Rolle.

Man erkennt, dass die 50-Hz-Werte nicht nur kurzfristig stark schwanken, sondern dass auch der Trend der Kurve sich im Verlauf des Tages deutlich ändert. Die Spitzenwerte liegen um die Mittagszeit und in den früheren Abendstunden, während die Flussdichte nachts ihr Minimum erreicht. Das Messergebnis ist also in hohem Maße davon abhängig, zu welcher Tageszeit gemessen wird.

Einen völlig anderen Verlauf zeigt die Aufzeichnung in **Bild 4.29**. Hier ist zum einen ein deutlicher Einfluss des Bahnstromes zu erkennen, der allerdings in der Zeit zwischen 1 Uhr und 5 Uhr nachts stark zurückgeht. Dafür bewegen sich die 50-Hz-Werte in der Zeit von etwa 20 Uhr bis 9 Uhr über die gesamte Nacht auf einem durchschnittlich konstant hohem Level. Hier schlägt sich die massive Nutzung des billigeren Nachtstromes in der Magnetfeldaufzeichnung nieder.

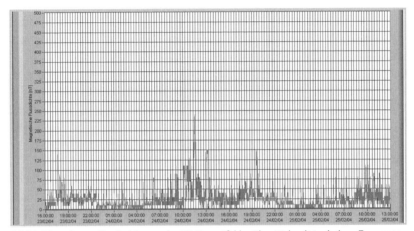

Bild 4.28 *Langzeitaufzeichnung des NF-Magnetfeldes über 45 h mit typischem Tagesgang*

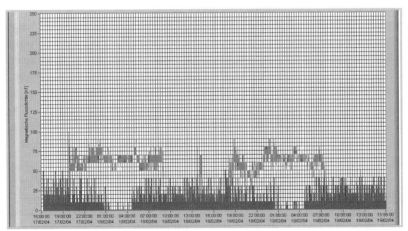

Bild 4.29 *Langzeitaufzeichnung des NF-Magnetfeldes über 48 h in einem Wohngebiet mit hohem Nachtstromverbrauch*
dunkle Kurve 16,7 Hz, helle Kurve 50 Hz ... 2 kHz

In der Regel kann daher auf eine Langzeitaufzeichnung über mindestens 24 h nicht verzichtet werden, und auch hier wird man am Wochenende häufig zu anderen Messergebnissen kommen als an den Werktagen, im Sommer zu anderen als im Winter und in Ferienzeiten zu anderen als außerhalb der Ferien.

Die obigen Beispiele zeigen auch, wie bedeutsam es ist, bei der Messung nach den beiden wichtigsten technischen Frequenzen, nämlich 16⅔ Hz des Bahnstromes und 50 Hz der Energieversorgung, differenzieren zu können.

Alle Geräte, die zur Messung von magnetischen Wechselfeldern herangezogen werden, sollten mit echter RMS-Gleichrichtung ausgestattet sein (Feldmessgeräte, Digitalmultimeter an Messspulen), da Ströme und damit die Magnetfelder häufig alles andere als sinusförmig sind (s. Abschn. 4.1.2).

Wie für alle Feldmessverfahren gilt es auch bei Magnetfeldmessungen zu beachten, dass in inhomogenen Feldern die Abmessungen der Messsonde klein sein müssen gegenüber der räumlichen Ausdehnung der Inhomogenitäten, so dass das zu messende Feld innerhalb der Sonde immer homogen ist.

4.3.2.2 Messung der räumlichen Magnetfeldverteilung

Will man die räumliche Verteilung des Magnetfeldes ermitteln, darf man dies aufgrund der starken Zeitabhängigkeit nicht einfach an mehreren – zweckmäßigerweise rasterförmig angeordneten – Raumpunkten nacheinander tun, da sich räumliche und zeitliche Änderungen dann nicht voneinander unterscheiden lassen. Man benötigt dazu zwei gleichartige 3D-Messgeräte, mit denen gleichzeitig an zwei verschiedenen Raumpunkten gemessen wird. Ein – beliebiger – Raumpunkt wird dabei als Referenzpunkt definiert; zu allen Messwerten an den verschiedenen Messpunkten wird auch immer der jeweilige Messwert am Referenzpunkt erfasst. Alle Messwerte werden dann zweckmäßigerweise auf den zeitlichen Mittelwert der Flussdichte am Referenzpunkt normiert. Dieser wird durch eine während der Messdauer parallel mitlaufende Aufzeichnung per Magnetfeldlogger ermittelt. **Tabelle 4.3** zeigt für die beschriebene Vorgehensweise ein Beispiel.

Die obige Vorgehensweise darf nur angewendet werden, wenn sichergestellt ist, dass das Magnetfeld von einem einzigen Verursacher (z. B. Erdkabel, Freileitung) herrührt. Bei mehreren, voneinander unabhängigen Verursachern sind die zeitbedingten Veränderungen nicht mehr eindeutig zuzuordnen. In diesem Fall müssen Aufzeichnungen mit mehreren Magnetfeldloggern durchgeführt werden.

Tabelle 4.3 *Erfassung und Auswertung einer Magnetfeld-Rastermessung*

Messwerterfassung				Auswertung		
Mess-punkt Nr.	gemessene magnetische Fluss-dichte am Mess-punkt B_{MP} in nT	gemessene magnetische Fluss-dichte am Referenz-punkt (MP Nr. 1) B_{Ref} in nT	$\dfrac{B_{MP}}{B_{Ref}}$	Mittelwert am Referenzpunkt aus Magnetfeldlogger-Aufzeichnung $B(MW)_{Ref}$ in nT	$\dfrac{B_{MP}}{B_{Ref}} \cdot B(MW)_{Ref}$ in nT	
1 (Ref.)	100	100	1,00		110	
2	100	125	0,80	110	88	
3	100	70	1,42		156	
4	140	140	1,00		110	

4.3.3 Indirekte Messverfahren

Differenz- und *Ausgleichsströme* können magnetische Felder von beträchtlicher Stärke und großflächiger Ausdehnung verursachen. Nähere Ausführungen sind in Abschnitt 6.2.3 zu finden.

Diese Ströme können einfach mit Stromzangen oder Stromwandlern gemessen werden, ohne dass die Strom führenden Gas-/Wasserrohre oder sonstigen Installationen aufgetrennt werden müssen (**Bild 4.30**); es gibt sie als Komponenten zum Anschluss an ein Multimeter oder als Komplettgeräte. Gegenüber Stromzangen haben flexible Stromwandler den Vorteil, dass sie größere Durchmesser umfassen und leichter auch an unzugänglichen Stellen um das zu untersuchende Rohr geführt werden können.

Stromzangen und Stromwandlern ist gemeinsam, dass sie den durch die umschlossene Fläche hindurchfließenden Summenstrom unter Berücksichtigung der Flussrichtung messen. Ist eine Leitung umschlossen, in der ein gleich großer Hin- und Rückstrom fließt, so ist der angezeigte Summenstrom null! Ist der Rückstrom z. B. aufgrund von Parallel-Strompfaden kleiner als der Hinstrom, so wird die Differenz der beiden Stromstärken angezeigt. Diese Geräte eignen sich also zur Ermittlung der besonders feldintensiven Einleiterströme.

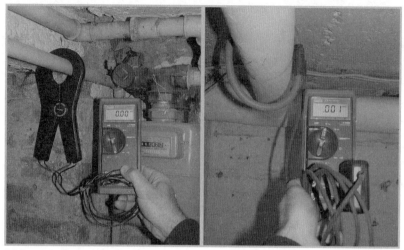

Bild 4.30   *Stromzange (links) und Stromwandler (rechts) im Einsatz*

4.4   Elektromagnetische Wellen (Hochfrequenz)

4.4.1   Breitbandige Messungen

Bei breitbandigen Messungen wird die elektrische Feldstärke bzw. die Leistungsflussdichte als Summenwert über den spezifizierten Frequenzbereich ermittelt. Es kann nicht nach den Beiträgen einzelner Funkdienste am Summenwert differenziert werden.

Ein ausführlicher Testbericht über Breitbandmessgeräte ist in [14] zu finden.

4.4.2   Frequenzselektive Messungen

Hier kann durch den Einsatz der Spektrumanalyse genau ermittelt werden, welche Funkdienste bzw. welche einzelnen Sender Immissionen am Untersuchungsort verursachen und wie stark diese sind. Außerdem kann in der Betriebsart „Zero Span" eine Analyse der zeitlichen Signalcharakteristik vorgenommen werden, z. B. zur Klärung der Fragestellung, ob das Signal periodisch gepulst oder ungepulst ist. Details sind in [6] zu finden.

4.5   Elektrische Gleichfelder

Zur Messung elektrischer Gleichfelder werden vorzugsweise so genannte *Feldmühlen* eingesetzt (**Bild 4.31**). Sie tragen ihren Namen nach dem sich drehenden Flügelrad, mit dem das Gleichfeld in eine äquivalente Wechselspannung umgewandelt wird, welche dann messtechnisch weiter verarbeitet wird. Die Messung erfolgt gegen Erdpotential, so dass hier die gleiche Problematik vorliegt wie bei der erdpotentialbezogenen Messung niederfrequenter elektrischer Wechselfelder (s. Abschn. 4.2.3.2). Die so bestimmte elektrische Feldstärke wird auch als „Luftelektrizität" bezeichnet.

Als weitere Messgröße wird die so genannte Oberflächenspannung von Einrichtungsgegenständen ermittelt. Als *Oberflächenspannung* wird das Potential an der Oberfläche eines elektrisch geladenen Gegenstandes gegenüber Erde bezeichnet. Für diesen Einsatzzweck ist das erdpotentialbezogene Messverfahren korrekt; es ist vergleichbar mit der erdpotentialbezogenen Messung elektrischer Wechselfelder gemäß MPR/TCO. Die Oberflächenspannung wird berechnet aus der gemessenen elektrischen Feldstärke, multipliziert mit dem Messabstand zu der geladenen Oberfläche. Zur Ermittlung der Oberflächenspannung wird auf der zu messenden Oberfläche durch leichtes Reiben eine Aufladung hervorgerufen; einige Sekunden nach der Reibung wird der Messwert abgelesen.

Die Entladezeit, innerhalb derer die durch die Reibung hervorgerufene Aufladung wieder abgeklungen ist, ist eine weitere Messgröße im Zusammenhang mit elektrischen Gleichfeldern.

Da elektrische Gleichfelder u. a. auch von Klimaparametern abhängig sind (höhere Feldstärken bei trockener Luft), sollten als Randbedingungen die Temperatur und die relative Feuchtigkeit der Raumluft gemessen werden.

4.6   Magnetische Gleichfelder

Das natürliche magnetische Gleichfeld der Erde verläuft etwa in Nord-Süd-Richtung mit lokalen magnetischen Flussdichten zwischen etwa 30 und 60 µT, abhängig von der geografischen Lage. Wird es von Gleichfeldern technischen Ursprungs überlagert, so treten Verzerrungen bzw. Störungen des natürlichen Feldes bezüglich Betrag und Richtung auf.

Folgende Messgeräte kommen zum Einsatz:

▌ *3D-Magnetometer*

Hierbei handelt es sich um sehr empfindliche, dreidimensional messende Geräte mit hoher Auflösung zur Bestimmung von absolutem Betrag und Richtung der magnetischen Flussdichte (**Bild 4.32**).

▌ *Magnetfeldindikator*

Mit einem Magnetfeldindikator wird die Differenz zwischen den Beträgen der magnetischen Flussdichte an den zu untersuchenden Messpunkten und an einem Referenzpunkt ermittelt. Bei dieser Relativmessung des Betrags wird der Messwert am Referenzpunkt zu null gesetzt. Bei eindimensional messenden Magnetfeldindikatoren ist der angezeigte Betrag richtungsabhängig. Diese Geräte müssen daher an allen Messpunkten und am Referenzpunkt so gehalten werden, dass die räumliche Ausrichtung zu allen drei Raumachsen nicht verändert wird. Als Bewegung zwischen den Punkten ist demnach nur Translation und keinerlei Rotation zulässig.

▌ *Kompass*

Mit einem Kompass wird in der horizontalen Ebene die Richtungsabweichung des Magnetfeldes von der Nordrichtung ermittelt. Bei dieser Relativmessung der Richtung wird die Nordrichtung an einen umgestörten Referenzpunkt ermittelt.

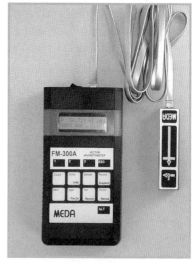

Bild 4.31   *Feldmühle zur Messung*   **Bild 4.32**   *3D-Magnetometer*
                elektrischer Gleichfelder   Foto: Fa. Meda
                Foto: Fa. Kleinwächter

Fernlehrgang Baubiologie IBN

Der Lehrgang besteht aus 25 Lehrheften (Loseblattsammlung) und ergänzenden Begleitseminaren. Lehrgangsinhalte:

Umweltsituation / Baubiologie und Baukultur / Ökologie und Standort / Wohn-Klima / Biologische Baustofflehre / Holzschutz, Hausschädlinge, Pilze / Bauweise und Bauart / Heizungs-, Sanitär- und Elektroinstallation / Energie- und Wasser-sparkonzepte / Bauakustik und Lärm / Baukonstruktion / Licht und Beleuchtung / Farbe und Oberflächenbehandlung / Raumgestaltung / Wohnpsychologie- und Wohnphysiologie / Städtebau / Baurecht und Normung / Felder und Strahlung / Schadstoffe / Untersuchungsmethoden / Umsetzung in der Praxis.

Der Fernlehrgang Baubiologie ist von der Staatlichen Zentralstelle für Fernunterricht geprüft und unter der Nr. 61 70 83 zugelassen; er dient der baubiologisch-ökologisch orientierten Fortbildung.

Der Lehrstoff ist wissenschaftlich fundiert und praxisorientiert. Dem baubiologischen Lehrgang liegt ein langes Fachstudium der Dozenten dieses Lehrgangs zugrunde; es ist in der praktischen Betätigung, im Unterricht an Hochschulen sowie in Seminaren und Vorträgen gereift.

Der Fernlehrgang Baubiologie wird laufend überarbeitet und aktualisiert. Den ehemaligen Teilnehmern wird der neue Lehrstoff in Form von Aktualisierungen und Ergänzungen angeboten.

Seit über 25 Jahren hat sich dieses Fernstudium in der Praxis bewährt. Es ist
- die rentabelste Investition des Bauherrn beim Bauen und Renovieren
- eine Hilfe beim Selbstbau und zur Senkung der Baukosten
- das ideale Ergänzungs-Studium für Ärzte, Heilpraktiker, Architekten und Bauhandwerker
- ein Weg zur Existenzgründung
- die notwendige Gesundheitsvorsorge für jeden.

Die Gebühren für dieses einjährige Selbststudium betragen lediglich 0,5 % der Baukosten für ein Einfamilienhaus. Im Vergleich zum Nutzen – für Gesundheit und Wohlbefinden, durch Bildung und öko-soziales Bewusstsein, im Beruf etc. – ist der Aufwand verschwindend gering.

Adressen erfolgreicher Lehrgangsabsolventen sind beim IBN erhältlich.

Infos und Anmelde-Unterlagen sowie Auskünfte über weitere Kurse, Seminare, Tagungen und Messen erhalten Sie bei

Institut für Baubiologie + Oekologie IBN

Holzham 25 · D-83115 Neubeuern · Tel. 08035-2039 · Fax 08035-8164
E-mail: institut@baubiologie.de
www.baubiologie.de

5 Reduzierung niederfrequenter elektrischer Wechselfelder

5.1 Vorüberlegungen und Planung von Reduzierungsmaßnahmen

Bei den Vorüberlegungen zu Reduzierungsmaßnahmen niederfrequenter elektrischer Felder sollte berücksichtigt werden, ob eine Maßnahme sich im Tagesverlauf zeitlich unbegrenzt auswirken soll oder beispielsweise am Schlafplatz nur nachts, wenn üblicherweise keine elektrische Energie benötigt wird. Die in den Abschnitten 5.2.1 und 5.2.3 beschriebenen Installationshinweise stehen für eine zeitlich unbegrenzte Feldreduzierung. Dagegen „wirken" die im Abschnitt 5.2.2 aufgeführten Gebäudesystemtechniken nur während der Dauer der Abschaltung bzw. Abkopplung.

5.1.1 Emissionsquellen niederfrequenter elektrischer Wechselfelder

Niederfrequente elektrische Wechselfelder (EWF) gehen einher mit elektrischen Wechselspannungen in Anlagenteilen und daran angeschlossenen Geräten, deren Anschlussleitungen sowie Verlängerungsleitungen und Steckdosenleisten. Im Rahmen der Planung Feld reduzierender Maßnahmen sind insbesondere folgende Anlagenteile laut **Bild 5.1** und am Netz betriebene Geräte zu berücksichtigen [1]:

5.1.1.1 Elektrische Anlagenteile

Dazu gehören:

- Hauseinführungsleitung des VNB (Versorgungs- bzw. Verteilungsnetzbetreiber),
- Hauptstromkreise und Verteilungsstromkreise,
- Zählerschrank,
- Stromkreisverteiler (in kleineren Anlagen häufig zusammengefasst mit dem Zählerschrank),
- Endstromkreise,
- Verbindungs-, Verteilungs-, Schalt- und Steckvorrichtungen.

Die Leiterarten in Wechselstrom-Elektroanlagen werden im Folgenden laut der **Tabelle 5.1** benannt.

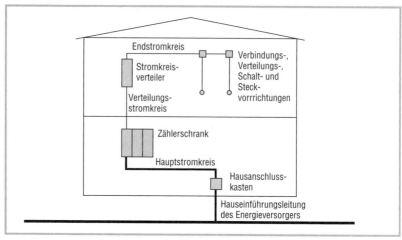

Bild 5.1   *Anlagenteile in einem Gebäude*

Tabelle 5.1 *Benennung der Leiter bei Wechselstrom*

Benennung	Kennzeichen	Farbe des Leiters	Definition in Anlehnung an [2]
Außenleiter	L1/L2/L3	alle Farben außer: – grün-gelb – grün – gelb – mehrfarbige Kennzeichen	Leiter, die die Stromquelle mit den Betriebsmitteln (z. B. elektrische Geräte) verbinden
Neutralleiter	N	hellblau (in der Regel)	Leiter, der mit dem in der Regel geerdeten Mittel- oder Sternpunkt der Stromquelle (Transformator des VNB) verbunden ist. Ausnahme: IT-System, s. Abschn. 6.1.2)
PEN-Leiter, früher: Nullleiter	PEN	grün-gelb	kombinierter Leiter für die Funktion des Neutralleiters und des Schutzleiters.
Schutzleiter	PE	grün-gelb	Leiter, der für einige Schutzmaßnahmen gegen gefährliche Körperströme erforderlich ist, um die elektrische Verbindung zu – Körpern der elektrischen Betriebsmittel, – fremden leitfähigen Teilen, – Haupterdungsklemmen, – Erdern, – geerdetem Sternpunkt der Stromquelle herzustellen.
Aktive Leiter	L1/L2/L3, N (nicht der PEN)		Leiter und leitfähige Teile von Betriebsmitteln, die unter normalen Umständen unter Spannung stehen.

5.1.1.2 Elektrische Geräte

Dazu gehören:

▮ ortsveränderliche Geräte,
▮ fest angeschlossene Geräte,
▮ sonstige Geräte,
▮ Verlängerungsleitungen, Geräteanschlussleitungen und Steckdosenleisten.

Die elektrische Wechselspannung steht üblicherweise dauerhaft bis zu den Schalt- und Steckvorrichtungen an. Somit emittieren die Spannung führenden Leitungen und damit verbundenen Einrichtungen und Geräte ständig ein elektrisches Wechselfeld. Um die Emissionen wirksam zu reduzieren, sind u. U. für alle Anlagenteile und Geräte entsprechende Maßnahmen zu planen.

5.1.1.3 Elektrische Anlagen außerhalb von Gebäuden

Ursächlich für die Emission von elektrischen Feldern sind nicht nur die gebäudeintern betriebenen Anlagen und Geräte. Möglich sind auch Einkopplungen von außen. Folgende Verursacher sind hier zu nennen:

▮ Hochspannungs-, Mittelspannungs- und Niederspannungsfreileitungen,
▮ elektrifizierte Bahnanlagen (die Problematik der *magnetischen* Wechselfelder ist hier jedoch meist höher einzustufen),
▮ elektrische Anlagenteile und Bauteile benachbarter Gebäude/-teile (z. B. bei Reihenbebauung).

5.1.2 Grundsätzliches zur Reduzierung elektrischer Wechselfelder

Im Gegensatz zu magnetischen Wechselfeldern können elektrische Wechselfelder relativ einfach an ihrer Ausbreitung gehindert werden. In den allgemein verwendeten Wechselstromsystemen TN und TT werden die Neutralleiter an der speisenden Stromquelle des Energieversorgers direkt geerdet (s. auch Abschn. 6.1.2). Ausgehend von den Außenleitern als Feldquellen enden die elektrischen Feldlinien somit an allen auf Erdpotential liegenden Objekten und Anlagenteilen (Feldsenken). Durch leitfähige geerdete Flächen, Umhüllungen, Beschichtungen usw. können die Emissionen aus Anlagenteilen und Geräten abgeschirmt werden. Dazu stehen unterschiedlichste Produkte und Materialien zur Verfügung. Sie können für den Emissionsschutz oder den Immissionsschutz verwendet werden.

Emissionsschutz bedeutet, die Entstehung bzw. Ausbreitung von Feldern direkt zu verhindern oder zu behindern.

Maßnahmen des Emissionsschutzes:

▌ Feldreduzierung mit geschirmten Elektroinstallationskomponenten,

▌ Feldreduzierung durch Abkoppeln und Abschalten,

▌ Feldreduzierung durch Kompensationseffekte (z. B. Phasentausch).

Immissionsschutz bedeutet, sich vor vorhandenen Feldern zu schützen, ihr Eindringen in den Arbeits-, Wohn- und insbesondere Schlafbereich zu verhindern oder zu behindern.

Maßnahmen des Immissionsschutzes:

▌ Feldreduzierung durch Abstandhalten zu Feldverursachern,

▌ Feldreduzierung durch Anbringen von großflächigen Abschirmungen
   mit Abschirmplatten, -putzen, -vliesen, tapeten und -farben.

Wenn man die Möglichkeit der Wahl hat, sollte dem Emissionsschutz der Vorzug vor dem Immissionsschutz gegeben werden; er ist grundsätzlich wirkungsvoller.

5.1.3 Baugrundstücksmessung

Damit möglichen Immissionen bereits bei der Planung begegnet werden kann, ist bei Neubauten eine Feldmessung am noch unbebauten Grundstück ratsam.

Befinden sich Freileitungen oder elektrifizierte Bahnanlagen in der Umgebung oder wird das geplante Objekt an ein bereits bestehendes Gebäude angebaut, so ist eine Feldmessung im Vorfeld der Baumaßnahme sinnvoll, um Reduzierungsmaßnahmen rechtzeitig planen zu können. Insbesondere bei Holz- und Leichtbauweisen sind Einkopplungen von außen möglich, welche durch leitfähige und geerdete Materialien in der Gebäudehülle reduziert werden können.

Für die Feldmessungen auf dem Baugrundstück empfiehlt sich das *potentialfreie Messverfahren* (s. Abschn. 4.2.2). Die Messpunkte werden im Baufenster festgelegt, zusätzliche Messpunkte können sich durch geplante Aufenthaltsorte für Personen außerhalb des Gebäudes ergeben. Bei einer Reihenbebauung sind besonders die Emissionen elektrischer Anlagen der bereits vorhandenen Gebäude zu erfassen. Dabei muss sichergestellt sein, dass die betreffenden elektrischen Anlagen vollständig in Betrieb sind. Neben der Dokumentation der Messergebnisse sollen auch klimatische Bedingungen sowie das Vorhandensein von Feld beeinflussenden Objekten, insbesondere Baum- und Strauchbewuchs, berücksichtigt werden.

5.1.4   Frei stehende Einfamilienhäuser

Werden bei einer Baugrundstücksmessung auffällige Feldstärken festgestellt, so kann die Gebäudehülle mit leitfähigen und geerdeten Materialien laut Abschnitt 5.3.2 ausgestattet werden. Diese von außen auf das geplante Gebäude einwirkenden Immissionen lassen sich hierdurch in der Regel auf nahezu 0 V/m reduzieren.

Die wirksamste Methode, die Emissionen der im Gebäude zu installierenden elektrischen Anlage zu reduzieren, ist eine Ausführung mit geschirmten Installationskomponenten laut Abschnitt 5.2.1. Mit dieser Maßnahme werden die Emissionen direkt an der Feldquelle reduziert. In Ergänzung zu einer feldarmen Installation sollten vor allen in den Daueraufenthaltsbereichen ortsveränderliche Geräte der Schutzklasse I mit geschirmter Anschlussleitung sowie geschirmte Verlängerungsleitungen und Steckdosenleisten verwendet werden (Erläuterung der Schutzklassen im Abschnitt 5.2.1.8).

Da sich elektrische Felder über Holz, insbesondere Massivholz, weiträumig ausbreiten können, ist eine „feldarme" Elektroinstallation in Holzhäusern, Blockhäusern, Häusern in Leichtbauweise und mit Holzständerwerk bzw. Fachwerk besonders zu empfehlen. Gleiches gilt für Bauten mit hohen Metallanteilen (tragende Elemente, Fassade). Aber auch bei der Massivbauweise ist eine sichere Reduzierung der elektrischen Wechselfelder nur mit den genannten Maßnahmen zu erreichen, insbesondere dann, wenn Mischbauweisen vorliegen (z. B. Holzdecken, Dachkonstruktion aus Holz- bzw. Leichtbauelementen, Holzvertäfelungen). Die Ausführung der Installation in Kellerräumen in massiver Bauweise hängt von der späteren Nutzung bzw. auch von den Ansprüchen im Hinblick auf die zu erreichenden Immissionswerte elektrischer Wechselfelder ab. Gegebenenfalls kann die Installation ohne besondere Maßnahmen ausgeführt werden, wenn die Kellerräume nicht zu Wohnzwecken dienen sollen und von ihnen keine elektrischen Felder in höher gelegene Stockwerke emittiert werden. In jedem Fall ist es sinnvoll, auch im Hinblick auf die Vermeidung von Blitz- und Überspannungsschäden, die Metallbewehrung der Keller- und Geschossdecken in den Potentialausgleich einzubeziehen. Durch diese Maßnahme können die einzelnen Stockwerke in Sinne einer Feldreduzierung voneinander „entkoppelt" werden.

Im Zentrum der Reduzierungsmaßnahmen stehen üblicherweise Daueraufenthaltsorte und hier insbesondere die Schlafplätze. Sollen Räume im

Keller auch für Schlaf- und Wohnzwecke genutzt werden, so können auch dort entsprechende Maßnahmen nötig werden. Jede Situation erfordert eine individuelle Planung.

5.1.5 Reihenhäuser

Bei der Reihenhausbebauung kann es zu Einkopplungen aus dem Nachbarhaus kommen, wenn die Installation dort mit nicht geschirmten Installationskomponenten ausgeführt ist. Durch leitfähige und geerdete Materialien (s. Abschn. 5.3.2), welche an den Trennwänden der Gebäude vollflächig eingebracht werden, können die Einkopplungen verhindert werden. In vielen Fällen wird es zweckmäßig sein, Materialien zu verwenden, die auch hochfrequente elektromagnetische Felder, insbesondere in den Frequenzbereichen der Mobilfunksysteme und schnurlosen Telefone, wirkungsvoll dämpfen (s. Kapitel 7). Magnetische Wechselfelder (Niederfrequenz) werden durch diese Maßnahmen nicht beeinflusst; es sei hier ausdrücklich darauf hingewiesen, dass Belastungen durch niederfrequente magnetische Wechselfelder nur mit den in Kapitel 6 genannten Maßnahmen reduziert werden können.

5.1.6 Mehrfamilienhäuser

In Mehrfamilienhäusern kann es notwendig sein, zusätzlich zu den vertikal ausgeführten Abschirmungen an Wänden zwischen den Wohnungen noch horizontal leitfähige und geerdete Materialien in die Zwischendecken einzubringen, um auch übereinander liegende Wohnungen zu entkoppeln. Hinsichtlich der Belastungen durch magnetische Wechselfelder (Niederfrequenz) gilt das in Abschnitt 5.1.5 Gesagte.

5.2   Maßnahmen des Emissionsschutzes

5.2.1   Feldreduzierung mit geschirmten Elektroinstallationskomponenten

5.2.1.1 Geschirmte Leitungen und Kabel der Energietechnik

Im Neubau empfiehlt es sich, die Emissionen direkt an den Feldquellen, also den Leitungen, Kabeln und Elektrodosen, zu reduzieren. Damit wird das höchste Schutzziel – eine wirksame Reduzierung rund um die Uhr – erreicht. Heute sind im Spezialversandhandel und auch vielerorts im Elektrogroßhandel geschirmte Mantelleitungen vom Typ (N)YM(ST) mit den gängigen Querschnitten von $1,5\,mm^2$ und $2,5\,mm^2$ Lagerware. Die **Tabelle 5.2** zeigt eine Auswahl von weiteren geschirmten Leitungs- und Kabeltypen.

Tabelle 5.2 *Auswahl von geschirmten Leitungs- und Kabeltypen*

Leitungs-/Kabeltyp	Aderzahl	Querschnitt in mm²	Einsatzgebiet	Bemerkung
(N)YM(ST)-J PVC-Mantelleitung; Schirm: kunststoffkaschiertes Aluband	3 und 5	1,5/1,5 bis 25/1,5	Verteil- und Endstromkreise, eingeschränkt als Hauptleitung	Schirm-Beidraht ist mit Steckklemmen gut kontaktierbar
	7	1,5/1,5		
(N)HXMH(ST)-J Hologenfreie Mantelleitung Schirm: kunststoffkaschiertes Aluband	3 und 5	1,5 bis 25	Verteil- und Endstromkreise, eingeschränkt als Hauptleitung	Schirm-Beidraht ist mit Steckklemmen gut kontaktierbar
	7	1,5		
NHYRUZY Umhüllte Rohrdrähte; Schirm: gefalzter Zinkmantel	2 bis 4	1,5 bis 25	für Räume mit Hochfrequenzanlagen	kein Beidraht, der Zinkmantel ist schlecht kontaktierbar
	5	1,5 bis 16		
NYBUY Bleimantelleitung; Schirm: Bleimantel	2 bis 4	1,5 bis 25	für feuer- und explosionsgefährdete Betriebsstätten	Bleimantel schlecht kontaktierbar
	5	1,5 bis 16		
Ölmass-CY Steuerleitung; Schirm: Kupfergeflecht	3, 5 und 7	1,5	EMV	Schirmgeflecht schlecht kontaktierbar
	3 und 5	2,5		
Ölmass-SY Steuerleitung; Schirm: Stahlgeflecht	2 bis 5, 7	1,5	EMV	Schirmgeflecht schlecht kontaktierbar
	3 und 5	2,5		
NYCWY Energiekabel mit konzentrischem Aufbau (PEN ist als Geflecht um die Außenleiter angeordnet)	2/1 bis 4/1	10/10	Hauseinführungsleitung	
	3/1, 4/1	16/16		
	3/1, 4/1	25/25		
	3/1, 4/1	„ / „ 150/x		
H05V(ST)V-F Leichte Schlauchleitung	3	0,5/0,5	Geräteanschlussleitung, nicht zur festen Verlegung	bis 2 m Leitungslänge
H05V(ST)V-F Leichte Schlauchleitung	3	0,75/0,75	Geräteanschlussleitung, Verlängerungsleitung, nicht zur festen Verlegung	auch über 2 m Leitungslänge
	3	1,0/1,0		
	3	1,5/1,5		

Zur festen Verlegung unter Putz bzw. in Hohlräumen hat sich der Typ (N)YM(ST) $n \times a/1{,}5$ durchgesetzt (ST bedeutet statischer Schirm, n gibt die Anzahl der Adern (ohne Beidraht der Abschirmung) an, a bezeichnet ihren Querschnitt in mm^2). Bei allen Querschnittstypen dieser Mantelleitung (**Bild 5.2**) und dem entsprechenden halogenfreien Typ (N)HXMH(ST)-J $n \times a/1{,}5$ hat der *Beidraht* grundsätzlich einen Querschnitt von 1,5 mm^2 (Kennzeichnung /1,5). Aus diesem Grund darf der Beidraht nur zur Kontaktierung der Abschirmhülle und *nicht* als Schutzleiter verwendet werden. Muss beispielsweise aus Gründen einer besonderen Verlegeart ein größerer Querschnittstyp (z. B. 4 mm^2) eingesetzt werden, können unter Umständen die Abschaltbedingungen der Schutzorgane (z. B. Leitungsschutzschalter) bei Verwendung des Beidrahtes (1,5 mm^2) als Schutzleiter (PE) nicht mehr erfüllt werden (s. auch Abschn. 5.2.1.7). Damit beispielsweise ein Leitungsschutzschalter mit der Auslösecharakteristik B16 in der geforderten Abschaltzeit von 0,2 s auslöst, ist ein Strom von mindestens 80 A notwendig. Die Leitungsimpedanz des Stromkreises muss entsprechend geplant werden. Die Impedanzen des Energieverteilnetzes des Energieversorgers sowie der Verteilstromkreise sind vorgegeben. Somit wird über die Auswahl eines ausreichenden Querschnitts der Endstromkreisleitung die Abschaltbedingung sichergestellt. In der Regel geschieht dies über Berechnung bzw. mittels der Anwendung von Tabellen.

Sollen auch die Hauptstromkreise im ungezählten Bereich (vom Hausanschlusskasten bis zu den Zählerschränken) in geschirmter Version verlegt werden, so ist der Einsatz der Mantelleitung (N)YM(ST) nicht möglich. Der Beidraht mit 1,5 mm^2 Querschnitt ist nicht in der Lage, den Auslösestrom

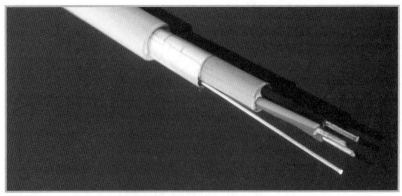

Bild 5.2   *Geschirmte Mantelleitung (N)YM(ST) 3 x 1,5/1,5*
Foto: Fa. Danell

der vorgeschalteten Sicherung (z. B. 35 A) bei einem Fehler zu führen. Da im ungezählten Bereich keine Fehlerstromschutzeinrichtung vorgesehen ist, die das Problem des geringeren Beidraht-Querschnitts entschärfen würde, muss daher ein anderer Leitungs- bzw. Kabeltyp verwendet werden (z. B. NYCWY). Hier hat der konzentrische Schutzleiter, der die spannungsführenden Leiter umgibt und somit auch die Schirmfunktion erfüllt, einen entsprechend großen Querschnitt zum Führen hoher Auslöseströme. Bei der Verbindungsleitung vom Zählerschrank zum Stromkreisverteiler tritt ein ähnliches Problem auf. Hier muss bei der Verwendung einer geschirmten Mantelleitung (N)YM(ST) insbesondere im TT-System eine selektive Fehlerstromschutzeinrichtung installiert werden (weitere Informationen zur selektiven Fehlerstromschutzeinrichtung im Abschnitt 8.6). Eine andere denkbare Möglichkeit ist auch hier die Verwendung eines Kabels mit konzentrischem Leiter. In vielen Fällen kann die Anforderung der Feldreduzierung auch mit metallenen und geerdeten Verlegesystemen (s. Abschn. 5.2.1.4) erfüllt werden.

5.2.1.2 Geschirmte Leitungen der Informationstechnik

Informationstechnische Anlagen arbeiten zur Datenübertragung zwar mit geringeren Spannungen, vorsorglich sollten aber auch hier geschirmte Leitungen verwendet werden. Wenn Fernmelde- bzw. Datenleitungen parallel zu nicht geschirmten Niederspannungsleitungen verlegt werden, kann es zu Einkopplungen auf den Schirm kommen. Auch aus diesen Gründen sollte der Schirm von Fernmelde-, Daten- und Antennenleitungen sowie der Leitungen von Einbruch- und Brandmeldeanlagen in den Potentialausgleich einbezogen werden.

5.2.1.3 Geschirmte Elektrodosen

Der relativ hohe Preis geschirmter Elektrodosen gegenüber der ungeschirmten Version sorgt immer wieder für Diskussionen darüber, wie sinnvoll deren Verwendung ist.

Für die Holz- und Leichtbauweise (auch in Dachgeschossen) kann ohne den Einsatz geschirmter Elektrodosen eine effektive Reduzierung elektrischer Felder unter 5 V/m in der Regel nicht erreicht werden. Innerhalb der ungeschirmten Dose ist der Mantel und damit auch der Schirm der Leitung entfernt. Hier kommt es dann zu hohen Feldemissionen. Über Berührungspunkte der Dose zum umgebenden Baustoff (z. B. Holz- oder Gipsplatten) können die elektrischen Felder großflächig in die komplette Baukonstruktion eingekoppelt werden. Die bei der Massivbauweise im Rahmen der Energieeinsparung immer leichter werdenden Mauersteine zeigen einen ähnlichen Trend. Auch hier finden wir bei geringerer Masse tendenziell höhere Feldstärken. Eine sichere und kalkulierbare Feldminimierung kann nur mit geschirmten Leitungen und geschirmten Dosen erreicht werden.

Heute sind unterschiedliche Ausführungen von geschirmten Dosen auf dem Markt zu finden. **Bild 5.3** und **Bild 5.4** zeigen außen metallisierte Elektrodosen für den Unterputz- und Hohlwandeinsatz. Geschirmte Unterputz- und Hohlwanddosen mit einer Graphitbeschichtung zeigen **Bild 5.5** und **Bild 5.6**.

Bild 5.3   *Geschirmte, metallisierte*   **Bild 5.4**   *Geschirmte, metallisierte*
             Unterputzdose   *Hohlwanddose*
             Foto: Fa. Biologa   *Foto: Fa. Biologa*

Bild 5.5   *Geschirmte Unterputzdose*   **Bild 5.6**   *Geschirmte Hohlwanddose*
             mit Graphitbeschichtung   *mit Graphitbeschichtung*
             Foto: Fa. Kaiser   *Foto: Fa. Kaiser*

Die metallisierten Elektrodosen sind mit einem massiven Potentialableiter gelb-grüner Isolierung ausgestattet, dieser erlaubt eine Kontaktierung
mit Steckklemmen für massive Leiter.

Die graphitbeschichteten Elektrodosen weisen dagegen einen feindrähti-
gen Potentialableiter auf. Hier müssen spezielle Steckklemmen für feindrähtige Leitungen, wie sie beispielsweise bei Leuchten eingesetzt werden,
verwendet werden. Sowohl die metallisierten als auch die graphitbeschichteten Elektrodosen haben kein VDE-Zeichen. Das vom Zertifizierungsinsti-
tut des VDE vergebene Prüfzeichen kann diesen Produkten nicht verliehen
werden, da zum einen durch die leitfähige Beschichtung der Isolationstest
zwischen Außen- und Innenflächen nicht bestanden wird. Zum anderen ist
die Kontaktierung des Potentialableiters durch Lötung oder Nietung nach
den VDE-Kriterien nicht vorgesehen (s. hierzu auch Abschn. 8.6).

5.2.1.4 Metallene Verlegesysteme

Die Industrie bietet heute ein breites Spektrum an metallenen Verlegesystemen an. Diese Produkte werden zum großen Teil von der VDE-Prüf-
stelle (Verband der Elektrotechnik Elektronik Informationstechnik) geprüft
und tragen dann das VDE-Zeichen. Im Hinblick auf mechanische Stabilität,
Stromtragfähigkeit und Personenschutz haben die Hersteller viele Anstren-
gungen unternommen, damit die Anwender unter Beachtung der Montage-
anleitung ein „sicheres Produkt" verarbeiten können. Außerdem steht eine
Vielzahl von Varianten zur Verfügung, so dass auf eigene Konstruktionen
weitgehend verzichtet werden kann [3].

Kabelwannen / Kabelpritschen

Die Kabelwanne bzw. -pritsche bietet sich als preisgünstiges Verlegesystem
für untergeordnete Räume bzw. für nicht einsehbare Raumabschnitte (z. B.
abgehängte Decke) an. Eine große Anzahl von Leitungen, auch mit sehr hohen Querschnitten (z. B. für Hauptleitungen), kann mit diesem System ge-
fasst werden. Es ist im Einzelfall zu prüfen, ob zur Feldreduzierung in den
darüber liegenden Räumen die Komplettierung mit einer metallenen Abdeckung angezeigt ist. Durch das Einbeziehen in den Potentialausgleich
werden elektrische Wechselfelder wirkungsvoll abgeschirmt (zum Potentialausgleich s. Abschn. 5.5.10). Auf den Einsatz von geschirmten Mantelleitungen kann in diesem Verlegeabschnitt verzichtet werden. Entsprechende
Lösungen sind auch zur Wandmontage für den Steigbereich verfügbar.

Fußbodenkanäle

Fußbodenkanäle eignen sich in hervorragender Weise für Büroräume. Es handelt sich hier um ein kostenintensives Verlegesystem, das nur bei der Neuinstallation Verwendung finden kann und bereits beim Fußbodenaufbau rechtzeitig eingebracht werden muss. Leitungen und Steckdosen können jederzeit nach Bedarf nachgerüstet werden. Das System wird in den Potentialausgleich einbezogen, somit kann in seinem Bereich auf geschirmte Mantelleitungen verzichtet werden.

Aufbaukanäle

Dieses Kanalsystem wird bei der Sanierung von bereits bestehenden Gebäuden eingesetzt. Der Kanal ist trittfest und wird in den Potentialausgleich einbezogen; auf geschirmte Mantelleitungen kann daher in seinem Bereich verzichtet werden. Geräteauslässe lassen sich fußbodenüberragend oder ebenerdig integrieren; das Nachrüsten mit Leitungen ist jederzeit möglich.

Metallene Kanäle zur Aufnahme von Leitungen und Geräten

Der *Leitungsführungskanal* (**Bild 5.7**) ist für das Fassen von mehreren Leitungen vorgesehen. Ein Trennsteg erlaubt das separate Verlegen von energie- und informationstechnischen Leitungen. Sowohl das Unterteil und der Trennsteg als auch das Oberteil werden mit entsprechendem Zubehör in den Potentialausgleich einbezogen. Für die Aufnahme von Steckdosen ist der Kanal nicht vorgesehen. Denkbar ist das Einlegen von Hauptleitungen mit größerem Querschnitt in den Kanal.

Der *Brüstungs-* bzw. *Gerätekanal* (**Bild 5.8**) ermöglicht neben der Aufnahme der Leitungen zusätzlich die Montage von Steck- und Schaltgeräten (Steckdosen, Schalter, Leitungsschutzschalter usw.) aller Art. Das Kanalsystem eignet sich im Neubau ebenso wie für die Nachrüstung in bereits bestehenden Gebäuden. Wird der Kanal in den Potentialausgleich einbezogen, kann auf geschirmte Leitungen in seinem Bereich verzichtet werden. Leitungen sowie am Kanal zu installierende Steck- und Schaltgeräte können jederzeit nachgerüstet werden, die Position der Geräte ist sehr variabel.

Insgesamt eignen sich metallene Leitungs- und Installationskanäle für den Geräteeinbau im Neubau, aber auch bei der Nachrüstung von bereits bestehenden Objekten. Die Montage der Teile ist einfach; für den Richtungswechsel an Wandflächen, Ecken usw. sind diverse Formteile verfügbar.

Bei einer Sanierung ist es beispielsweise denkbar, die Emissionen von in der Wand verlegten Installationsleitungen durch Abklemmen dieser Leitun-

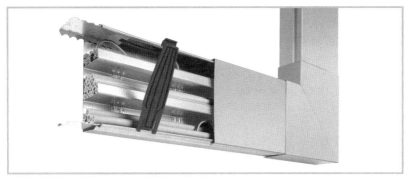

Bild 5.7 *Metallener Leitungsführungskanal*
Foto: Fa. Hager Tehalit

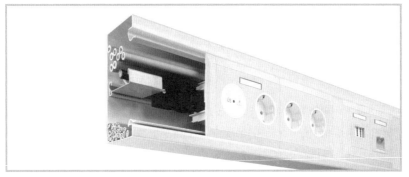

Bild 5.8 *Metallener Brüstungskanal zur Aufnahme von Leitungen und Geräten*
Foto: Fa. Hager Tehalit

gen zu beseitigen. Die nun fehlende Spannungsversorgung wird dann über neue, in den metallenen Kanälen verlegte Leitungen und Steckdosen realisiert.

Raumsysteme

Raumsysteme ermöglichen das Positionieren von Steckgeräten inmitten von Räumen. Die Befestigung erfolgt an Fußboden und Decke (raumhohe Systeme) bzw. nur am Fußboden (halbhohe Systeme).

Wenn sich beispielsweise in der Nähe eines Büroarbeitsplatzes keine Wand befindet, können montierte und in den Potentialausgleich einbezogene Raumsäulen sowohl die Leitungen als auch Steck- und Kommunikationsdosen aufnehmen. Nachinstallationen sind problemlos möglich. Die Leitungseinführung erfolgt je nach Möglichkeit vom Boden aus (**Bild 5.9**) oder über die Decke (**Bild 5.10**).

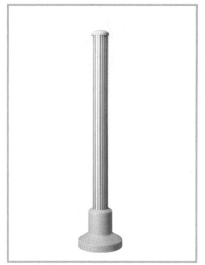

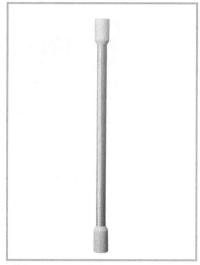

Bild 5.9 *Kurze Raumsäule*
Foto: Fa. Hager Tehalit

Bild 5.10 *Raumhohe Säule*
Foto: Fa. Hager Tehalit

5.2.1.5 Metallene Gehäuse

Für die Vernetzung der in Büroräumen befindlichen Computer werden eine Reihe zusätzlicher Geräte (Switch, HUB, USV, Modem usw.) benötigt. Im Sinne einer möglichst hohen Betriebssicherheit und gleichzeitiger Feldreduzierung sollten diese Geräte in einem geeigneten Gehäuse untergebracht werden. Für kleine Bürolösungen können diese metallenen und in den Potentialausgleich einbezogenen Gehäuse z. B. auch unter einem Büroarbeitsplatz untergebracht werden (**Bild 5.11**). Bei großen Lösungen stehen auch raumhohe EDV-Verteiler zur Verfügung (**Bild 5.12**). Die Hersteller bieten heute eine ganze Reihe von Gehäusen für praktisch jeden Einsatzfall an.

Auch im Haushalt gibt es durchaus Anwendungsfälle für metallene Gehäuse. Gerade bei der Unterhaltungselektronik finden wir viele Geräte der Schutzklasse II (elektrisches Betriebsmittel mit der Schutzmaßnahme „Schutzisolierung", weitere Erklärung im Abschnitt 5.2.1.8) mit Euro-Flachstecker und ohne Erdungssystem. Hier ist ein Austausch der Geräteanschlussleitungen gegen geschirmte Typen meist nicht möglich bzw. wird aus Gründen der Gewährleistung des Herstellers nicht durchgeführt. Deswegen bietet sich die Aufbewahrung in für die EDV vorgesehenen Gehäusen an. Die Geräte werden hierin zusätzlich vor Staub und dem Zugriff von Kleinkindern geschützt.

Bild 5.11   *Metallenes EDV-Gehäuse*   **Bild 5.12**   *Raumhoher metallener*
zur Platzierung unter dem   *EDV-Verteiler*
Schreibtisch   Foto: Fa. Knürr AG
Foto: Fa. Knürr AG

5.2.1.6 Zähler- und Verteilerschränke

Zählerschränke (**Bild 5.13**) werden heute grundsätzlich in metallener Ausführung angeboten. Allerdings wird dabei das Metallgehäuse nicht in den Potentialausgleich einbezogen, da es sich um Schutzklasse-II-Geräte handelt. Das nachträgliche Erden des Gehäuses ist schon aus Gewährleistungsgründen nicht zu empfehlen. Außerdem besteht die Gefahr, dass bei einem Schluss eines Außenleiters auf das geerdete Gehäuse je nach Fehlerwiderstand und daraus resultierendem Fehlerstrom u. U. die vorgeschaltete Sicherung (z. B. 35 A) erst nach Minuten, Stunden, wenn überhaupt auslöst. Besonders im TT-System kann es durch hohe Erdungswiderstände der Anlage zu einem gefährlichen Ansteigen der Berührungsspannung auf dem gesamten Potentialausgleichssystem kommen. Reduzierungsmaßnahmen sollten sich daher hier auf Maßnahmen des Immissionsschutzes (s. Abschn. 5.3.2) beschränken, wie beispielsweise das Auskleiden der Zählernische mit einem leitfähigen und geerdeten Abschirmmaterial.

Ähnliches gilt für *Stromkreisverteiler im TT-Netz*. Wird hier ein im Handel erhältlicher Schutzklasse-I-Verteiler mit geerdetem Metallgehäuse eingesetzt, so kann es in Abhängigkeit von den Erdungsbedingungen bei einem

Bild 5.13   *Zählerschrank in Schutzklasse II*   Foto: Fa. Hager Tehalit

Schluss eines Außenleiters auf das Metallgehäuse zu einem gefährlichen
Ansteigen der Berührungsspannung auf dem gesamten Potentialausgleichssystem kommen, bevor ein Schutzorgan auslösen kann. Hier sollte dem
Stromkreisverteiler eine selektive Fehlerstromschutzeinrichtung im Zählerschrank vorgeschaltet werden.

Für das TN-System gilt diese Fehlerbetrachtung nicht, da das vorgeschaltete Schutzorgan wegen der niederohmigen Fehlerschleife grundsätzlich
auslösen kann. Beim TN-System werden die Körper der Betriebsmittel (hier
das metallene Gehäuse des Stromkreisverteilers) über Schutzleiter mit dem
geerdeten Sternpunkt des Transformators beim VNB verbunden. Anders als
beim TT-System, wo der Fehlerstrom hohe Übergangswiderstände der Ge-
bäudeerdung überwinden muss, besteht im TN-System damit eine vom Ge-
bäudeerder unabhängige, niederohmige Fehlerschleife über die Schutzleiter.

Im Handel gibt es heute beispielsweise einen Verteiler, der sowohl für
den Unterputz- und Aufputz- als auch für den Hohlwandeinsatz geeignet ist.
Dieser metallene Verteiler wird grundsätzlich in Schutzklasse II ausgeliefert.
Er lässt sich jedoch mit einem Erdungsset in einen Schutzklasse-I-Verteiler
umrüsten und erfüllt damit die Schirmfunktion in allen Einsatzfällen (Unter-
putz-, Aufputz-, Hohlwandeinsatz).

5.2.1.7 Verdrahtung geschirmter Installationskomponenten

Bezüglich der Verdrahtung der Potentialableiter geschirmter Elektrodosen
gibt es in der Fachwelt unterschiedliche Meinungen zur Ausführung:

Bei der einen Variante wird empfohlen, den Potentialableiter der Elektrodose mit den Schirmbeidrähten der in die Dose eingeführten Leitungen zu
verbinden.

Die Autoren vertreten jedoch die Meinung, dass der Potentialableiter
(Farbe: gelb-grün) mit den gelb-grünen Schutzleitern der in die Dose eingeführten Leitungen zu verbinden ist. Die leitfähig beschichtete Elektrodose
ähnelt nämlich eher einem Schutzklasse-I-Gerät. In diesem Fall wäre der
Potentialableiter mit dem Schutzleiter der Elektroanlage zu verbinden. Da
der blanke Schirmbeidraht aus Gründen eines möglicherweise zu geringen
Querschnitts (s. Abschn. 5.2.1) nicht als Schutzleiter verwendet werden
darf, bleibt die Kontaktierung des gelb-grünen Potentialableiters der Dose
nur mit dem gelb-grünen Schutzleiter der geschirmten Mantelleitung [4].

Der blanke Schirmbeidraht der geschirmten Mantelleitung wird in Ver-
bindungsdosen bzw. Schalterabzweigdosen nur durchverbunden. Es empfiehlt sich das Isolieren des Beidrahtes mit einem transparenten Schlauch,
um nicht beabsichtigte Berührungen beispielsweise mit dem Schutzkontakt-
bügel einer Schukosteckdose und die damit verbundene Schleifenbildung zu
verhindern. Endet eine Mantelleitung in einer Elektrodose (z. B. an der letzten Steckdose eines Endstromkreises oder an einem Leuchtenauslass), wird
der Beidraht isoliert und hinten in die Elektrodose eingelegt.

Im Praxiseinsatz hat es sich als vorteilhaft gezeigt, die isolierten Einzela-
dern der geschirmten Mantelleitungen über Dreistockreihenklemmen und
Ergänzungsklemmen im Stromkreisverteiler zu kontaktieren (**Bild 5.14**).
Auch hier sollten die blanken Schirmbeidrähte mit transparenten Schläu-
chen isoliert werden. Es empfiehlt sich, sie auf einer eigenen Schiene zu
sammeln und diese dann über eine Leitungsbrücke mit der auf Erdpotential
liegenden Hutschiene im Stromkreisverteiler mittels Reihenklemme (gelb-
grün) zu verbinden.

5.2.1.8 Lösungen für Geräte „hinter der Steckdose"

Geschirmte Komponenten „hinter der Steckdose"

Im Spezialversandhandel sind heute viele Produkte für den Einsatz „hinter
der Steckdose" erhältlich. Damit kann eine geschirmte Installation sinnvoll
ergänzt werden, ohne die durch die Installation gewonnene Feldfreiheit
durch ungeschirmte Geräte – zumindest teilweise – wieder zunichte zu machen.

Die **Tabelle 5.3** zeigt eine Auswahl von geschirmten Komponenten.

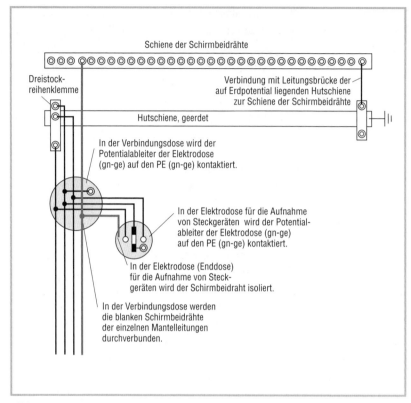

Bild 5.14   *Kontaktieren der Schirmbeidrähte und Potentialableiter der Elektrodosen*

Tabelle 5.3 *Geschirmte Komponenten „hinter der Steckdose"*

Geschirmtes Produkt	Einsatzgebiet	Bemerkung
Verlängerungsleitung	Büro, Haushalt	
Geräteanschlussleitung mit Kaltgerätekupplung	Büro, Haushalt	für Geräte der Schutzklasse I **(Bild 5.15)**
Geräteanschlussleitung mit freiem Ende	Büro, Haushalt	zum Nachrüsten, wenn die Anschlussleitung ohne Steckkontakt mit dem Gerät verbunden ist **(Bild 5.16)**
Steckdosenleiste	Büro, Haushalt	Es sind heute viele verschiedene Typen auf dem Markt zu finden; meist mit 3 bis 8 integrierten Dosen, mit doppelpoligem Ausschalter, ergänzt mit Überspannungsschutz und Netzfilter, sowie als komplettes Steck-System „Wieland" **(Bild 5.17)**.
Geschirmte Leuchte	Wohnraum	**Bild 5.18**
Leuchte mit Schirmkorb	z. B. Schlafplatz bzw. Wohnraum	Die Schirmung ist hier komplett bis über das Leuchtmittel durchgeführt **(Bild 5.19)**.
Metallene Schreibtischleuchte	z. B. Büro	**Bild 5.20**

Bild 5.15 *Geschirmte Geräteanschluss-leitung mit Kaltgerätestecker*
Foto: Fa. Danell

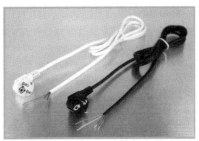

Bild 5.16 *Geschirmte Geräteanschluss-leitung mit freiem Ende*
Foto: Fa. Danell

Bild 5.17 *Steckdosenleistensystem „Wieland"*
Foto: Fa. Danell

Bild 5.18 *Geschirmte Leuchte*
Foto: Fa. Danell

Bild 5.19 *Leuchtmittel unter Schirmkorb*
Foto: Fa. Danell

Bild 5.20 *Metallene Schreibtischleuchte*
Foto: Fa. Danell

In Tabelle 5.3 ist eine geschirmte Geräteanschlussleitung mit Kaltgeräte-kupplung enthalten. Diese kann bei Geräten der Schutzklasse I (s. Tabelle 5.4) gegen die ursprünglich mitgelieferte, ungeschirmte Leitung ausge-tauscht werden. Allerdings ist hier zu berücksichtigen, dass bei einigen Ge-räten vom Hersteller vorgesehen ist, eine spezielle Anschlussleitung mit Ferritfilter zu verwenden. Wird diese speziell ausgerüstete Anschlussleitung nicht verwendet und gegen einen geschirmten Typ ohne Ferritfilter ausge-tauscht, so kann es zu unzulässiger hochfrequenter Störabstrahlung kom-men. Unter Umständen kann die geschirmte Leitung mit einem Ferritklapp-filter nachgerüstet werden.

Elektrische Betriebsmittel werden in *Schutzklassen* nach **Tabelle 5.4** eingeteilt [5]. Insbesondere bei vielen Haushaltsgeräten und Geräten der Unterhaltungselektronik hat sich heute die *Schutzklasse II* (Schutzisolie-rung) durchgesetzt, da bei der Anwendung der Schutzisolierung die Wahr-scheinlichkeit eines Fehlers sehr gering ist und damit die Zahl der Elektrounfälle deutlich abgesunken ist, wie durch die Bundesanstalt für Ar-beitsschutz und Unfallforschung im Jahre 1979 bestätigt wurde. Die Kehr-seite ist, dass diese Geräte und deren Anschlussleitungen bauartbedingt auf-fällig starke niederfrequente elektrische Felder emittieren können. In baubiologischen Kreisen wird daher die *Schutzklasse I* empfohlen, da hier das metallene Gehäuse mit dem Schutzleiter verbunden ist und es zu einer Minimierung von Emissionen elektrischer Felder aus dem Gerät kommt. Wird ein Gerät der Schutzklasse I nun noch mit einer geschirmten An-schlussleitung ausgerüstet, so sind in der Umgebung des Gerätes und der Anschlussleitung kaum elektrische Wechselfelder nachweisbar. Die Empfeh-lung der Verwendung von Schutzklasse-II-Geräten aus Gründen der Unfall-reduzierung auf der einen Seite und der Trend zu Schutzklasse-I-Geräten

Tabelle 5.4 *Einteilung der Geräte in Schutzklassen* [5]

| Merkmale | Schutzklasse | | |
	I	II	III
Hauptmerkmale der Betriebsmittel	Anschlussstelle für Schutzleiter (PE) oder PEN-Leiter	zusätzliche Isolierung, keine Anschlussstelle für Schutzleiter	Versorgung mit Schutz-kleinspannung
Voraussetzungen für die Sicherheit	Anschluss an PE oder PEN	keine	Anschluss an Schutz-kleinspannung (SELV)
Symbol	⏚	▢	⟨III⟩
Anwendung	nur Schutzleiter (PE) oder PEN-Leiter	allgemeine Anwendung	mit SELV-Stromkreisen (Schutzkleinspannung)

aus Gründen der Feldreduzierung auf der anderen Seite wirft die Frage auf, ob es nun tatsächlich im Streben nach niedrigen Feldemissionen zu einem höheren Unfallrisiko kommt. Zum Zeitpunkt der Studie der Bundesanstalt für Arbeitsschutz und Unfallforschung im Jahre 1979 wurden kaum *Fehlerstromschutzeinrichtungen* angewandt. Daher ergab sich zu diesem Zeitpunkt ein grundsätzlich höheres Unfallrisiko. Heute werden Fehlerstromschutzeinrichtungen überwiegend vor allem beim Neubau eingesetzt. Damit ergibt sich auch für den Betrieb von ortsveränderlichen Geräten der Schutzklasse I ein insgesamt wesentlich geringeres Risiko. Daraus muss allerdings auch die Forderung abgeleitet werden, in bestehenden Anlagen die Fehlerstromschutzeinrichtung nachzurüsten, insbesondere dann, wenn im Hinblick auf die Realisierung baubiologischer Ziele die Belassung des bisherigen Zustands eine Gefährdung für das Leben oder die Gesundheit von Personen bedeutet (s. auch Abschn. 5.5.3).

5.2.2 Feldreduzierung durch Abschalten und Abkoppeln

5.2.2.1 Manuelles Abschalten von ortsveränderlichen Geräten

Ortsveränderliche Geräte, wie insbesondere Steckdosenleisten und Leuchten mit Schnurschalter, sind normalerweise mit einem *einpoligen Ausschalter* ausgerüstet. Dies wird zum Problem, wenn es bei Stecksystemen zwei Möglichkeiten der Steckerpositionierung gibt (Stecker kann gedreht werden) und zufällig die Position erwischt wird, bei welcher der N-Leiter geschaltet wird. In diesem Fall ist die gesamte Anschlussleitung bis zum Gerät mit dem Außenleiter (Phase) verbunden. Dann kommt es trotz Ausschaltung im gesamten Verlauf der Anschlussleitung und je nach Ausführung des Gerätes (Schutzklasse I oder II) auch hier zur Emission von elektrischen Wechselfeldern. Wird zufällig der Außenleiter geschaltet, so entstehen Feldemissionen nur bis zum Schalter. Gelöst werden kann dieses Problem bei ortsveränderlichen Geräten mit einem *zweipoligen Ausschalter*. Hier wird der Außenleiter in jedem Fall geschaltet. Eine weitere Möglichkeit besteht darin, beispielsweise die für die Nachttischleuchte vorgesehene Schukosteckdose über einen fest installierten Ausschalter zu schalten. In diesem Fall wird der Außenleiter über den Ausschalter geführt und sicher geschaltet. Als einfache bzw. provisorische Lösung kann die Lage des Außenleiters an den Steckdosen bzw. Steckern der Geräte markiert werden, so dass die phasenrichtige Steckerposition jederzeit möglich wird. Überprüft werden kann bei Leuchten der phasenrichtige Anschluss damit, dass bei entferntem Leuchtmittel im ausgeschalteten Zustand an keinem Kontakt der Leuchtenfassung der Außenleiter anliegt.

Auch Geräte der EDV-Technik können mit Anschlussleitungen mit *Kaltgerätestecker* (**Bild 5.21**) ausgestattet werden. Entsprechende Steckdosenleisten mit Kaltgerätedosen erlauben nur einen „phasenrichtigen" Anschluss und eine „phasenrichtige" Abschaltung, auch bei einpoligem Schalter. Bei dieser Steckdosenleiste muss dann aber ein phasenrichtiger Anschluss steckerseitig sichergestellt sein. Dies ist beispielsweise bei einem dreipoligen CEE-Stecksystem gewährleistet (**Bild 5.22**).

5.2.2.2 Gebäudesystemtechnik

Die ersten Überlegungen der Baubiologie im Hinblick auf die Reduzierung von Feldemissionen elektrischer Anlagen waren geprägt von der Empfehlung einer möglichst geringen Ausstattung mit Leitungen, Schalt- und Steckgeräten sowie elektrischen Geräten. Dem gegenüber stehen ständig neue Anforderungen an den Betrieb und die Ausstattung von Installationen und Geräten, insbesondere durch die Informationstechnik – zwei Trends, die auf den ersten Blick kaum zu vereinen sind. Mit der Entwicklung innovativer „intelligenter" Steuerungssysteme für komplexe Schaltaufgaben – der Gebäudesystemtechnik – ergeben sich heute vielfältige und interessante Möglichkeiten, Anlagenteile flexibel vom Netz abzukoppeln, um Emissionen niederfrequenter elektrischer Wechselfelder zu reduzieren [6].

Bild 5.21 *Kaltgerätestecker mit nur einer Steckmöglichkeit*

Bild 5.22 *Dreipolige CEE-Steckdose mit nur einer Steckmöglichkeit*

Die mit den verschiedenen Gebäudesystemtechniken realisierbaren Reduzierungsmaßnahmen sind allerdings abhängig von den Schaltzuständen der eingesetzten Geräte [7]. Damit ergibt sich im Gegensatz zu einer Installationsausführung mit geschirmten Komponenten laut Abschnitt 5.2.1 keine generelle Minimierung der Feldsituation. In der Regel werden die Geräte der Gebäudesystemtechniken in den Endstromkreisen installiert. Die genauen Einbauorte werden bei einer Neuinstallation durch sorgfältige Planung bestimmt. Bei bestehenden Installationen werden die für eine wirksame Reduzierungsmaßnahme abzukoppelnden Anlagenteile durch eine E-Feldmessung ermittelt [8].

Bei der Standardinstallation versorgt ein Verteilungsstromkreis einen Schaltschrank (Stromkreisverteiler, Unterverteiler (UV)). Die vom Stromkreisverteiler ausgehenden Endstromkreise versorgen dann die Steckdosen und weiteren fest installierten Geräte (**Bild 5.23**).

Die Steckdosen sind direkt mit der Netzspannungsquelle verbunden; Leuchtenstromkreise werden über Aus-, Wechsel- und Kreuzschalter – je nach Anzahl der Schaltpunkte – geführt. Die Steckdosen sind somit ständig mit der Netzspannungsquelle verbunden, die Leuchtenstromkreise dagegen nur zeitweise, entsprechend dem Schaltungszustand der Schalter. Für den Energietransport ist grundsätzlich – wie bei allen Installationsvarianten – eine „Energieleitung" notwendig. Bei dieser einfachen Standardinstallation ist

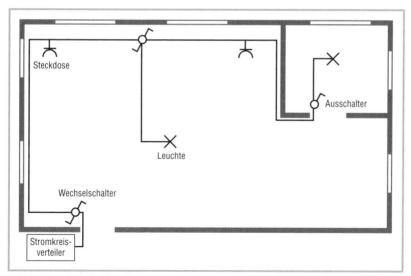

Bild 5.23 *Standardinstallation*

die Leitung für die Energie mit der Leitung für die Schaltbefehle identisch (Energieleitung = Datenleitung). Der Vorteil der Standardinstallation liegt vor allem darin, dass sie durch alle Fachfirmen ausgeführt werden kann und sehr kostengünstig ist.

Anhand der Merkmale der **Tabelle 5.5** werden die verschiedenen Steuerungssysteme untersucht, vor allem im Hinblick auf die Möglichkeiten zur Reduzierung der Emissionen niederfrequenter elektrischer Wechselfelder. Zusätzlich wurden als Hilfsmittel zum Vergleich auch die Merkmale einer Installation mit geschirmten Komponenten angegeben.

5.2.2.3 Netzabkoppler („Netzfreischalter")

Der Netzabkoppler ist das bekannteste Schaltgerät zur Reduzierung von niederfrequenten elektrischen Wechselfeldern. Bekannter sind diese Geräte noch unter der Bezeichnung *Netzfreischalter*. Der VDE zieht allerdings den Begriff Netzabkoppler vor, da die *Netzfreischaltung* in der Nomenklatur des VDE eine ganz andere technische Bedeutung hat [9]. „Freigeschaltet" werden beispielsweise Anlagenteile, wenn an ihnen gearbeitet wird. Durch geeignete Trennstrecken in Luft bzw. gleichwertiger Isolierung muss dabei sichergestellt sein, dass es zu keinem Überschlag kommt. Außerdem muss sichergestellt werden, dass es nicht zu einem unkontrollierten Wiedereinschalten kommt. Dies ist bei dem hier behandelten Schaltgerät nicht gegeben. Im Folgenden wird daher nur der Begriff „Netzabkoppler" verwendet.

Der Netzabkoppler wird bei einer Standardinstallation meistens in den Stromkreisverteiler, schaltungstechnisch hinter dem Leitungsschutzschalter, in den abzukoppelnden Stromkreis eingeschleift (**Bild 5.24**). Einige Hersteller bieten auch Geräte für den Einsatz in Verteilungsdosen an.

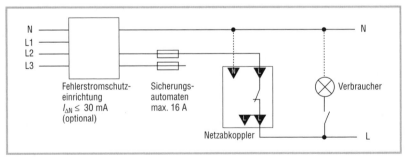

Bild 5.24   *Schaltungstechnischer Einbau des Netzabkopplers*
Quelle: Gigahertz Solutions

BERKER NETZABKOPPLER – BESSER SCHLAFEN OHNE STROM

Der Bereich Baubiologie und besonders das Thema „Elektrosmog" werden immer wichtiger für den Endverbraucher. Eine der wichtigsten Forderungen, die an den Planer oder Fachinstallateur herangetragen werden, ist die „Stromfrei-Schaltung" bestimmter Räume, z.B. des Schlafzimmers. Unser neuer, VDE-zugelassener Netzabkoppler schaltet die Netzspannung selbsttätig ab, sobald der letzte angeschlossene Verbraucher abgeschaltet wird. So vermeidet der Netzabkoppler wirksam elektromagnetische Felder, wenn kein Strom mehr benötigt wird. Möchten Sie mehr wissen? Wir sind für Sie da: Berker GmbH & Co. KG Telefon 0 23 55/9 05 - 0, Telefax 0 23 55/9 05 - 1 11, info@berker.de, www.berker.de

Berker auf die eigene Art.

Tabelle 5.5 *Merkmale der verschiedenen Steuerungssysteme*

System	Energieleitung = Datenleitung	Separate Datenleitung	Datensignal mit Kleinspannung	Datensignal drahtlos	Intelligentes System	Programmierung mit Software	Installation durch alle Fachfirmen	Installation durch spezialisierte Firmen	Möglichkeit der einfachen Nachrüstung	Kosten der Installation	Kapazitive Einkopplungen werden verhindert	Geringe E-Feld-Emission, Zustand: abgekoppelt	Geringe Emission, unabhängig vom Schaltzustand
Standardinstallation	x						x			gering			
Netzabkoppler	x				+		x		x	gering	x	x	
Stromstoßschalter 230 V	x						x			gering			
Stromstoßschalter 8 V		x	x				x			gering		?	
Zeitschaltuhr					+		x		x	gering		?	
Kleinsteuerung 230 V	x				++	!	x			mittel			
Kleinsteuerung 24 V		x	x		++	!	x			mittel		?	
SPS-Steuerung		x	x		+++	x		!!		sehr hoch		?	
Funk-Management	'x'			x	++		x		x	mittel	!!!	?	
Powerline	x				+++	!		x	x	mittel			
LCN-Bus	x				+++	x	x			hoch			
EIB-Instabus		x	x		+++	x	x			sehr hoch		?	
EIB-Easy		x	x		+++	!	x			hoch		?	
LON		x	x		+++	x		!!		hoch		?	
Geschirmte Installation	x						x			mittel	x		x
Geschirmte Installation plus „Intelligentes" System		x	x		+++	x	x	!		mittel bis hoch	x		x

x   zutreffend
'x'   Funk
!   Die Programmierung ist über eine Software oder direkt über ein Modul möglich.
!!   Die Installation wird nur durch wenige spezialisierte Firmen durchgeführt.
!!!   Bei den wenigsten Funksystemen wird die abgeschaltete Ader an Nullpotential gelegt.
+   System mit einfacher Sensor- bzw. Zeitsteuerungsfunktion.
++   System für komplexe Steuerungen mit begrenztem Elementumfang.
+++   System für hochkomplexe und umfangreiche Steuerungen.
?   Der Grad der Emissionsreduzierung ist u. a. abhängig von der Länge des abgekoppelten Leitungs-
      abschnitts. Je nach Einbauort des abkoppelnden Aktors (zentral / dezentral) können sich damit sehr
      unterschiedliche Resultate ergeben.
(graue Felder: Merkmale sind hier nicht relevant)

Funktion des Netzabkopplers

Fließt im an den Netzabkoppler angeschlossenen Anlagenteil ein Strom, so hält der Netzabkoppler den Stromkreis mit der Netzspannungsquelle verbunden, da er den Strom misst (Stromsensor). Werden jedoch alle Elektrogeräte in diesem Anlagenteil vom Netz getrennt, so ist der gemessene Strom null bzw. liegt unterhalb der – häufig einstellbaren – Abschaltschwelle von typischerweise einigen 10 mA, und der Netzabkoppler koppelt den betreffenden Anlagenteil vom Netz ab. Bei Zuschalten des ersten Gerätes koppelt der Netzabkoppler die Netzwechselspannung automatisch wieder zu. Dies wird dadurch realisiert, dass im abgekoppelten Zustand eine Gleichspannung als Überwachungsspannung an den Stromkreis gelegt wird, mit der das Einschalten von Geräten registriert wird. Die Höhe der Gleichspannung beträgt je nach Netzabkoppler-Typ nur wenige V bis 230 V.

Der Vorteil der Netzabkoppler liegt darin, dass der Einbau in Neuinstallationen oder auch eine Nachrüstung mit geringem Aufwand erfolgen kann.

Nachteilig ist, dass Dauerverbraucher (z. B. auch alle Geräte der Unterhaltungselektronik im Standby-Betrieb) im entsprechenden Anlagenteil nicht betrieben werden dürfen, da sonst die Netzspannung nie abgekoppelt wird. Außerdem kann der Betrieb von Elektrogeräten mit integrierter Elektronik – z. B. in der Leistung steuerbare Motoren (Staubsauger) oder Dimmer – bei Netzabkopplern mit niedriger Überwachungsgleichspannung zu Funktionsproblemen beim Einschalten führen. Denn Thyristor- oder Triac-gesteuerte Elektrogeräte benötigen zum Einschalten eine hohe Spannung in der Größenordnung von 230 V als „Zündspannung". Das Gleiche gilt für alle Arten von Leuchtstofflampen und Energiesparlampen. Für einen reibungslosen Betrieb muss in solchen Fällen ein vom Hersteller des Netzabkopplers für sein Gerät dimensionierter Kaltleiterwiderstand (PTC = Positive Temperature Coefficient) an dem Schalter des betreffenden Elektrogerätes nachgerüstet werden, welcher das einwandfreie Einschalten ermöglicht (**Bild 5.25**).

Ohne anliegende Netzspannung nimmt der PTC die Raumtemperatur an und weist einen niedrigen Widerstand auf (Zustand „kalt"). Dieser niedrige Widerstand reicht aus, um beim Betätigen des Einschalters des Elektrogerätes den Netzabkoppler auch bei einer kleinen Gleichspannung zum Ansprechen zu bringen, so dass er die Netzspannung zuschaltet. Dann schaltet sich das Elektrogerät ein (es „zündet"); gleichzeitig erwärmt sich aufgrund des mit der höheren Spannung verbundenen höheren Stromes der PTC, sein Widerstand wird aufgrund des positiven Temperaturkoeffizienten mit

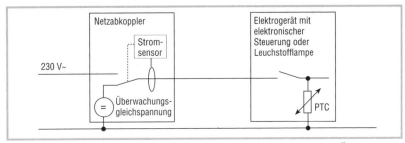

Bild 5.25   *PTC-Widerstand als „Starthilfe" bei Netzabkopplern mit niedriger Überwachungsgleichspannung*

zunehmender Temperatur größer und der durch ihn fließende Strom wieder kleiner, bis ein Gleichgewichtszustand eintritt (Zustand „warm"). Der Schaltzustand „Ein" des Netzabkopplers wird durch den Strom des Elektrogerätes aufrechterhalten.

Moderne und hochwertige Netzabkoppler lösen dieses Einschaltproblem ohne zusätzliche PTCs durch eine integrierte Schaltung. Bei Netzabkopplern mit einer Überwachungsgleichspannung von etwa 230 V entfällt das Problem völlig.

Je nach Einbauort des Netzabkopplers (zentral im Stromkreisverteiler / dezentral in Verteilungsdosen) wird entweder der gesamte Endstromkreis oder es werden nur Teile eines Endstromkreises von der Netzspannungsquelle abgekoppelt.

Typen von Netzabkopplern

Es gibt unterschiedliche Ausführungen von Netzabkopplern auf dem Markt (die Aufzählung der Merkmale in **Tabelle 5.6** erhebt keinen Anspruch auf Vollständigkeit).

„Toggeln" von Netzabkopplern

Bei bestimmten Anlagenkonfigurationen kann es zum „Schwingen" oder „Toggeln" von Netzabkopplern kommen. Sie schalten dann permanent im Rhythmus von einigen Sekunden zwischen den beiden Zuständen hin und her, was natürlich der Lebensdauer des Relaiskontaktes abträglich ist.

Dies geschieht, wenn im angeschlossenen Anlagenteil keine ohmschen Verbraucher mehr eingeschaltet sind, sondern nur noch kleine induktive Lasten, wie Steckernetzteile, Netzteile von Geräten im Standby-Zustand oder die Transformatoren von Halogenleuchten, die auf der Sekundärseite geschaltet werden.

Tabelle 5.6 *Wichtige Merkmale von Netzabkopplern*

Merkmal	Bemerkung
Einpolig abkoppelnde Geräte	Die meisten auf dem Markt befindlichen Geräte koppeln den Außenleiter ab; der Neutralleiter bzw. PEN-Leiter bleibt mit der Netzquelle verbunden. Einpolig abkoppelnde Geräte können auch im TN-C-System verwendet werden.
Zweipolig abkoppelnde Geräte	Wenige Hersteller bieten einen zweipoligen Netzabkoppler an. Das zusätzliche Abkoppeln des Neutralleiters wird damit begründet, dass auch über den Neutralleiter Potentiale und damit Feldbelastungen eingeschleppt werden könnten. Im TN-C-Netz darf das zweipolig abkoppelnde Gerät nicht eingesetzt werden (PEN darf nicht unterbrochen werden!).
Monostabile bzw. bistabile An-/Abkopplung	Die Ab-/Ankopplung innerhalb des Gerätes erfolgt über ein Relais. Bei der monostabilen Ausführung (ein stabiler Schaltzustand ohne Stromzuführung) muss das Relais im angekoppelten Zustand permanent durch einen Strom gehalten werden. Dies bedeutet Umsetzung elektrischer Energie in Wärme, die mit entsprechenden laufenden Betriebskosten und einer Erwärmung des Gerätes einhergeht. Bei der bistabilen Ausführung ist durch eine entsprechende Mechanik dafür gesorgt, dass zum An- bzw. Abkoppeln nur ein kurzer Umschaltimpuls auf das Relais gegeben werden muss; dieses bleibt dann ohne weitere Stromzufuhr von selbst stabil im jeweiligen Schaltzustand, bis zum nächsten Umschaltimpuls. Hierdurch sind der Stromverbrauch und die Wärmeentwicklung im angekoppelten Zustand niedriger als bei der monostabilen Variante.
Geräte mit kleiner Überwachungs- gleichspannung	Die ersten Überlegungen zur Höhe der Überwachungsgleichspannung waren geprägt vom Minimierungsgedanken. So wurden Gleichspannungen von 0,5 V … 9 V gewählt. Heute gibt es noch viele Geräte mit kleiner Überwachungsgleichspannung auf dem Markt.
Geräte mit höherer Überwachungs- gleichspannung	Eine wichtige Forderung des VDE an Netzabkoppler ist, dass auch im abgekoppeltem Zustand mit einem zweipoligen Spannungsprüfer die Überwachungsspannung sicher angezeigt wird. Dies ist nur mit einer hohen Gleichspannung (230 V) möglich. Auf dem Markt befindet sich ein Gerät, bei dem die Überwachungsgleichspannung von 5 V bis 230 V (DC) einstellbar ist. Weitere Geräte mit fest eingestellter Überwachungsspannung von 230 V (DC) und mit VDE-Zeichen gibt es seit 2001. Ein weiterer Vorteil der hohen Überwachungsspannung ist das sichere Einschalten von elektronisch gesteuerten/geregelten Verbrauchern ohne zusätzliche PTCs sowie von kapazitiven Lasten.
Intelligente Geräte	Einige Geräte beinhalten innovative Schaltungen, welche die zuverlässige Funktion auch bei elektronisch gesteuerten/geregelten Geräten sicherstellen sowie die Funktionsdiagnose durch LEDs erlauben . Auch Geräte mit einer „Selbstlern"-Funktion sind auf dem Markt. In dieser Einstellung wird das Gerät auf die verschiedenen Verbrauchertypen „eingelernt".
Netzabkoppler mit Funk- Fernsteuerung	Sind im abzukoppelnden Anlagenteil induktive oder sonstige Verbraucher angeschlossen, die nicht einzeln abgeschaltet werden können oder sollen, so kann anstatt eines automatisch arbeitenden Netzabkopplers mit Stromsensor ein manuell bedienter Abkoppler mit Funk-Fernbedienung zum Einsatz kommen. Das Ein- und Ausschalten des betreffenden Anlagenteils geschieht dann durch bewusste manuelle Auslösung (s. auch Abschn. 5.2.2.8).

Tabelle 5.6 *Fortsetzung*

Merkmal	Bemerkung
Geringe Restwelligkeit und niederohmiger Innenwiderstand der Überwachungs-Gleichspannungsquelle	Aus baubiologischer Sicht wird eine geringe Restwelligkeit der Überwachungsgleichspannung gefordert. Dies bieten vor allem die Geräte mit einer sehr niederohmigen Gleichspannungsquelle. Entscheidend ist hierbei ein niedriger so genannter dynamischer Innenwiderstand (Wechselstromwiderstand) bei 50 Hz. Durch einen niedrigen dynamischen Innenwiderstand wird der Außenleiter für Wechselspannungen quasi gegen den Neutralleiter kurzgeschlossen und damit unempfindlicher gehen die Einkopplung von Störspannungen, z. B. aus in der Nähe parallel verlaufenden, nicht abgekoppelten Leitungen.
Geräte mit VDE-Zeichen	Im Jahre 2001 wurde der erste Netzabkoppler durch den VDE zertifiziert **(Bild 5.26)**. Es mussten hierfür u.a. folgende Forderungen erfüllt werden: – feste Überwachungsgleichspannung 230 V, damit sicheres Erkennen durch zweipolige Spannungsprüfer auch im abgekoppeltem Zustand gewährleistet ist, – konstruktive Forderungen an Luft- und Kriechstrecken, Surge- und Burstfestigkeit usw. – Funktion von Lichtschaltern mit Glimmlämpchen auch im abgekoppelten Zustand, – Funktion von Baby-Nachtlichtern auch im abgekoppelten Zustand.
Einbaubreite der Geräte (für Hutschienenmontage)	Auf dem Markt befinden sich Geräte mit der Breite 1 TE (Teilungseinheit) und 2 TE. Sicherlich ist es das Bestreben der Hersteller, möglichst kleine Bauformen (1 TE) zu entwickeln. Die Forderungen des VDE waren schaltungstechnisch aber nur in der großen Bauform unterzubringen.

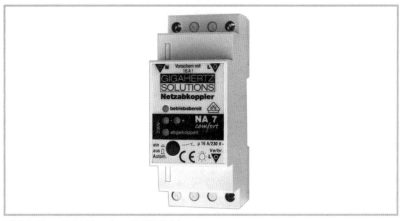

Bild 5.26 *Netzabkoppler mit VDE-Zeichen*
Foto: Gigahertz Solutions

Zum Toggeln kommt es folgendermaßen: Nach dem Abschalten des letzten ohmschen Verbrauchers (z. B. Leuchte) erkennt der Stromsensor, dass nur noch ein kleiner Strom fließt, der unterhalb der Abschaltschwelle liegt. Die Höhe dieses Stromes wird durch den Blindwiderstand der induktiven

Elektroinstallation für das gesunde Wohnen.

Der Gira Netzabkoppler.

Der Gira Netzabkoppler reduziert im Haushaltsstromnetz den sogenannten „Elektrosmog". Dazu trennt er den Stromkreis automatisch vom Netz, sobald der letzte Verbraucher ausgeschaltet wurde und legt eine baubiologisch verträgliche Überwachungsspannung (230 VDC / max. 8 mA) an. So werden elektrische Wechselfelder wirksam abgeschaltet, die Funktion zahlreicher Bediengeräte wie z.B. Universal-Tastdimmer oder Schalter mit Kontrolllicht aber bleibt erhalten. Wird nun einer der Verbraucher wieder eingeschaltet, schaltet der Gira Netzabkoppler die Spannung sofort wieder zu. Das Gerät ist VDE-geprüft. Mehr unter: Fon +49(0)21 95-602-143, Fax +49(0)21 95-602-339 oder www.gira.de

Neu. Gira Netzabkoppler Komfort.

Last bei 50 Hz bestimmt und beträgt typischerweise nur wenige mA. Das Relais koppelt nun die Netzwechselspannung ab und legt die Überwachungsgleichspannung auf den abgekoppelten Anlagenteil. Für den Gleichstrom präsentiert sich die angeschlossene Induktivität wie ein Kurzschluss bzw. wie ein eingeschalteter großer Verbraucher. Damit wird die Netzspannung wieder zugeschaltet, nun wirkt der höhere 50-Hz-Blindwiderstand der Induktivität, der Stromsensor schaltet wieder ab usw.

5.2.2.4 Stromstoßschaltung

Die Stromstoßschaltung gibt es in zwei Ausführungen: als *230-V-Variante* sowie als *Kleinspannungsvariante* (**Bild 5.27**). Grundprinzip der Stromstoßschaltung ist die Trennung von Steuer- und Energiestromkreisen. Bei der

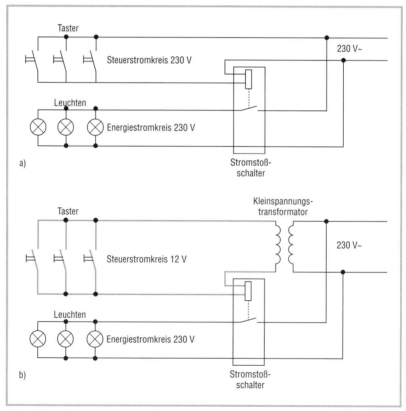

Bild 5.27   *Stromstoßschaltung: Trennung von Steuer- und Energiestromkreis*

230-V-Variante sind die Steuerstromkreise ständig mit der Netzspannungsquelle verbunden. Bei der anderen Variante werden die Steuerstromkreise
bis zu den Tastern mit Kleinspannung versorgt (meist 8 V oder 12 V). Bei
beiden Varianten sind die Leuchtenstromkreise entsprechend dem Schaltzustand des Stromstoßschalters mit der Netzspannungsquelle verbunden.

Bei der Stromstoßschaltung mit 230-V-Steuerung ist in vielen Anwen-
dungsfällen die Steuerleitung (Datenleitung) mit der Energieleitung identisch. Hier wird zum Ansteuern des Haftrelais im Stromstoßschalter die
Netzspannung 230 V verwendet. Somit sind die Leitungen zu den Tastern
ständig mit der Netzspannungsquelle verbunden. Daher ist bei der 230-V-
Variante im abgekoppelten Zustand i. d. R. keine nennenswerte Emissionsreduzierung zu erwarten.

Bei der Kleinspannungsvariante kann bei sorgfältiger Planung eine Feldreduzierung realisiert werden. Allerdings ist bei diesem Gerät, welches
ursprünglich nicht für den Zweck von Feldreduzierungsmaßnahmen entwickelt wurde, zu berücksichtigen, dass die abgeschaltete Ader nicht
niederohmig an das Potential des Neutralleiters gelegt wird wie beim Netzabkoppler; sonst sind Potentialeinkopplungen bei der Parallelverlegung mit
anderen Leitungen möglich.

5.2.2.5 Zeitschaltuhr

Die Zeitschaltuhr ist ein weiteres Schaltgerät, welches ein Anlagenteil automatisch zu- bzw. abschaltet. Der Einbau ist im Stromkreisverteiler, aber
auch im Leitungszug eines Endstromkreises möglich. Die automatische Ab-
und Zuschaltung des angeschlossenen Anlagenteils erfolgt in Abhängigkeit
von den eingestellten Zeiten.

Zu berücksichtigen ist bei diesem Schaltgerät, dass bei vollständiger
Trennung des Endstromkreises vom Wechselspannungsnetz (einschließlich
der Anlagenteile mit Leuchten bzw. zu schaltenden Geräten) eine Steuerung z. B. der Leuchten nicht mehr möglich ist. Erst nach Wiedereinschalten entsprechend der eingestellten Zeit ist der Stromkreis wieder steuerbar.
Werden nur Steckdosenstromkreise an die Zeitschaltuhr angeschlossen, so
hat dies zur Folge, dass unabhängig vom Schaltzustand des Gerätes die sepa-
raten Leuchtenstromkreise einschließlich der Leitungen zu den Schaltern
ständig mit der Netzspannungsquelle verbunden sind. Auch die Gefahr von
Potentialeinkopplungen bei Parallelverlegung mit anderen Leitungen ist
hier gegeben.

5.2.2.6 Kleinsteuerung

Durch die Entwicklung elektronischer Bauteile mit sehr hohen Prozessge-
schwindigkeiten und kleinen Bauformen ist es heute möglich, umfangreiche
und komplexe Schaltaufgaben mit Kleinsteuerungen zu realisieren (**Bild
5.28**). Die Module sind so breit wie 4 bis 8 Leitungsschutzschalter und werden in den Stromkreisverteiler eingebaut. An die Steuereingänge der Kleinsteuerung können über Leitungen Taster, Schalter, Fühler usw. angeschlossen werden. An die Ausgänge werden die einzelnen Energieleitungen zum
Betrieb von Steckdosen- oder Leuchtenstromkreisen und sonstigen Geräten
angeschlossen.

Auch hier liegt also die Trennung von Daten- und Energiestromkreis vor.
Der Steuerstromkreis kann wie bei den Stromstoßschaltern mit Netzspannung 230 V oder mit Kleinspannung (24 V) versorgt werden; es gelten damit auch die gleichen Bedingungen zum Auftreten von Netzspannung bzw.
Kleinspannung in den entsprechenden Anlagenteilen sowie die Problematik
der Parallelverlegung mit anderen Leitungen.

Mit Hilfe der Kleinsteuerung können komplexe Schaltaufgaben gelöst
werden. Neben dem manuell per Taster ausgelösten Schalten von z. B.
Lichtstromkreisen einschließlich Dimmerfunktion lassen sich auch umfassende Steuerungen mit entsprechender Sensorik realisieren (z. B. hellig-
keitsgesteuerte Jalousienbetätigung). Darüber hinaus sind zeitgesteuerte Ab-
läufe – wie bei der Zeitschaltuhr – selbstverständlich. Die Programmierung
erfolgt entweder direkt am Gerät oder über einen Computer mit entsprechender Software. Die Installation ist relativ einfach und kann von Fachfirmen ohne spezielle Zusatzqualifikation durchgeführt werden.

Bild 5.28   *Kleinsteuerung für komplexe Schaltaufgaben*

5.2.2.7 Speicherprogrammierbare Steuerung (SPS)

Zur Lösung von komplexen bis höchstkomplexen Steuerungsaufgaben wird in der Industrie seit einigen Jahrzehnten die speicherprogrammierbare Steuerung (SPS) eingesetzt. Die Bauteile dazu füllen bei großen Anlagen ganze Schaltschränke. Die Programmierung und der Aufbau der Anlagen ist Fachfirmen mit Spezialkenntnissen vorbehalten.

Bei der SPS wird, wie bei allen komplexen Systemen, der Daten- vom Energiestromkreis getrennt. Der Steuerstromkreis wird im Hinblick auf baubiologische Überlegungen zur Minimierung elektrischer Wechselfelder vorteilhaft mit Kleinspannung betrieben.

Bei der elektrischen Ausstattung von Wohnungen spielt die SPS kaum eine Rolle, da zum einen viele Handwerksfachbetriebe nicht über die spezielle Ausbildung zum Aufbau und Betrieb dieser Anlagen verfügen. Zum anderen hemmt zusätzlich der enorme Preis der für den Industrieeinsatz entwickelten Komponenten eine höhere Akzeptanz.

5.2.2.8 Funkbus, Funkfernschalter

Durch innovative Entwicklungen der letzten Jahre im Bereich der Funktechnik ist es nun möglich, auch Lösungen per Funk für die Gebäudeinstallation zu realisieren. Somit können Sensoren (z. B. Taster, Schalter) völlig unabhängig vom bestehenden Leitungsnetz zur Steuerung der Elektroanlage überall platziert werden [10].

Die Funkübertragung erfolgt auf einer Sendefrequenz von 433 oder 886 MHz. Die Funktelegramme werden ereignisorientiert von kleinen Sendern mit einer Leistung von etwa 10 mW gesendet; entsprechend codierte Funkempfänger lösen dann eine Aktion an anderer Stelle aus (z. B. Einschalten einer Leuchte). Das Funksignal wird nur dann gesendet, wenn eine Schalthandlung vom Nutzer durch Betätigen eines Sensors ausgelöst wird. Es handelt sich somit nicht um Dauersender, sondern um nur sporadisch aktive Emissionsquellen. Trotz der schwachen Sendeleistung sind im Freigelände Reichweiten bis 300 m möglich, im Gebäude ca. 30 m, je nach der Hochfrequenzdämpfung der eingesetzten Decken- und Wandbaustoffe. Bei den Arbeitsfrequenzen 433 MHz bzw. 886 MHz ist die Fähigkeit der Funkwellen, Materie zu durchdringen, recht günstig. Mit so genannten Repeatern kann die Reichweite des Systems noch erweitert werden. Durch spezielle Übertragungsverfahren und die bis zu 10^9 Codierungsmöglichkeiten sind Fehlfunktionen so gut wie ausgeschlossen. Die Energieversorgung erfolgt entweder über Batterien (**Bild 5.29**), die typischerweise eine Lebensdauer von 3 bis 5 Jahren haben, oder batterielos mit Piezotechnik (**Bild 5.30**).

Bei der *Piezotechnik* werden spezielle piezoelektrisch aktive Werkstoffe verwendet, welche bei einem mechanischen Druck (hier der Druck auf die Sensortaste) eine elektrische Spannung erzeugen. Die Energie reicht als Versorgung für eine auf extrem niedrigen Leistungsverbrauch optimierte Elektronik aus, die dann ein Funktelegramm zu Steuerungszwecken absendet. Diese Systeme sind sehr gut dazu geeignet, Daueremissionen von elektrischen Wechselfeldern zu reduzieren.

Auf den ersten Blick steht sicherlich die Frage im Raum, wie man eine Technik, deren Funktionsprinzip darauf basiert, elektromagnetische Wellen zu emittieren, als „anwendungsfreundlich" im Sinne von Feldreduzierungsmaßnahmen einstufen kann. Deswegen soll zunächst auf die Technik der

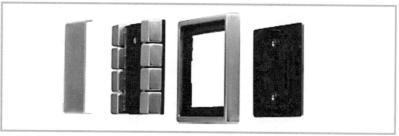

Bild 5.29　*Funkwandsender mit Batteriebetrieb*
Foto: Fa. Jung

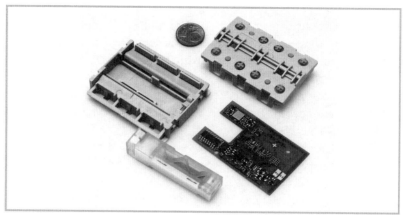

Bild 5.30　*Batterieloser Funkwandsender*
Foto: Fa. EnOcean

funkbasierten Systeme eingegangen werden: Das zur Steuerung verwendete Funktelegramm wird ereignisorientiert, d.h. nur bei einer – z. B. durch Betätigung eines Tasters ausgelösten – Schalthandlung, kurzzeitig gesendet; die Sendeleistung beträgt 10 mW. Bei Messungen des Autors wurde in einer Entfernung von 1 m zum Sender eine Strahlungsdichte von 10 ... 15 µW/m² des Funktelegramms ermittelt (**Bild 5.31**). Dieser Immissionswert ist gegenüber anderen, permanent sendenden Telekommunikationsgeräten, die vielfältig in Büros und Wohngebäuden betrieben werden, als gering zu bezeichnen (**Tabelle 5.7**).

Interessant ist auch eine Untersuchung des ECOLOG-Instituts [11], wonach neben den Messungen an Funkschaltern auch das Frequenzspektrum eines konventionellen Schalters begutachtet wurde. Während des Schaltvorganges in einem konventionellen Schalter wird beim Funkenabriss ein hochfrequentes Feld mit einem sehr breiten Spektrum abgegeben. Bei Bildung des Integrals über den Frequenzbereich von 100 bis 3000 MHz wurde gegenüber dem Funkschalter eine deutlich höhere hochfrequente Emission festgestellt (**Tabelle 5.8**).

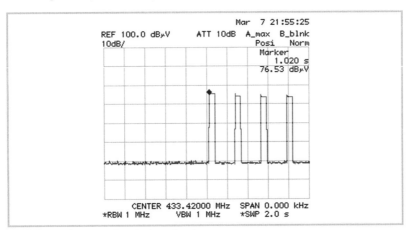

Bild 5.31   *Telegramm eines Funkwandsenders*

Tabelle 5.7   *Typische Leistungsflussdichten von Funkgeräten in Wohnungen und Büros*

Gerät	Frequenz in MHz	Typische Leistungsfluss-dichte in µW/m² in 1 m Entfernung	Dauersender
Funkwandsender	433	10 ... 15	nein
DECT-Schnurlostelefon / Basisstation	1880 ... 1900	10 000	ja
WLAN (drahtloses Netzwerk)	2400 ... 2483	2000	ja

Tabelle 5.8 *Integrierte Leistungsflussdichten im Frequenzbereich 100 bis 3000 MHz* [11]

Gerät / Anlage	Leistungsflussdichte in $\mu W/m^2$ in 1 m Entfernung
Funkschalter (EnOcean, batterielos, Piezo)	13
Konventioneller Schalter	1500

Aufgrund dieser Tatsachen sind Funkschalter zur Reduzierung niederfrequenter elektrischer Wechselfelder aus Sicht der Autoren zu akzeptieren.

Vorteil des Funksystems ist es, dass völlig unabhängig vom vorhandenen Leitungsnetz Schaltpunkte installiert werden können (durch Ankleben oder Anschrauben), von wo aus die gewünschten Anlagenteile vom Netz getrennt werden können. Durch die Batterieversorgung bzw. die Anwendung der batterielosen Piezotechnik bleibt die Steuerung unabhängig vom Schaltzustand der Elektroanlage jederzeit funktionsfähig.

Bei *Netzabkopplern* (s. Abschn. 5.2.2.3) wird die abgekoppelte Ader durch den niedrigen dynamischen 50-Hz-Innenwiderstand der Überwachungs-Gleichspannungsquelle wechselspannungsmäßig auf Nullpotential gelegt. Dies hat den Vorteil, dass durch parallel verlegte Leitungen, welche noch mit der Netzspannungsquelle verbunden sind, keine Spannungen in die abgeschaltete Ader eingekoppelt werden können. Durch solche Einkopplungen könnten wiederum unerwünschte Belastungen, beispielsweise an Schlafplätzen, entstehen.

Auch bei einigen funkgesteuerten Netzabkopplern wird dieses Schaltungsprinzip angewendet (**Bild 5.32**). Bei allen anderen Funksystemen, die nicht auf der Basis der Netzabkoppler entwickelt wurden, sondern als Elemente der Gebäudesystemtechnik, ist dies grundsätzlich nicht berücksichtigt; hier bleibt die abgeschaltete Ader offen.

5.2.2.9 Powerline

Neben den Gebäudesystemtechniken, welche mit Hilfe von speziell verlegten Datenleitungen realisiert werden, wurde ein weiteres Verfahren entwickelt, bei dem der Datenstrom und der Energiestrom auf denselben Leitern im vorhandenen Energie-Installationsnetz fließen. Die Datensignale werden quasi den spannungsführenden Leitern aufmoduliert. Durch spezielle Bandsperren in den Hauptleitungen wird verhindert, dass die Signale die Wohnungsinstallation verlassen und es zu möglichen Störungen von Nachbarinstallationen kommt. In Drehstromnetzen ist zusätzlich ein

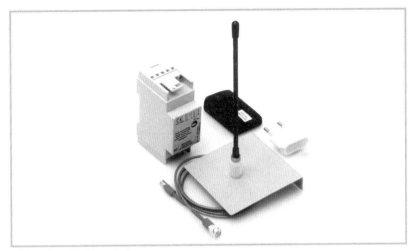

Bild 5.32 *Funkfernschalter*
Foto: Fa. Biologa

Phasenkoppler erforderlich, damit die Steuersignale in alle drei Phasenleiter eingekoppelt werden.

Das System hat den Vorteil, dass an jeder Stelle, an der die Versorgung mit 230 V Wechselspannung vorhanden ist, ein Aktor oder Sensor installiert werden kann. Auch im Stromkreisverteiler können entsprechende Komponenten eingebaut werden. Somit kann eine Standardinstallation mit den Komponenten von Powerline für komplexe Schalthandlungen mit enormer Flexibilität aufgerüstet werden. Die Programmierung erfolgt über ein spezielles Gerät bzw. einen Rechner mit entsprechender Software. Die Installation wird in der Regel von Fachfirmen mit Zusatzqualifikation ausgeführt.

Für die Funktion der Sensoren ist die ständige Versorgung mit Netzspannung 230 V erforderlich. Dies muss bei Überlegungen zur Reduzierung elektrischer Wechselfelder berücksichtigt werden, denn die Anlagenteile mit Sensorik können nicht abgekoppelt werden.

5.2.2.10 LCN-Bus

Auch der LCN-Bus der Firma Issendorff kommt ohne separat verlegte Datenleitung aus. Er benötigt jedoch in den konventionellen Elektroinstallationsleitungen für 230 V eine zusätzliche Ader als „Datenader" (**Bild 5.33**). Auf dieser Ader und dem Neutralleiter erfolgt der Datenaustausch. Die

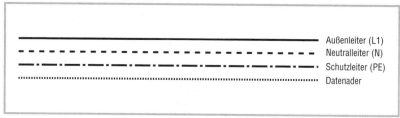

Außenleiter (L1)
Neutralleiter (N)
Schutzleiter (PE)
Datenader

Bild 5.33 *Konventionelle Elektroinstallationsleitung; die Reserveleitung wird als Datenader für den LCN-Bus genutzt*

Aktoren bzw. Sensoren können als Module beispielsweise hinter Taster oder Schalter in möglichst tiefen Elektroinstallationsdosen, in Stromkreisverteilern oder z. B. auch in Leuchten untergebracht werden. Beim LCN-Bus können entweder normale Schalter und Taster oder die speziellen Sensormodule der EIB-Gebäudesystemtechniken (s. u.) verwendet werden. Es ist keine zentrale Steuereinheit notwendig.

Wie beim System Powerline ist für die Funktion der Sensoren die ständige Versorgung mit 230 V Wechselspannung erforderlich. Es können also auch beim LCN-Bus die Anlagenteile mit Sensoren von der Versorgungsspannung 230 V nicht abgekoppelt werden.

5.2.2.11 EIB-Instabus

Die am weitesten verbreitete Gebäudesystemtechnik ist wohl der EIB-Instabus (European Installation Bus). Etwa 200 Hersteller haben sich diesem System angeschlossen, welches hinsichtlich Normung, Qualität, Kompatibilität, Schulungen usw. von der EIBA (European Installation Bus Association) überwacht wird. Das Grundprinzip des EIB ist die Trennung von Information und Energie. Die Informationen werden über eine separate Zweidraht-Busleitung übertragen (**Bild 5.34**).

Der EIB ist ein dezentral aufgebautes System. Jeder Sensor oder Aktor verfügt über einen eigenen Mikrocomputer mit Speichermöglichkeiten und arbeitet daher ohne zentrale Steuereinheit. Ein Totalausfall des Systems ist somit praktisch unmöglich. Alle Sensoren und Aktoren sind zwecks Datenkommunikation über die Busleitung (**Bild 5.35**) miteinander verbunden. Die Versorgung der Sensoren/Aktoren erfolgt ebenfalls über diese Leitung mit 28 V Gleichspannung; das Netzgerät wird üblicherweise im Stromkreisverteiler untergebracht. Mit Linien- und Bereichskopplern kann das System auf eine nahezu unbeschränkte Anzahl von Komponenten ausgebaut werden.

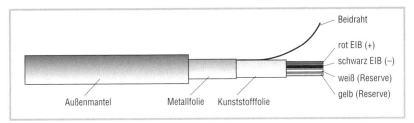

Bild 5.34 *Zweidraht-Busleitung für EIB-Instabus*

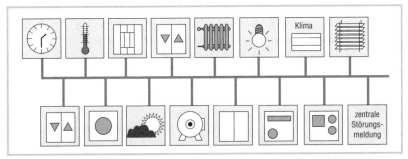

Bild 5.35 *EIB-Installation; eine Busleitung verbindet alle Komponenten miteinander*

Jeder Sensor (z. B. Taster) sendet bei Betätigung ein mit definierter Empfängeradresse versehenes Telegramm. Alle anderen im System integrierten EIB-Geräte „hören" am Bus die Information mit. Entsprechend der Programmierung werden von den angesprochenen Geräten dann Schalthandlungen ausgeführt. Neben dem einfachen Schalten und zeitgesteuerten Abläufen können Dimmerfunktionen, Temperaturregelungen, Meldungen und Anzeigen jeder Art, Visualisierungen usw. realisiert werden. Die ständigen Innovationen beim EIB lassen kaum Wünsche offen.

Für Änderungen im System sind keine Umverdrahtungen notwendig, sondern nur die Programmierung mit einem Computer mit entsprechender Software. Änderungen können vom Elektrofachmann ggf. auch über eine Telefonleitung bzw. über das Internet durchgeführt werden; so können aufwendige Anfahrten entfallen. EIB-Installationen werden von Fachfirmen mit Spezialkenntnissen durchgeführt. Ein großer Vorteil bei diesem System ist sicherlich, dass es durch die Trennung von Energie und Information möglich ist, die steuernden Anlagenteile vom Wechselspannungsnetz 230 V zu trennen, bei gleichzeitigem Erhalt aller Steuerfunktionen.

Ein Problem bei der Realisierung von Reduzierungsmaßnahmen ist die EIB-Steuerleitung. Wegen des Schutzkonzeptes SELV (Sicherheits-Kleinspannung) dürfen keine fremden Potentiale – auch nicht das Erdpotential – in die entsprechenden Anlagenteile eingebracht werden. Damit darf der Schirm der EIB-Steuerleitung nicht in den Potentialausgleich einbezogen werden. Bei einer Parallelverlegung mit Leitungen, welche die Netzspannung 230 V führen, kommt es daher u. U. zu kapazitiven Einkopplungen auf den Schirm und damit zu möglichen Belastungen.

Es bleibt der Elektrofachkraft überlassen, ob sie in Eigenverantwortung den Schirm der Steuerleitung mit dem Erdpotential verbindet und damit das SELV-Schutzkonzept aufhebt. Die andere Überlegung besteht darin, eine Steuerleitung ohne Schirm zu verwenden. Da die Telegramme mit einer Rate von nur 9,6 kBit/s übertragen werden, ist der Sinn und Zweck der Schirmung in Fachkreisen ohnehin umstritten.

5.2.2.12 EIB-Easy

Der EIB-Easy ist ein „abgespeckter" EIB-Instabus. Das Grundprinzip der Trennung von Information und Energie wird auch hier angewandt. Die verwendete Steuerleitung ist die gleiche wie beim EIB-Instabus [12].

Herzstück der Anlage ist hier das zentrale Verknüpfungsgerät (**Bild 5.36**), welches in einen Stromkreisverteiler eingebaut wird. Hier werden auch die Programmierungen vorgenommen, welche auch ohne den Einsatz eines Computers und spezieller Software möglich sind. Die Programmierung ist denkbar einfach und kann ohne Grundkenntnisse auch von Laien durchgeführt werden. Der EIB-Easy ist für den Wohnungsmarkt vorgesehen. Nach Bedarf können jedoch die Komponenten (bei Komponenten ab 2002) für eine „Aufrüstung" zum „großen" EIB weiterverwendet werden.

Bild 5.36   *Zentrales Verknüpfungsgerät des EIB-Easy*   Foto: Fa. Hager Tehalit

5.2.3 Feldreduzierung durch Kompensation/Phasentausch

Die elektrische Versorgung unserer Gebäude erfolgt heute in der Regel durch ein Mehrphasensystem. Auch wenn vom Stromkreisverteiler die meisten Leitungen als Einphasenleitungen in die verschiedenen Räume abzweigen: Der Versorgungsnetzbetreiber liefert die elektrische Energie über ein Dreiphasennetz – das *Drehstromnetz* – in das Gebäude.

An den drei Außenleitern liegen gleich große sinusförmige Spannungen an, die zeitlich um jeweils ⅓ ihrer Schwingungsdauer gegeneinander verschoben sind und als *Phasen* L1, L2 sowie L3 bezeichnet werden (L für Außenleiter). Die Phasen haben gegenüber dem Neutralleiter jeweils eine Spannungshöhe von 230 V (Effektivwert). Zwischen jeweils zwei Phasen gemessen ergeben sich $\sqrt{3} \cdot 230\,V = 400\,V$. Daher findet man bei Drehstromsystemen auch die Angabe 230/400 V.

Die Phasenverschiebung muss bei der Betrachtung von Immissionen am jeweiligen Einwirkungsort berücksichtigt werden. Denn die Immissionen elektrischer Wechselfelder an einem Ort können sich aus den Emissionen mehrerer Stromkreise mit gleicher oder auch unterschiedlicher Phasenlage zusammensetzen. In der Summe kann es so zu Verstärkungen, aber auch zu Kompensationseffekten kommen. Damit ergibt sich eine weitere Möglichkeit der Immissionsreduzierung durch gezielten Phasentausch bzw. Anschluss entsprechender Stromkreise an definierte Außenleiter [13]. Dies soll im Folgenden näher erläutert werden.

Der technische Zusammenhang lässt sich in Form von phasenverschobenen Sinuskurven grafisch darstellen. Die drei Sinusschwingungen in **Bild 5.37** sind um jeweils 360°/3 = 120° gegeneinander phasenverschoben. Bei einer Frequenz von 50 Hz beträgt die Schwingungsdauer für einen kompletten Durchlauf des Schwingungszuges 1 s/50 = 20 ms; die Phasenverschiebung von 120° entspricht demnach einem zeitlichen Versatz von 20 ms/3 = 6,666 ms.

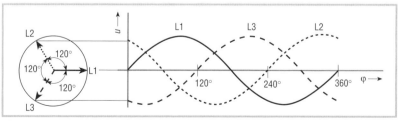

Bild 5.37   *Sinusförmiger Spannungsverlauf der drei Phasen eines Drehstromsystems*

Viel übersichtlicher und in der Elektrotechnik gebräuchlich ist die Darstellung mit *Zeigerdiagrammen*. Denn zur Betrachtung der Zusammenhänge und Effekte braucht man nicht den zeitlichen Ablauf ständig mit darzustellen. Da die Frequenz konstant ist (50 Hz), genügt es, die Phasenbeziehungen der einzelnen Spannungen untereinander zu einem beliebigen Zeitpunkt zu beschreiben; sie gelten dann genauso für jeden beliebigen anderen Zeitpunkt. Der Einfachheit halber wählt man als Bezugspunkt ($\varphi = 0$) den Zeitpunkt, wenn der Phasenwinkel des Außenleiters L1 gleich null ist.

Das Zeigerdiagramm eines Dreiphasennetzes ist aus dem linken Teil von Bild 5.37 ersichtlich. Der Neutralleiter (N) entspricht dem Mittelpunkt; die Phasen L1, L2 und L3 werden durch die drei Zeiger repräsentiert. Die Phasenwinkel zwischen den Zeigern betragen jeweils 360°/3 = 120°; man bezeichnet dies auch als *Phasenverschiebung* von jeweils 120°. Die Zeigerlängen sind proportional zur Höhe (= dem Effektivwert) der Spannung.

Der Zusammenhang zwischen Zeigerdiagramm und den zeitlichen Verläufen der Sinuskuren ist nun folgender: Lässt man das Zeigerdiagramm mathematisch positiv (d. h. im Gegenuhrzeigersinn) mit der Netzfrequenz von 50 Hz rotieren, so ergibt der gemeinsame Sinuswert des – sich kontinuierlich ändernden – Rotationswinkels plus des – konstanten – Phasenverschiebungswinkels den aktuellen Effektivwert der jeweiligen Wechselspannung. Der Sinuswert entspricht der Projektion des Zeigers auf die Spannungsachse (*u*-Achse).

In **Bild 5.38** ist das Zeigerdiagramm allein dargestellt. Hier und in den folgenden Zeigerdiagrammen ist der besseren Übersichtlichkeit halber L1 senkrecht nach oben aufgetragen.

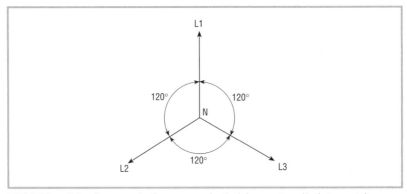

Bild 5.38   *Zeigerdiagramm der Spannungen des Dreiphasennetzes (Drehstromnetz)*

Die folgenden Betrachtungen gelten gleichermaßen für elektrische Netz-
wechselspannungen, die damit verbundenen elektrischen Wechselfelder
und die Potentiale von leitfähigen Gegenständen bzw. Körpern, die sich im
elektrischen Feld befinden. Da es hier um die Betrachtung des Zeitverhal-
tens und seine geschickte Nutzung zur Feldreduzierung geht, wird im Folgenden der Einfachheit halber das Potential als skalare Größe betrachtet.
Zur Darstellung der grundlegenden Effekte anhand der elektrischen Feldstärke wäre die Beschreibung von räumlicher Abhängigkeit (Raumvektor!)
und zeitlicher Abhängigkeit erforderlich. Dies ist sehr komplex, äußerst un-
anschaulich und ohne das Hilfsmittel der Vektoralgebra nicht zu leisten.

x + x = x?

Die von den verschiedenen Phasen hervorgerufenen Potentiale an einem
beliebigen Punkt des Feldes überlagern sich. Nehmen wir einmal an, dass
zwei Phasen über ihre elektrischen Felder am Betrachtungspunkt zwei Potentiale hervorrufen, die betragsmäßig gleich groß sind (L1 und L2 in **Bild
5.39**). Ihre Überlagerung entspricht im Zeigerdiagramm einer geometri-
schen Addition. Bei grafischer Durchführung dieser Addition wird durch Parallelverschiebung ein Zeiger so positioniert, dass sich sein Anfang an der
Spitze des anderen Zeigers befindet, wobei die Zeigerrichtungen und -län-
gen nicht verändert werden. In Bild 5.39 ist L2 bis an die Spitze von L1 parallel nach oben verschoben und dort gestrichelt dargestellt. Mittels dieser
Methode erhält man als geometrische Summe einen resultierenden Zeiger
(Σ, strichpunktiert) mit dem gleichen Betrag wie die beiden ursprünglichen
(weil in diesem speziellen Fall die drei Zeiger ein gleichseitiges Dreieck bilden) und mit einem Phasenwinkel von 60°.

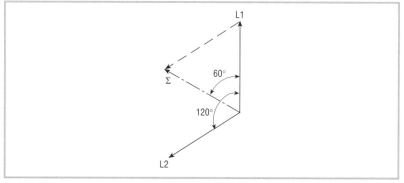

Bild 5.39   *Addition von zwei phasenverschobenen Spannungen im Zeigerdiagramm*

Dieses überraschende Ergebnis zeigt die Bedeutung der Phase! Misst man nur die Beträge der Potentiale, so scheint sich durch die Addition gegenüber den Einzelpotentialen nichts geändert zu haben. Es wird der Anschein erweckt, als habe gar keine Addition stattgefunden. Erst wenn man die Phase mit betrachtet, sieht man, was wirklich geschehen ist.

Dieser Zusammenhang ist von großer praktischer Bedeutung, wenn man den umgekehrten Weg geht und die Addition aufhebt. In der Praxis bedeutet dies, eine der beiden Phasen im Stromkreisverteiler abzuschalten. Dann scheint bei Betrachtung nur des Betrages diese Abschaltung nämlich überhaupt nichts oder nur wenig zu bewirken. Entsprechendes gilt für die zweite Phase. In Wirklichkeit starke vorhandene Felder können damit leicht als unbedeutend angesehen werden. Erst die Abschaltung *beider* Phasen führt zum Verschwinden oder zur drastischen Reduzierung des Feldes und des Potentials. Mit der Kenntnis dieser Zusammenhänge erklärt sich bereits ein Teil des manchmal „seltsamen Verhaltens" des z. B. als „Körperspannung" gemessenen Potentials beim Schalten der Sicherungen.

Bild 5.40 zeigt die oben beschriebene Addition noch einmal in der Gegenüberstellung von Zeigerdiagramm und Zeitverlauf der beiden phasenverschobenen Sinusspannungen.

Wo etwas verschoben wird, kann auch etwas verschwinden
Eine Besonderheit des Drehstromnetzes mit seinen drei gegeneinander verschobenen Phasen ist von großer Bedeutung für Maßnahmen zur Feldminimierung. Dieses Netz hat nämlich die Eigenschaft, dass sich seine Spannungen zu null addieren, wenn sie *symmetrisch* sind; d. h. wenn die Winkel zwischen den Phasen gleich sind ($360°/3 = 120°$) und die Beträge der drei Spannungen jeweils gleich groß sind. Symmetrie der Netzspannung liegt so gut wie immer vor. Und wo symmetrische Netzspannungen zu symmetri-

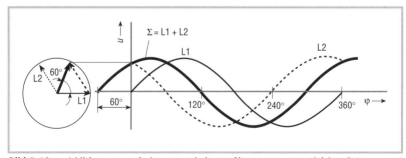

Bild 5.40   *Addition von zwei phasenverschobenen Sinusspannungen gleichen Betrages*

schen E-Feldern führen, resultieren auch symmetrische Potentiale, die sich gegenseitig aufheben. **Bild 5.41** zeigt die geometrische Addition zu null durch Parallelverschiebung im Zeigerdiagramm.

Bild 5.42 zeigt die Addition noch einmal in der Gegenüberstellung von Zeigerdiagramm und Zeitverlauf der drei phasenverschobenen Sinusspannungen.

Generell gilt, dass die Addition von Sinusschwingungen *gleicher Frequenz* wieder eine Sinusschwingung dieser Frequenz ergibt, wobei resultierender Betrag und Phasenwinkel sich ändern können. Bei symmetrischen Komponenten (symmetrisch nach Betrag *und* Phase) ergibt sich der Sonderfall, dass der Betrag zu null wird und verschwindet.

Die Drehstromleitung: eingebaute Symmetrie

So weit zum theoretischen Hintergrund. In der Praxis gelingt die Feldkompensation des Drehstromnetzes umso besser, je näher die drei Leiter beieinander liegen. Bei der Drehstromleitung hängt der Abstand der Leiter vom Kupferquerschnitt der Adern und der Dicke ihrer Isolierung ab, so dass sich die Felder nicht exakt zu null addieren können, sondern ein Restfeld bleibt.

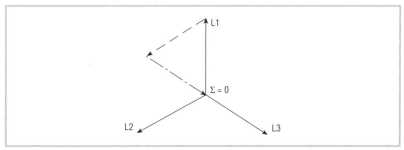

Bild 5.41   *Addition von drei phasenverschobenen Spannungen im Zeigerdiagramm zu null*

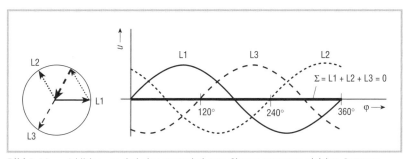

Bild 5.42   *Addition von drei phasenverschobenen Sinusspannungen gleichen Betrages*

Aber auf jeden Fall verursacht eine Drehstromleitung mit drei Außenleitern erheblich niedrigere Felder als eine Wechselstromleitung mit nur einem Außenleiter. Typische Feldstärken der beiden Leitungsarten bei Messung nach dem TCO-Standard sind in **Tabelle 5.9** aufgeführt.

Der Kompensationseffekt der symmetrischen Drehstromleitung ist in der baubiologischen Messpraxis anschaulich nachvollziehbar, wenn man eine Sicherung eines Drehstromverbrauchers abschaltet. Hier steigt mit dem Abschalten einer der drei Phasen (alle anderen einphasigen Kreise ebenfalls abgeschaltet!) das elektrische Feld an, weil die Kompensation der beiden anderen Phasen durch diese nun fehlende Phase nicht mehr erfolgt.

Würde man in der gesamten Hausinstallation nur Drehstromleitungen verwenden – ohne besondere Abschirmung –, so wären die elektrischen Wechselfeldstärken aus den oben erläuterten Gründen deutlich niedriger als bei den üblichen Einphasenleitungen.

Nun lässt sich beim Schalten der Sicherungen aber auch beobachten, dass elektrische Feldstärke und Potential am Messpunkt nicht nur ansteigen, wenn eine der Sicherungen von *Drei*phasenleitungen abgeschaltet wird, sondern dass sie auch ansteigen können, wenn *ein*phasige Kreise abgeschaltet werden.

„Feldsalat" in den Räumen

Die Erklärung dieses Effektes lässt sich aus dem oben dargestellten Beispiel der Drehstromleitung ableiten, und es geschieht hier nichts wesentlich anderes. Der Unterschied besteht lediglich darin, dass die verschiedenen Phasen nicht in *einer* Mantelleitung eng zusammen liegen, sondern räumlich voneinander entfernt und über das ganze Gebäude verteilt sind. Denn üblicherweise werden die verschiedenen Einphasen-Stromkreise bei der Installation nicht alle auf dieselbe Phase gelegt, sondern im Dreierrhythmus abwechselnd an die Phasen L1, L2 und L3 angeschlossen. Wie stark die Phasen der einzelnen Stromkreise sich auf die elektrische Feldstärke im Raum auswirken, hängt ab vom individuellen Verlauf der Leitungen und ihrer Entfernung zum Betrachtungsort, von der Art der Leitungen, baulichen Gegebenheiten, verwendeten Baustoffen (ggf. kapazitive Ankoppelung),

Tabelle 5.9 *Elektrische Wechselfeldstärken bei Einphasen- und Dreiphasen-Mantelleitung (in Luft, Messung nach TCO-Standard in 30 cm Abstand)*

Leitungsart	Feldstärke in V/m
Einphasen-Mantelleitung, 230 V	≈ 50
Dreiphasen-Mantelleitung, 230 / 400 V	≈ 2

Feuchte der einzelnen Wände und Kontakt zum Erdpotential (ggf. Abschirmwirkung) usw. Dadurch kommt es in jedem Raum zu einem unterschiedlichen „Feldmix" mit meist unsymmetrischen Komponenten.

Sind die Felder in einem Raum alle von derselben Phase hervorgerufen, so führt das Abschalten eines Stromkreises zur Verringerung der Gesamtfeldstärke und des Potentials. Bei unterschiedlichen Phasen muss dies durchaus nicht sein; es kann ebenso zu einem Anstieg kommen. Das folgende Beispiel macht dies deutlich.

Auf einen Schlafplatz mögen die elektrischen Wechselfelder von fünf Stromkreisen einwirken und Potentiale verursachen, die gemäß **Tabelle 5.10** auf die einzelnen Phasen verteilt sind.

Aus diesen Daten lässt sich ein Zeigerdiagramm konstruieren (**Bild 5.43**). Die niedrigeren Potentiale werden auf jedem Phasenpfeil zweckmäßiger-

Tabelle 5.10 *Von den einzelnen Stromkreisen abhängige Potentiale, geordnet nach Phasen (Stromkreis 1: Schlafzimmerstromkreis)*

	Potential in mV		
Stromkreis-Nr.	Phase L1	Phase L2	Phase L3
1	500		
4	200		
2		110	
5		200	
3			90

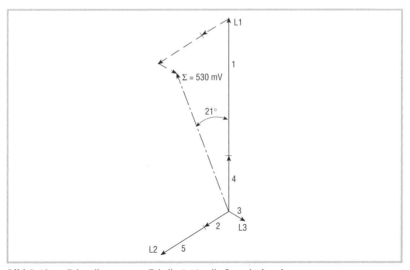

Bild 5.43 *Zeigerdiagramm zu Tabelle 5.10, alle Stromkreise ein*

weise innen aufgetragen, die großen Beträge außen. Man sieht in Bild 5.43 deutlich, dass hier von einer Symmetrie der Summenpotentiale der drei Phasen keine Rede sein kann. Dementsprechend ist ein relativ hohes Gesamtpotential zu erwarten.

Die geometrische Addition der drei Potentialpfeile durch Parallelverschiebung liefert dieses resultierende Gesamtpotential (Σ), dessen Betrag man bei Untersuchungen misst, wenn alle Sicherungen eingeschaltet sind. Der Betrag liegt in unserem Beispiel bei 530 mV. Außerdem erkennt man aus Bild 5.43, dass die Phase des resultierenden Summenpotentials gegenüber L1 des Schlafzimmerstromkreises um 21° verschoben ist.

Was geschieht, wenn man gedanklich den Schlafzimmerstromkreis abschaltet? Dann entfällt der Potentialanteil des Stromkreises Nr. 1 im Diagramm, und gemäß **Bild 5.44** ergibt sich ein neues resultierendes Summenpotential mit verändertem – hier glücklicherweise verkleinertem – Betrag von 220 mV *und* veränderter Phase.

Nun soll versuchsweise zusätzlich der Stromkreis Nr. 4 abgeschaltet werden. Er liegt auf derselben Phase wie Stromkreis Nr. 1, dessen Abschalten das Potential deutlich vermindert hatte. Man sieht in **Bild 5.45** auf einen Blick, dass dies die unsymmetrischste aller bisher betrachteten Versionen ist; die Phase L1 fehlt völlig. Es ergibt sich ein resultierendes Summenpotential von 280 mV. Hier ist der Fall eingetreten, dass das Potential durch Abschalten eines Stromkreises in seinem Betrag gestiegen ist; natürlich hat sich auch die Phasenlage verändert.

Schaltet man Stromkreis Nr. 4 wieder ein und stattdessen Stromkreis Nr. 5 aus, so zeigt **Bild 5.46** das resultierende Summenpotential. Mit einem Betrag von 100 mV hat es sich weiter verringert; die drei Phasenkomponenten sind jetzt symmetrischer geworden.

Die Ideallösung in diesem Beispiel ist mit Abschalten nicht erreichbar – außer der Triviallösung, *alle* Stromkreise abzuschalten. Was geschieht aber, wenn man versuchsweise die Phase tauscht, z. B. Stromkreis Nr. 2 von Phase L2 auf L3 legt und nur Stromkreis Nr. 1 abgeschaltet lässt? Mit etwas Glück wird durch diesen Phasentausch eine völlig symmetrische Konstellation geschaffen, und das resultierende Summenpotential verschwindet zu null (**Bild 5.47**)!

Auch an diesem Beispiel erkennt man, wie wichtig es ist, nicht nur den Betrag des Potentials zu betrachten, sondern auch über die Phasenbeziehungen Bescheid zu wissen.

Führt man die Phasenabschaltung und/oder den Phasentausch zur Mini-

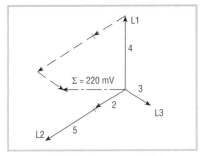

Bild 5.44 *Zeigerdiagramm zu Tabelle 5.10, Stromkreis Nr. 1 aus*

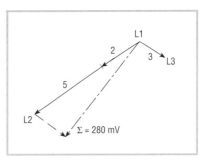

Bild 5.45 *Zeigerdiagramm zu Tabelle 5.10, Stromkreise Nr. 1 und 4 aus*

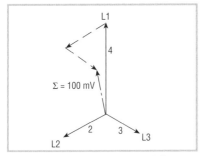

Bild 5.46 *Zeigerdiagramm zu Tabelle 5.10, Stromkreise Nr. 1 und 5 aus*

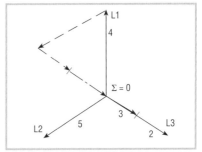

Bild 5.47 *Zeigerdiagramm zu Tabelle 5.10, Stromkreis Nr. 1 aus, Nr. 2 von Phase L2 auf L3 getauscht*

mierung der elektrischen Felder in einem Schlafzimmer durch, so ist die Auswirkung dieser Maßnahmen auch in ggf. weiteren vorhandenen Schlafräumen zu kontrollieren. Denn sie können dort andere, eventuell schwächere oder sogar entgegengesetzte Resultate zeigen, da der „Feldmix" in jedem Zimmer anders zusammengesetzt ist.

Fassen wir die bisherigen Erkenntnisse zusammen, so sehen wir: Ziel sollte es sein, zur Minimierung elektrischer Wechselfelder das elektrische Feld am Betrachtungsort möglichst symmetrisch zu machen. Oder anders ausgedrückt: Es kommt nicht darauf an, durch Netzabkoppler möglichst viele Stromkreise spannungsfrei zu machen. Vielmehr sind die Stromkreise, die am Betrachtungsort elektrische Felder erzeugen, so auf die drei Phasen zu verteilen, dass die Felder sich möglichst gut kompensieren. Dies geschieht durch sinnvolle, gezielte Abschaltung *und* Phasentausch.

Der Phasentausch hat gegenüber der Abschaltung zusätzlich den Vorteil, dass seine Effekte *immer* wirken und nicht nur während bestimmter Zeiten, in denen kein Strom und damit auch keine Netzspannung benötigt wird.

Körperspannungsmessung einmal anders

Die aufgezeigten Effekte von Dreiphasenfeldern eröffnen einen neuen Weg der Körperspannungsmessung. In einem analytischen Messverfahren kann auf systematische Weise die Phasenkonstellation der Stromkreise für eine optimale Feldkompensation ermittelt werden. Wie bereits erwähnt, soll aus Gründen der Einfachheit die Darstellung über eine skalare Größe (Potential) erfolgen; die im Folgenden beschriebene Vorgehensweise ist grundsätzlich ebenso mit einer potentialfreien, dreidimensionalen Feldmesstechnik durchführbar.

Dazu geht man folgendermaßen vor: Am Stromkreisverteiler wird die aktuelle Zugehörigkeit der einzelnen Stromkreise zu den drei Phasen ermittelt. Nicht-Elektrofachkräfte benötigen hierfür ein spezielles, kontaktlos arbeitendes Phasentestgerät, um die Abdeckhaube der Sicherungen nicht öffnen zu müssen, oder die Hilfe einer Elektrofachkraft.

Dann werden *sämtliche* Stromkreise abgeschaltet; am Betrachtungsort (Schlafplatz) wird alles für eine Körperspannungsmessung vorbereitet. Da Bewegungen der Versuchsperson die Messergebnisse beeinflussen können, ist es vorteilhaft, anstelle einer Person einen „Dummy" (leitfähiges Vlies in Körpergröße) zu verwenden, an den das Voltmeter angeschlossen wird. Nun wird systematisch nacheinander jeweils eine Sicherung eingeschaltet, die zugehörige Körperspannung gemessen und die Sicherung wieder ausgeschaltet. Die Messergebnisse werden in einer Tabelle (z. B. wie Tabelle 5.10) zusammengestellt. Zeichnet man mit diesen Daten das zugehörige Dreiphasen-Zeigerdiagramm, so lässt sich mit einiger Erfahrung durch scharfes „Hinsehen" und Probieren die optimale Phasenkombination herausfinden. Dieses analytische Verfahren hat den Vorteil, dass man beliebige Kombinationen in ihren Wirkungen auf dem Papier simulieren kann. Die grafische Zeigermethode ist dabei sehr anschaulich und in ihrer Genauigkeit für die Praxis ausreichend.

Das beschriebene Verfahren funktioniert nur so einfach, wenn die betrachteten E-Felder ausschließlich von den Installationen der untersuchten Wohnung verursacht werden. Das Kriterium hierfür ist, dass nach Abschalten *aller* Sicherungen die Körperspannung auf null zurückgeht. Dies wird i. d. R. bei Einfamilienhäusern der Fall sein. Streuen aber externe Felder ein, so bleibt auch nach Abschalten aller Sicherungen ein Restfeld, das relativ schwach, aber auch sehr stark sein kann; letzteres insbesondere in Stadtwohnungen mit hoher Nachbarwohnungs- und Installationsdichte. Da dieses externe Feld nicht abschaltbar ist, kann man lediglich durch

Phasentausch an der eigenen Installation versuchen, es so gut wie möglich
zu kompensieren. Dieses externe Feld messtechnisch zu erfassen ist aber
nicht mehr ganz einfach, da man es auch hinsichtlich seiner Phasenlage
messen müsste, wofür ein spezielles Phasenmessgerät mit interner Refe-
renzphase erforderlich wäre.

Fazit
Die bisher in der Baubiologie üblichen Methoden zur Verringerung elektrischer Wechselfelder – Abschirmung und Abschaltung – werden durch den
gezielten Phasentausch von Stromkreisen um ein neues Verfahren ergänzt.
Ziel des Phasentauschs – ggf. in Kombination mit Netzabkopplern – ist es,
am Untersuchungsort eine symmetrische Ausprägung der drei Phasenkomponenten des elektrischen Feldes zu erreichen und dadurch die resultierende Gesamtfeldstärke zu minimieren.

5.3   Maßnahmen des Immissionsschutzes

5.3.1 Ausreichender Abstand von Feldverursachern

Die Stärke elektrischer Felder nimmt in der Praxis mit der Entfernung von
der Feldquelle ab. Dies kann bei der Planung im Sinne eines konstruktiven
Schutzes berücksichtigt werden. Dieser konstruktive Schutz hat jedoch
dann seine Grenzen, wenn es beispielsweise bei Holzbauweisen (Holzhaus,
Dachausbauten) oder auch bei nicht geerdeten Metallteilen mit großer Ausdehnung (z. B. Metallprofile bei Leichtbauweise) zu Feldverschleppungen
über große Entfernungen kommt. Auch die Tatsache, dass viele Räume
mehrfach genutzt werden (Schlafen, Fernsehen, EDV-Arbeiten), erschwert
die Möglichkeit der Reduzierung durch Abstandhalten. Hier sind gezielte
Abschirm- bzw. Abschaltmaßnahmen erfolgversprechender.

5.3.2 Großflächige Abschirmungen mit Abschirmplatten,
-putzen, -vliesen, -tapeten und -farben

Bei Neubaumaßnahmen, insbesondere im Fall von Reihenbebauung und
Mehrfamilienhäusern, sowie bei Sanierungen kann es zusätzlich notwendig
sein, großflächige, elektrisch leitfähige Materialien an Wänden oder Decken
anzubringen, um das Einkoppeln von elektrischen Feldern aus aktiven

Elektroanlagenteilen benachbarter Wohnungen in zu schützende Bereiche zu verhindern *(Immissionsschutz)*. Solche Abschirmmaßnahmen werden nur wirksam, wenn sie in den Potentialausgleich nach Abschnitt 5.5 einbezogen werden. Auch in Einfamilienhäusern sowie innerhalb von Wohnungen können unterschiedlich genutzte Bereiche durch großflächige Abschirmmaßnahmen entkoppelt werden. Liegen beispielsweise Schlafräume und Räume mit elektrischen Geräten, die dauerhaft am Netz angeschlossen sein müssen, nebeneinander (z. B. Küche und Büro), kann es durch nicht geschirmte Anschlussleitungen, Steckdosenleisten, durch die Geräte selbst usw. zu Einkopplungen in zu schützende Bereiche kommen. Hier können großflächige und geerdete Abschirmflächen mit den in der **Tabelle 5.11** beispielhaft genannten Produkten die Bereiche „trennen". Die Reduzierung bezieht sich auch hier nur auf das elektrische Wechselfeld, nicht auf niederfrequente magnetische Wechselfelder. Gleichwohl weisen die meisten der in Tabelle 5.11 genannten Materialien auch befriedigende bis sehr gute Abschirmwirkungen gegen hochfrequente elektromagnetische Wellen auf. Diese Wirkung beruht aber auf den Funktionsprinzipien von Reflexion oder Absorption und nicht, wie bei den niederfrequenten elektrischen Wechselfeldern, auf dem Prinzip der Influenz (s. Abschn. 3.2.3).

Großflächige Abschirmmaßnahmen sind sorgfältig zu planen. Wenn Feldquellen übersehen werden, können durch ungünstige Anordnungen an bestimmten Orten u. U. höhere Feldstärken entstehen als ohne die „Abschirm"-Maßnahme. Hinweise zur Erdung großflächiger Abschirmungen sowie besondere Anforderungen an den Personen- und Sachschutz finden sich im Abschnitt 5.5.2.

Die Maschenweite von gewebten Materialien kann im Gegensatz zu Reduzierungsmaßnahmen für hochfrequente Felder relativ „grob" sein.

Geschossübergreifende Feldeinkopplungen können beispielsweise durch Erden der in die Betondecken eingelegten Armierungsmatten (Stahlmatten mit einer Maschenweite von etwa $10\,cm \times 10\,cm$) erzielt werden (**Bild 5.48**).

Viele Produkte, die ursprünglich für die Reduzierung hochfrequenter Felder vorgesehen waren, können wegen ihrer guten elektrischen Leitfähigkeit und bei Kontaktierbarkeit zum Anschluss an den Gebäudepotentialausgleich auch für die Abschirmung niederfrequenter elektrischer Wechselfelder eingesetzt werden.

Tabelle 5.11 *Elektrisch leitfähige Materialien zur Reduzierung elektrischer Felder*
Hinweis: Die Tabelle nennt Beispiele und erhebt keinen Anspruch auf
Vollständigkeit; die Autoren übernehmen keine Gewähr für die Richtigkeit
dieser Herstellerangaben.

Produktbezeichnzng	Hersteller/Vertrieb	Hinweise zum Material	Einsatz NF[1]	HF[2]
Schutzplatte „LaVita"	Knauf Gips KG	Gipskartonplatte mit leitfähigem Rückseitenkarton (Carbonfasern)	x	x
Abschirmputz	Knauf Gips KG	Putz auf Gipsbasis mit leitfähigen Zusätzen	x	x
„Meno"	LESANDO GmbH	Putz auf Lehmbasis mit leitfähigen Zusätzen	x	x
„Rubens light"	Biologa Elektrotechnik GmbH + Co.KG	Hightech-Faser mit leitfähigen Zusätzen	x	
„Saphir spezial"	Biologa Elektrotechnik GmbH + Co.KG	Abschirmuntertapete aus Faservlies	x	x
AES	Sto AG	Armierungsgewebe mit eingewebten Edelstahlfäden und leitfähiger Spezialbeschichtung	x	x
Bauder E-protect	Paul Bauder GmbH & Co.KG	Dachunterspannbahn mit leitfähigen Zusätzen	x	x
Abschirmfarbe ASF 30	Biologa Elektrotechnik GmbH + Co.KG	leitfähige Graphitfarbe	x	

1 niederfrequente elektrische Wechselfelder (NF)
2 hochfrequente elektromagnetische Felder (HF)

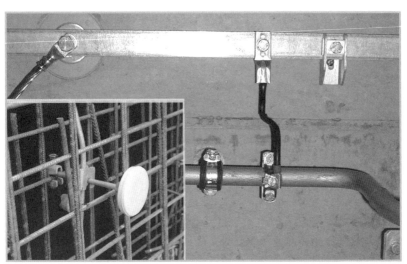

Bild 5.48 *Erden von Stahlbewehrungen*
Foto: Fa. Dehn & Söhne

5.4   Abnahmeprüfungen

5.4.1   Zusätzliche Prüfungen der fachgerechten Ausführung der Elektroanlage

Die Reduzierung niederfrequenter elektrischer Wechselfelder mit geschirmten Komponenten basiert auf dem Einbringen und Erden von elektrisch leitfähigen Materialien (Leitung mit Abschirmumhüllung und Beidraht, Beschichtungen, sonstige leitfähige Flächen). Hier können bei fehlerhafter Ausführung elektrische Potentiale mit Auswirkungen auf den Personenschutz verschleppt werden. Deswegen sollten nach der Errichtung, Erweiterung oder Änderung einer Elektroanlage, bei der Maßnahmen zur Feldreduzierung ergriffen wurden, zusätzliche Prüfungen durchgeführt werden.

Folgende Prüfungen werden zusätzlich zu den obligatorischen Prüfungen empfohlen:

▌ Messen der Durchgängigkeit der Verbindungen des Potentialausgleichs bei großflächigen Abschirmmaßnahmen,

▌ Prüfen der Freiheit von Ausgleichsströmen über großflächige Abschirmflächen (z. B. mit Zangenwandler an der Potentialausgleichsleitung der Abschirmflächen),

▌ Messung des Isolationswiderstandes der drei Außenleiter und des Neutralleiters gegen die Beidrähte der geschirmten Mantelleitungen,

▌ Messung des Isolationswiderstandes zwischen Schutzleiter und den Beidrähten der geschirmten Mantelleitungen, um unerwünschte Kontaktierungen von PE und Beidrähten im Leitungszug auszuschließen. Hierzu muss die Verbindung zwischen der PE-Klemmenleiste und der Klemmenleiste mit den aufgelegten Beidrähten der geschirmten Mantelleitungen im Stromkreisverteiler vorübergehend entfernt werden.

5.4.2   Feldmessungen

Schon kleine Fehler, wie beispielsweise das Fehlen von Kontaktierungen von Beidrähten, können den Reduzierungserfolg einer Maßnahme deutlich schmälern oder sogar ganz verhindern. Durch Feldmessungen nach Inbetriebnahme der elektrischen Anlage können diese Fehler erkannt werden, und dem Nutzer kann die einwandfreie Funktion der Reduzierungsmaßnahmen dokumentiert werden. Für diesen Zweck kann neben der potentialfreien E-Feldmessmethode auch die erdpotentialbezogene E-Feldmessung in

Anlehnung an die TCO-Norm zum Einsatz kommen. Allerdings ist zu beachten, dass sich bei beiden Verfahren die absolute Höhe der gemessenen Feldstärken unterscheidet (s. Abschn. 4.2).

In der Praxis hat sich folgender Messaufbau bewährt:

Die Messpunkte werden gemäß **Bild 5.49** auf einem Radius von 50 cm um die installierten Verbindungs-, Verteilungs-, Schalt- und Steckvorrichtungen festgelegt. Bei einem Wandabstand von 10 cm wird mit einer Feldsonde nach Abschnitt 4.2.2 das elektrische Feld gemessen. Der dabei ermittelte Wert sollte erfahrungsgemäß bei erdpotentialbezogener Feldmessung nicht über 5 V/m und bei potentialfreier Messung nicht über 1 V/m liegen. Sind die Werte höher, ist mit einer Unregelmäßigkeit bzw. einem Fehler in der Anlage zu rechnen. Mit dieser Messanordnung werden Kontaktierungsfehler von Beidrähten und Potentialableitern der geschirmten Elektrodosen erkannt. Es empfiehlt sich, die gemessenen Werte in Ergebnisprotokolle einzutragen. Zu berücksichtigen ist, dass insbesondere bei Neubauten und umfangreichen Erweiterungen bzw. Renovierungen die Baufeuchte erheblichen Einfluss auf die Messergebnisse haben kann.

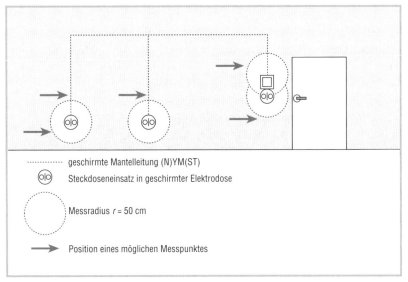

.... geschirmte Mantelleitung (N)YM(ST)

Steckdoseneinsatz in geschirmter Elektrodose

Messradius r = 50 cm

Position eines möglichen Messpunktes

Bild 5.49 *Festlegen der Messpunkte bei einer Abnahmefeldmessung*

5.5 Potentialausgleich und Schutzmaßnahmen in Gebäuden

5.5.1 Einbeziehen von großflächigen Abschirmungen in den Potentialausgleich

Damit großflächige Abschirmungen für elektrische Wechselfelder wirksam werden, müssen sie „geerdet", d. h. in den Potentialausgleich des Gebäudes einbezogen werden. Dies geschieht durch den Anschluss an den Schutzleiter (PE) bzw. an das Potentialausgleichssystem der elektrischen Anlage des Gebäudes [5], [14].

Abschirmmaterialien, wie

- leitfähige, beschichtete Flächen von Wänden und Decken,
- Matten, Vliese und Gewebe aus leitfähigen Fasern und
- Tapeten mit leitfähiger Beschichtung

können keine elektrischen Betriebsmittel, sondern allenfalls *fremde leitfähige Teile* gemäß IEV 826-03-03 oder IEV 195-06-11 sein. Dies wurde den Autoren auf schriftliche Anfrage von der Deutschen Elektrotechnischen Kommission (DKE) bestätigt.

Beim Anschluss dieser Materialien an den Schutzleiter bzw. an das Potentialausgleichssystem müssen verschiedene Gesichtspunkte beachtet werden:

- Schutzmaßnahmen gegen elektrischen Schlag,
- Einsatz von Fehlerstromschutzeinrichtungen,
- Verhinderung von Spannungsverschleppungen,
- Verhinderung der Brandgefahr durch Streuströme,
- Mindestquerschnitte für den Potentialausgleichsleiter,
- geeignete Kontaktstellen und -materialien,
- Schutzmaßnahmen bei großflächigen Abschirmungen,
- Näherungen zu äußeren Blitzschutzanlagen.

Die einzelnen Punkte werden im Folgenden detailliert behandelt. Ausdrücklich erfolgt hier nochmals der Hinweis, dass auch Abschirmungen gegen hochfrequente Wellen wegen möglicher Spannungs- und Feldverschleppung sowie aus Gründen des Personen- und Sachschutzes grundsätzlich geerdet werden sollten.

5.5.2 Schutzmaßnahmen gegen elektrischen Schlag

Abschirmflächen, die an Potentialausgleichsleiter angeschlossen werden, und damit mit der Elektroanlage verbunden sind, müssen den Anforderungen zum Schutz gegen elektrischen Schlag entsprechen. Dies bedeutet, dass für Personen im Fehlerfall die Dauer der Stromeinwirkung sowie die Stärke des Stromes durch entsprechende Schutzmaßnahmen begrenzt werden muss. Dies wird mit folgenden Maßnahmen erreicht:

▌ *Basisschutz*
Hier werden die aktiven Teile durch Isolierung, Abdeckung oder Umhüllung gegen Berühren gesichert.

▌ *Fehlerschutz*
Bei Auftreten eines Fehlers (z. B. beschädigte Isolierung) und/oder einer unbeabsichtigten Berührung wird die Stromversorgung automatisch durch Überstromschutzeinrichtungen und/oder Fehlerstromschutzeinrichtungen abgeschaltet. Hierzu ist ein Hauptpotentialausgleich und unter bestimmten Bedingungen ein zusätzlicher Potentialausgleich notwendig.

▌ *Zusatzschutz*
Ein Zusatzschutz durch Fehlerstromschutzeinrichtungen mit einem Bemessungs-Differenzstrom von $I_{\Delta N} \leq 30$ mA ist dann notwendig, wenn die bereits durchgeführten Schutzmaßnahmen unwirksam sind.

5.5.3 Zusätzlicher Schutz durch Fehlerstromschutzeinrichtungen

In der baubiologischen Elektroinstallation wird bei Sanierungsmaßnahmen häufig die *Fehlerstromschutzeinrichtung* (RCD, von engl. Residual Current Protective Device) gefordert [4]. Dieses Gerät wurde früher als *FI-Schutzschalter* oder *FI-Schalter* bezeichnet.

Den Kern dieses Schutzorgans bildet ein so genannter Summenstromwandler. Dieser misst den zufließenden und den rückfließenden Strom. Wenn hier eine Differenz entsteht, löst die Schutzeinrichtung aus. Die auslösende Differenz kann zur Erzielung eines hohen Personenschutzes sehr gering sein.

Fehlerstromschutzeinrichtungen werden mit folgenden spezifizierten *Bemessungs-Differenzströmen* (Nennfehlerströmen) $I_{\Delta N}$ gebaut: 10, 30, 100, 300 und 500 mA.

In der Praxis kommen meist nur Schutzeinrichtungen mit folgenden Bemessungs-Differenzströmen zum Einsatz:

▌ 30 mA als Personenschutz,

▌ 300 mA als Anlagenschutz.

Wenn Fehlerströme im mA-Bereich erkannt werden, bedeutet dies letztendlich, dass sehr große Widerstände im Fehlerkreis kontrollierbar werden.

Dazu ein Beispiel: Angenommen, an einer leitfähigen Wand entsteht eine Fehlerquelle mit 2300 Ω. Dieser Fehler verursacht nach dem Ohm'schen Gesetz einen Stromfluss von 100 mA, der bereits tödlich auf den Menschen wirken könnte. Bei entsprechend langer Einwirkzeit kann dieser Strom durch seine Wärmewirkung auch die Ursache für einen Brand darstellen. Eine herkömmliche Sicherung oder ein Leitungsschutzschalter würden in diesem Fall nicht auslösen – die Fehlerstromschutzeinrichtung mit $I_{\Delta N} \leq 30$ mA tut dies jedoch.

Was man grundsätzlich über Fehlerstromschutzeinrichtungen wissen sollte:

▌ Die Fehlerstromschutzeinrichtung begrenzt in keiner Weise den Strom. Wenn im Fehlerkreis ein Stromfluss von 400 A zustande kommen würde – dann kommt dieser Strom trotz der Fehlerstromschutzeinrichtung zum Fließen.

▌ Fehlerstromschutzeinrichtungen lösen im praktischen Einsatz bei Differenzströmen zwischen 50 und 100 % des spezifizierten Bemessungs-Differenzstromes aus. Bei einer 30-mA-Schutzeinrichtung bedeutet dies, dass sie zwischen 15 und 30 mA auslöst.

▌ Wenn eine Person zwischen Außenleiter und Neutralleiter greift, fließt ein Strom wie beim Anschluss eines Gerätes und kein Fehlerstrom; die Schutzeinrichtung löst *nicht* aus!

▌ Wenn eine Person zwischen Außenleiter und Schutzleiter greift oder an den Außenleiter greift und leitfähig auf Erdpotential steht, fließt ein Fehlerstrom, und die Schutzeinrichtung kann auslösen!

▌ Je größer der Differenzstrom, desto schneller löst die Schutzeinrichtung aus, bei Nennfehlerstrom in einer Zeit < 200 ms; in der Praxis werden kleinere Werte gemessen.

▌ Die Fehlerstromschutzeinrichtung muss über ihre Prüftaste regelmäßig ausgelöst werden (alle 6 Monate), um ihre Funktion zu gewährleisten.

Die Schutzwirkung beim Menschen wird im Folgenden an einigen Zahlen und Rechenbeispielen erläutert.

Je nachdem, auf welchem Weg der Strom durch den Körper fließt, ergeben sich unterschiedliche Widerstandswerte (**Bild 5.50**). Begründet ist dies u.a. in der Beschaffenheit und Feuchtigkeit der Haut, dem Widerstand von Körperteilen und Organen usw. Im Gegensatz zu den meisten technischen Widerständen ist der Körperwiderstand ebenfalls abhängig von der angelegten Spannung. Daher können die o.a. Werte nicht mit einem handelsüblichen Widerstandsmessgerät einfach nachgemessen werden.

Wie der Stromfluss auf den menschlichen Körper wirkt, ist im **Bild 5.51** wiedergegeben. Die Grafik unterscheidet vier Hauptbereiche: AC 1 bis AC 4. Die unterschiedlichen Gefährdungen ergeben sich je nachdem, in welchem Bereich die Durchströmung geschieht. Schutzmaßnahmen müssen so ausgelegt sein, dass die „Gefährdungskurve" zwischen den Zonen AC 3 und AC 4 nicht erreicht wird.

Wenn man davon ausgeht, dass eine Person zwischen den beiden Händen eine Spannung von 230 V abgreift, so ergibt sich bei einem Körperwiderstand von 1000 Ω ein Stromfluss von 230 mA. Wenn man diesen Stromfluss in das Diagramm laut **Bild 5.52** überträgt, stellt man fest, dass bis zu einer Einwirkzeit von knapp 500 ms der Bereich AC 3 und bei länger dauernder Einwirkung der Bereich AC 4 erfasst wird. Nach einer Zeit von etwa 500 ms besteht also bereits Lebensgefahr durch Herzkammerflimmern.

Wenn in der Anlage eine 30-mA-Fehlerstromschutzeinrichtung vorhanden ist, ergibt sich die Kennlinie laut **Bild 5.53**. Der graue Bereich gibt an, wann die Schutzeinrichtung laut Spezifikation spätestens auslösen muss (200 ms). In der Regel haben die Schalter kürzere Auslösezeiten, bei einem Strom von 230 mA ist wahrscheinlich mit 20 … 40 ms zu rechnen.

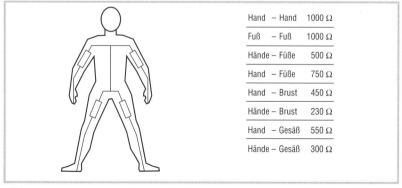

Hand – Hand	1000 Ω	
Fuß – Fuß	1000 Ω	
Hände – Füße	500 Ω	
Hand – Füße	750 Ω	
Hand – Brust	450 Ω	
Hände – Brust	230 Ω	
Hand – Gesäß	550 Ω	
Hände – Gesäß	300 Ω	

Bild 5.50   *Widerstandswerte verschiedener Stromwege (bei 230 V) in Anlehnung an DIN VDE V 0140 (15 … 100 Hz)*

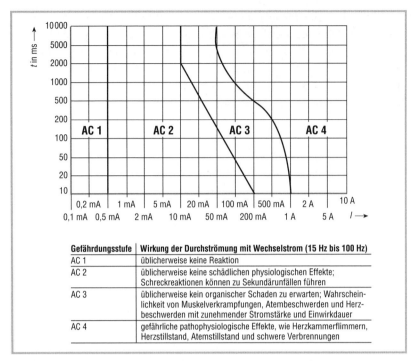

Gefährdungsstufe	Wirkung der Durchströmung mit Wechselstrom (15 Hz bis 100 Hz)
AC 1	üblicherweise keine Reaktion
AC 2	üblicherweise keine schädlichen physiologischen Effekte; Schreckreaktionen können zu Sekundärunfällen führen
AC 3	üblicherweise kein organischer Schaden zu erwarten; Wahrscheinlichkeit von Muskelverkrampfungen, Atembeschwerden und Herzbeschwerden mit zunehmender Stromstärke und Einwirkdauer
AC 4	gefährliche pathophysiologische Effekte, wie Herzkammerflimmern, Herzstillstand, Atemstillstand und schwere Verbrennungen

Bild 5.51   *Stromstärke-Zeit-Abhängigkeit der Wirkungen von Wechselstrom im Frequenzbereich von 15 bis 100 Hz (in Anlehnung an[15]) mit den entsprechenden Gefährdungsstufen*

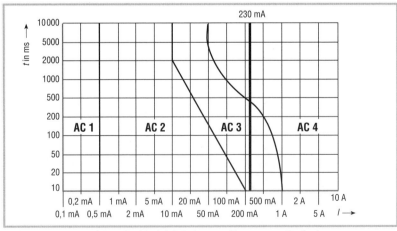

Bild 5.52   *Stromstärke-Zeit-Abhängigkeit der Auswirkungen von Wechselstrom bei Durchströmung des Menschen mit 230 mA*

Mit einer 30-mA-Fehlerstromschutzeinrichtung wird der Bereich AC 4 also nicht erreicht; es besteht nun die hohe Wahrscheinlichkeit, dass diese Durchströmung nicht zum Tode führt. Eine Gewähr hierfür kann allerdings nicht gegeben werden.

Bei einer Fehlerstromschutzeinrichtung mit einem Bemessungs-Differenzstrom von 300 mA wäre der Schutz in dem hier betrachteten Beispiel nicht mehr gegeben. **Bild 5.54** veranschaulicht dies.

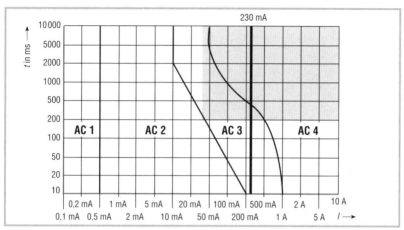

Bild 5.53   *Stromstärke-Zeit-Abhängigkeit der Auswirkungen von Wechselstrom und Auslösebereich einer 30-mA-Fehlerstromschutzeinrichtung*

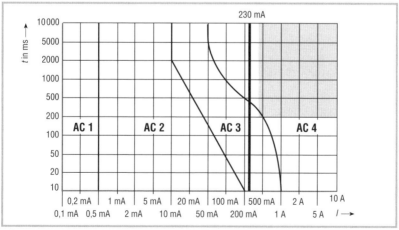

Bild 5.54   *Stromstärke-Zeit-Abhängigkeit der Auswirkungen von Wechselstrom und Auslösebereich einer 300-mA-Fehlerstromschutzeinrichtung*

Aus diesen Beispielen wird deutlich, dass eine Elektroanlage mit einer 30-mA-Fehlerstromschutzeinrichtung gegenüber einer nur mit Leitungs-schutzschaltern ausgerüsteten Installation einen weiter reichenden Schutz für Personen und Sachen gibt.

5.5.4 Verhinderung von Spannungsverschleppungen

Die Schutzmaßnahmen gegen elektrischen Schlag sind auch deswegen so bedeutend, da durch das großflächige Anbringen von elektrisch leitfähigen Materialien zu Abschirmzwecken die isolierenden Eigenschaften von nor-malen Wohnräumen verloren gehen.

Im Fehlerfall, wenn z. B. am Leuchtenauslass (Austritt der Leitung für ei-ne fest angeschlossene Leuchte aus Wand oder Decke), an Schaltern und Steckdosen oder durch in die Wand geschlagene Nägel und Bilderhaken un-beabsichtigt eine Verbindung zu aktiven Leitern hergestellt wird, können über die leitfähigen Flächen gefährliche Spannungen verschleppt werden.

5.5.5 Verhinderung der Brandgefahr durch Streuströme

Im TN-C-System führt der PEN-Leiter in der Regel Streuströme. Werden Schutzleiter und Abschirmflächen mit dem PEN-Leiter verbunden, so flie-ßen die Streuströme mit der möglichen Konsequenz von Brandgefahren auch über die Abschirmflächen und deren Anschlusskomponenten. Daher dürfen großflächige Abschirmmaßnahmen nur in Gebäuden mit TN-S-, TT- oder IT-Systemen durchgeführt werden.

5.5.6 Mindestquerschnitte von Potentialausgleichsleitern

Potentialausgleichsleiter müssen ausreichende Querschnitte haben, damit Personen- und Brandschäden aufgrund zu hoher Stromdichte möglichst zu-verlässig verhindert werden (s. auch Abschn. 8.6.3). Außerdem müssen sie in ihrem Mindestquerschnitt so bemessen sein, dass auch die erforderliche mechanische Stabilität dauerhaft gegeben ist.

Für den *Hauptpotentialausgleichsleiter* gilt:

▌ Mindestquerschnitt = 0,5 × Hauptschutzleiterquerschnitt,

▌ mindestens aber 6 mm^2 Cu.

Ein größerer Querschnitt als 25 mm^2 ist grundsätzlich nicht erforderlich.

Über den Hauptpotentialausgleichsleiter müssen an die Potentialausgleichsschiene folgende Komponenten angeschlossen werden:

- Fundamenterder,
- Schutzleiter oder PEN-Leiter,
- metallene Wasserverbrauchs-und Abwasserleitungen,
- Vor- und Zulauf der Zentralheizung,
- Gasleitung (Innenleitung bis zum Isolierstück),
- Erdungsleitung für die Antennenanlage,
- Erdungsleitung für die Fernsprechanlage,
- Metallteile der Gebäudekonstruktion,
- Leiter zum Blitzschutzerder.

Sinnvollerweise sollten alle elektrisch leitfähigen Rohre, Kabel usw. möglichst an *einer* Stelle in das Gebäude eingeführt werden. Direkt hinter dem Eintritt in das Gebäude sollten alle Schirme, Rohre usw. miteinander verbunden werden, d. h., an dieser Stelle wird der Potentialausgleich durchgeführt. Sollten vagabundierende Ströme über Gas- bzw. Wasserleitungen oder über sonstige elektrisch leitfähige Gebilde in das Gebäude eingeführt werden, so besteht durch den Potentialausgleich direkt am Gebäudeeintritt je nach örtlichen Gegebenheiten die Möglichkeit, dass diese Ströme unmittelbar wieder aus dem Gebäude „herausfließen" und nicht weiter in das Gebäude eindringen.

In einem Gebäude gibt es über die Komponenten hinaus, welche in den Hauptpotentialausgleich einbezogen werden, weitere leitfähige Teile, die mit dem *zusätzlichen Potentialausgleich* an die Elektroanlage angeschlossen werden. Dies kann einzelne Geräte (z. B. medizinische Geräte) betreffen sowie berührbare so genannte *fremde leitfähige Teile* (metallene Träger, Metallwände usw.). Mit dem zusätzlichen Potentialausgleich soll u.a. erreicht werden, dass Potentialunterschiede zwischen gleichzeitig berührbaren Geräten mit metallenem Gehäuse und fremden leitfähigen Teilen vermieden werden.

In Fachkreisen wird das Einbeziehen von Abschirmflächen in den Potentialausgleich kontrovers diskutiert. Dies liegt vor allem daran, dass die Thematik der Reduzierung elektrischer Wechselfelder (Niederfrequenz) und elektromagnetischer Wellen (Hochfrequenz) in Wohnbereichen durch großflächige Abschirmungen von Fachgremien noch nicht hinreichend aufgegriffen wurde. Die Frage, ob die Erdung einer Abschirmfläche eine *Schutzerdung* oder eine *Funktionserdung* darstellt, wird zurzeit noch unterschiedlich beantwortet. Gemäß IEV 826-03-03 oder IEV 195-06-11 werden Abschirmmaterialien als „allenfalls fremde leitfähige Teile" einge-

ordnet, d. h., auch hier wird nicht beantwortet, ob es sich um eine Schutzerdung handelt (s. auch Abschn. 5.5.1). Allerdings fällt es auch schwer, die
Erdung von Abschirmflächen in Wohn- und Schlafräumen der Funktionserdung und damit den Potentialausgleichsmaßnahmen in Anlagen der Informationstechnik zuzuordnen (DIN VDE 0800-Normen). Die Anforderungen
an Potentialausgleichsmaßnahmen in informationstechnischen Anlagen sind
u. a. wegen des großen Frequenzbereichs (vom kHz- bis in den GHz-
bereich), der hier berücksichtigt werden muss, sowie der Einhaltung niedriger Impedanzen kaum auf Wohnbereiche zu übertragen.

Die Autoren vertreten daher die Ansicht, Abschirmmaterialien wie
„fremde leitfähige Teile" zu behandeln und sie über Potentialausgleichsleiter an den zusätzlichen Potentialausgleich anzuschließen. Für diese Art
Potentialausgleichsleiter sind folgende Querschnitte laut Vorschrift vorgesehen (s. auch Anmerkung im Abschnitt 8.6.3):

▌ zwischen zwei Körpern (z. B. zwischen elektrischen Geräten)
  = Querschnitt des kleinsten Schutzleiters,
▌ zwischen Körpern (z. B. Elektromotor) und fremden leitfähigen Teilen
  (z. B. Abschirmfläche) = 0,5 × Schutzleiterquerschnitt,
▌ mindestens 2,5 mm^2 Cu bei mechanischem Schutz
  (z. B. Mantelleitung NYM-J 1 × 2,5 mm^2),
▌ mindestens 4 mm^2 Cu ohne mechanischem Schutz
  (z. B. feindrähtige PVC-Aderleitung H07V-K 4 mm^2).

Da Abschirmflächen in der Regel nicht an Körper angeschlossen werden,
gelten somit die o. a. Mindestquerschnitte. Bei Abschirmmaßnahmen empfiehlt sich grundsätzlich der Einsatz einer Fehlerstromschutzeinrichtung mit
einem Bemessungs-Differenzstrom von 30 mA. Somit liegt man mit der Berechnung laut Abschnitt 8.5.3 immer unter den aus mechanischen Gründen angegebenen Mindestquerschnitten. Zu berücksichtigen ist bei dieser
Betrachtung auch, dass die „Schwachstelle" bei einer entsprechenden Analyse nicht im Querschnitt des Potentialausgleichsleiters zu sehen ist, sondern eher im Abschirmmaterial selbst bzw. im Anschlusszubehör, d. h. beim
Übergang vom Abschirmmaterial auf den Potentialausgleichsleiter.

Der Anschluss der Abschirmflächen sollte wegen Fragen der Produkthaftung über vom Hersteller mitgeliefertes Original-Anschlusszubehör erfolgen. Allerdings ist die ausführende Elektrofachkraft nicht von der Verpflich-
tung entbunden, sorgfältig zu prüfen, ob das Zubehör des Herstellers den
Anforderungen der geltenden Normen entspricht bzw. ihnen zumindest
nicht zuwiderläuft.

Das **Bild 5.55** zeigt, wie einzelne Abschirmflächen (Raumwände) untereinander verbunden und zum Schutzleiter bzw. Potentialausgleichsleiter geführt werden. Einige Hersteller bieten beispielsweise „Ableitbleche" an, an denen zwei Rohrkabelschuhe angebracht sind. Über das metallene Blech sind beide Rohrkabelschuhe elektrisch leitfähig miteinander verbunden, es können somit „ankommender" und „abgehender" Potentialausgleichsleiter entsprechend angeschlossen werden.

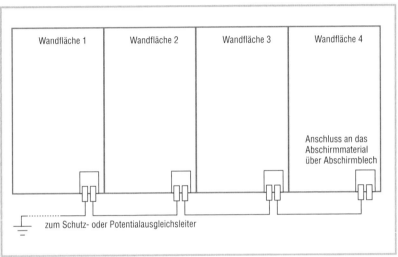

Bild 5.55   *Erden und Verbinden einzelner Abschirmflächen (Raumwände) untereinander*

5.5.7   Kontaktstellen und -materialien

Alle Klemmen, Anschlüsse und Verbindungen müssen gut und dauerhaft Kontakt geben sowie gegen Korrosion und mechanische Beschädigung geschützt sein. Die Leitfähigkeit des Anschlusszubehörs muss identisch mit der des Potentialausgleichsleiters sein. Lösbare Verbindungen müssen zugänglich und gegen Selbstlockern gesichert sein. Nicht zugängliche Verbindungsstellen sollten gequetscht, vernietet, verschweißt, verlötet oder vergossen werden. **Bild 5.56** und **Bild 5.57** zeigen Ableitbleche, welche mit Rohrkabelschuhen vorkonfektioniert sind. Die Elektrofachkraft kann hier den Potentialausgleichsleiter durch Quetschen fest und dauerhaft kontaktieren.

Bild 5.56   *Ableitblech für Schutzplatte*   **Bild 5.57**   *Ableitblech für Abschirmputz*
             „LaVita"   *„MENO"*
             Foto: Fa. Knauf   Foto: Fa. LESANDO

5.5.8   Schutzmaßnahmen bei großflächigen Abschirmungen

Wie bereits erwähnt, wird durch das Einbringen von großflächigen elektrisch leitfähigen Materialien der Charakter eines bislang isolierenden Wohnraumes verändert. Dadurch ergeben sich Fragestellungen im Hinblick auf den Personen- und Sachschutz: Wenn durch den berühmten Bilderhaken bzw. Nagel eine elektrisch leitfähige Verbindung von einem Außenleiter auf die Abschirmfläche entsteht, welche Fehlerfälle können dabei auftreten?

Tabelle 5.12 und **Tabelle 5.13** zeigen mögliche Fehlerszenarien bei unterschiedlichen Abschirmmaterialien und Schutzorganen in den Elektroanlagen.

5.5.9   Näherungen zu äußeren Blitzschutzanlagen

Durch das Einbringen von elektrisch leitfähigen Materialien in die Gebäudehülle können u. U. auch Näherungen zu den Fangeinrichtungen der äußeren Blitzschutzanlage entstehen. Bei zu geringen Abständen besteht die Gefahr, dass es bei Blitzeinwirkung zum Über- oder Durchschlag kommt. Die Abstandsberechnung ist komplex und von vielen Faktoren, wie der Gebäudehöhe, Länge und Anzahl der Ableitungen usw., abhängig. Meist beträgt der Abstand laut Berechnung zwischen 0,3 und 0,4 m. Dies bedeutet, dass es bei Abschirmflächen unter und über der Dachhaut in vielen Fällen zu bedenklichen Näherungen kommt. Lösungsmöglichkeiten, wie z. B. das Herstellen von definierten Verbindungen der Abschirmflächen mit der äußeren Blitzschutzanlage, werden zur Zeit in Fachkreisen noch diskutiert.

Tabelle 5.12 *Fehlerbetrachtung bei Elektroanlagen mit Leitungsschutzschalter LS Typ B16*

Art des Abschirmmaterials	Wird der Auslösestrom des Leitungsschutzschalters erreicht?	Höhe der möglichen Berührungsspannung	Bemerkungen
Hochohmiges Abschirmmaterial (z. B. Putz)	Der Auslösestrom des Leitungsschutzschalters wird nicht erreicht.	230 V	Lebensgefahr.
Niederohmiges Abschirmmaterial (z. B. Metallfolie)	Der Auslösestrom wird wahrscheinlich erreicht. Das Material ist vermutlich nicht genügend stromtragfähig, die Kontaktstelle brennt voraussichtlich ab.	0 … 230 V	Lebensgefahr. Zusätzliche Gefahr bei Wiedereinschalten der Netzspannung mit Gefahr durch direktes Berühren. Brandgefahr.

Tabelle 5.13 *Fehlerbetrachtung bei Elektroanlagen mit Fehlerstromschutzeinrichtung mit $I_{\Delta N} \leq 30\ mA$*

Art des Abschirmmaterials	Wird der Auslösestrom der Fehlerstromschutzeinrichtung erreicht?	Höhe der möglichen Berührungsspannung	Bemerkungen
Hochohmiges Abschirmmaterial (z. B. Putz)	Der Auslösestrom der Fehlerstromschutzeinrichtung wird bis zu einer Impedanz von 7666 Ω erreicht (bei 230 V Netzspannung, 30 mA Auslösestrom).	230 V möglich, jedoch unwahrscheinlich	Wesentliche Verbesserung der Schutzwirkung gegenüber LS-Schalter (s. auch Abschn. 5.5.3). Bei Wiedereinschalten der Netzspannung besteht teilweiser Schutz bei direktem Berühren.
Niederohmiges Abschirmmaterial (z. B. Metallfolie)	Der Auslösestrom der Fehlerstromschutzeinrichtung wird bis zu einer Impedanz von 7666 Ω erreicht (bei 230 V Netzspannung, 30 mA Auslösestrom). Das Material ist vermutlich nicht genügend stromtragfähig, die Kontaktstelle brennt voraussichtlich ab; die Fehlerstromschutzeinrichtung wirkt nicht strombegrenzend.	0 … 230 V	Wesentliche Verbesserung der Schutzwirkung gegenüber LS-Schalter (s. auch Abschn. 5.5.3). Bei Wiedereinschalten der Netzspannung besteht teilweiser Schutz bei direktem Berühren.

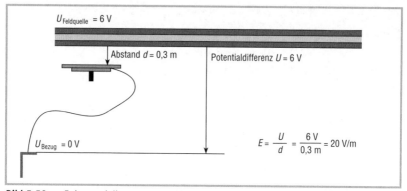

Bild 5.58   *Erdpotentialbezogene E-Feldmessung bei einem Bezugspotential von 0 V*

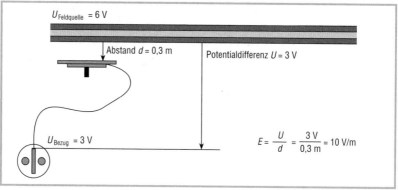

Bild 5.59   *Erdpotentialbezogene E-Feldmessung bei einem Bezugspotential von 3 V*

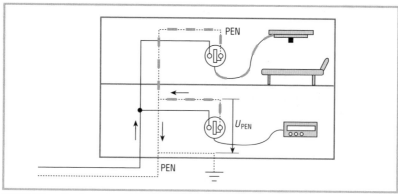

Bild 5.60   *Messbezugspunkt im TN-C-System*

5.5.10 Prüfen und Messen an Erdungsanlagen und Potentialausgleichseinrichtungen

5.5.10.1 Prüfen und Messen an Erdungsanlagen

Aus Gründen der Einhaltung der Abschaltbedingungen – insbesondere z. B. im TT-System – sowie zur Kontrolle des Zustandes einer Erdungsanlage usw. sind Messungen an Erdungsanlagen erforderlich.

Wenn E-Feldmessungen gegen Erdpotential (z. B. gemäß TCO-Norm) durchgeführt werden, muss sichergestellt sein, dass das Potential des Erdbezugspunktes 0 V beträgt. Folgende zwei Beispiele sollen verdeutlichen, welchen Einfluss ein von 0 V abweichendes Potential des Erdbezugspunktes auf das Messergebnis haben kann.

Bei der erdpotentialbezogenen E-Feldmessung (s. Absch. 4.2.2.1) muss die Erdungsmessleitung der Feldsonde an einem geeigneten Erdbezugspunkt kontaktiert werden. Denn das Messergebnis hängt nicht nur vom Abstand der Feldsonde zur Feldquelle und dem Potential der Feldquelle ab, sondern auch vom Potential des Bezugspunktes.

Beispiel 1:

Bild 5.58 zeigt die Situation, wenn das Potential des Erdbezugspunktes an einem Hilfserder (Erdspieß) auf 0 V liegt. Liegt die Feldquelle beispielsweise auf dem Potential 6 V, ergibt sich bei einem Abstand von 0,3 m eine Feldstärke von 20 V/m.

Im **Bild 5.59** wurde die Erdungsmessleitung am Schutzkontakt einer Schuko-Steckdose im TN-C-S-System kontaktiert, dessen Potential infolge von Geräteableitströmen und Potentialausgleichsströmen auf 3 V angehoben ist. Die Potentialdifferenz zwischen Feldquelle und Bezugspunkt beträgt jetzt nur noch 3 V. Bei einem Abstand von 0,3 m beträgt die Feldstärke jetzt 10 V/m. Wird ein von 0 V abweichendes Potential am Bezugspunkt nicht erkannt, so können sich gravierende Messfehler mit der möglichen Folge von falschen Sanierungsempfehlungen ergeben.

Beispiel 2:

Im TN-C-System können die Messfehler noch größer ausfallen. **Bild 5.60** zeigt eine Messung im Obergeschoss. Die Erdungsmessleitung der E-Feldsonde ist am Schutzkontakt angeschlossen, welcher das Potential des PEN-Leiters führt (Brücke vom Schutzkontakt auf den PEN-Leiter in der Steckdose). Wird jetzt im Erdgeschoss ein Gerät in Betrieb genommen, so wird durch den fließenden Strom auf dem PEN-Leiter (da dieser im TN-C-System als „Rückleiter" fungiert) das Potential entsprechend den Strom- und Widerstandsbedingungen angehoben. In TN-C-Systemen ergeben sich entsprechend den Betriebszuständen aller Geräte im Gebäude ständig schwankende Potentiale auf dem PEN-Leiter. Entsprechend unterschiedlich fallen die Messergebnisse aus. Eine qualifizierte Sanierungsempfehlung ist auf Basis dieser Messwerte kaum möglich.

5.5.10.2 Definition „Erde"

Bei stromlosem Zustand wird als „Erde" definiert: „das leitfähige Erdreich, dessen elektrisches Potential an jedem Punkt vereinbarungsgemäß gleich null gesetzt wird"[17] (**Bild 5.61**).

Insbesondere bei dichter Bebauung und Betrieb von entsprechend vielen Elektroanlagen fließen im Erdreich Potentialausgleichsströme (**Bild 5.62**).

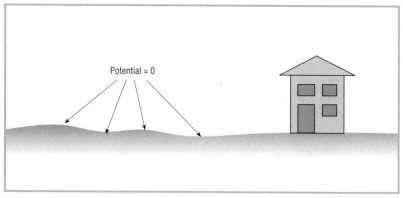

Bild 5.61 *Stromloser Zustand: Das Potential des Erdreichs beträgt 0 V*

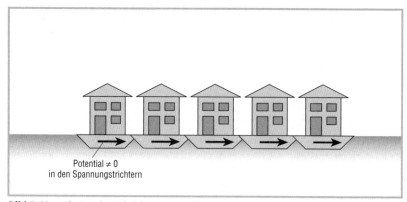

Bild 5.62 *Ströme im Erdreich: Das „Erd-"Potential ist ≠ 0 V*

5.5.10.3 Messungen an Erdungsanlagen

Erdschleifenwiderstandsmessung

Eine einfache Methode zur Kontrolle von Erdungsanlagen ist die Verwendung von Schleifenwiderstands-Messgeräten [18] (**Bild 5.63**). Bei der Erdschleifenwiderstandsmessung ist zu berücksichtigen, dass in das Messergebnis die Widerstände der wirksamen Betriebserder (z. B. VNB) *und* der Widerstand des Außenleiters eingehen. Dieser Messfehler kann in der Praxis mit etwa 1 Ω abgeschätzt werden und ist vom Ergebnis zu subtrahieren.

Erdungsmessbrücke

Unter den verschiedenen Verfahren der Erdungswiderstandsmessung wird heute häufig das Kompensations-Messverfahren mit der Erdungsmessbrücke angewandt. Aus einer Batterie wird eine „Fremdspannung" mit einer Frequenz generiert, die von der Netzspannung 50 Hz und deren Vielfachen (Oberwellen 100 Hz, 150 Hz usw.) abweicht (z. B. 108 Hz). Durch frequenzselektive Messung auf der Frequenz der „Fremdspannung" werden Messfehler durch Streuwechselströme aus dem Versorgungsnetz vermieden. Ein Kondensator in der Messschaltung verhindert zudem den Einfluss von eventuellen Streugleichströmen auf das Messergebnis. **Bild 5.64** zeigt das Prinzip der Erdungsmessbrücke unter Zuhilfenahme von zwei Messsonden. Die Messsonden müssen dabei so positioniert werden, dass eine gegenseitige Beeinflussung durch deren Spannungstrichter vermieden wird. Bei Messungen in dicht besiedelten Gebieten kann dies wegen in der Erde verlegter elektrisch leitfähiger Gebilde mit großer Ausdehnung zu Sondenabständen von 100 m und mehr führen.

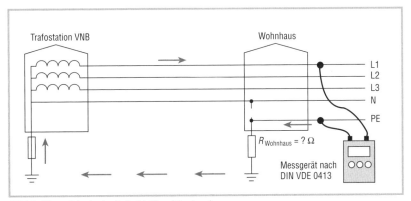

Bild 5.63   *Prinzip der Erdschleifenwiderstandsmessung*

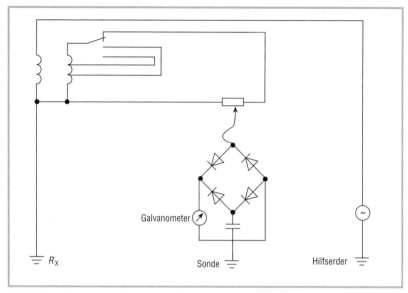

Bild 5.64   *Prinzip der Erdungsmessbrücke*

5.5.10.4 Prüfen und Messen an Potentialausgleichseinrichtungen

Die Verbindungen des Hauptpotentialausgleichs und des zusätzlichen Potentialausgleichs müssen heute gemäß DIN VDE 0100-610 messtechnisch überprüft werden (weitere Informationen in [18]). Das heißt, dass bei der Fertigstellung einer Anlage die Verbindung zwischen der Potentialausgleichsschiene und den in den Potentialausgleich einbezogenen fremden leitfähigen Teilen per Messung geprüft werden muss (**Bild 5.65**). Daraus kann abgeleitet werden, dass dies auch für die in den Potentialausgleich einbezogenen großflächigen Abschirmungen gilt.

Nach VDE 0100 Teil 200 [17] wird der Potentialausgleich definiert als: *„elektrische Verbindung, die die Körper elektrischer Betriebsmittel und fremde leitfähige Teile auf gleiches oder annähernd gleiches Potential bringt"*.

Eine wesentliche Anforderung an die Messgeräte für die Prüfung der Wirksamkeit des Potentialausgleichs ist [18]: *Es muss ein Messstrom von mindestens 200 mA zum Fließen kommen.*

Wie bei der Messung an Erdungsanlagen wird durch die Mindestmessspannung sowie den Mindestmessstrom der Einfluss von Thermospannun-

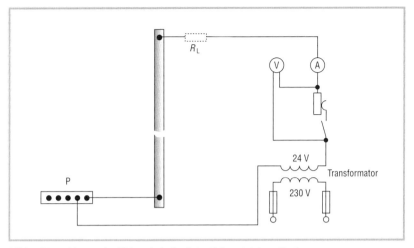

Bild 5.65 *Messen der Wirksamkeit der Potentialausgleichsmaßnahme*

gen, galvanischen Spannungen und Fremdschichten (z. b. durch Korrosion) an den zu prüfenden Einrichtungen auf das Messergebnis verhindert. Multimeter sind somit für die Prüfung der Wirksamkeit des Potentialausgleichs sowie für Messungen von Potentialen an den Komponenten des Potentialausgleichs nicht geeignet.

5.6 Fazit – Reduzierung elektrischer Wechselfelder

Bei allen Maßnahmen zur Reduzierung elektrischer Wechselfelder ist zu berücksichtigen, dass nicht nur der in einem Raum installierte Elektroanlagenteil für die Höhe der Immissionen, beispielsweise am Schlafplatz, relevant ist. Je nach verwendeten Baustoffen im Gebäude und vielen anderen Gegebenheiten können auch die Stromkreise der benachbarten, darunter und darüber liegenden Räume zu einer Belastung am betreffenden Ort führen. Unter Umständen sind also zur Feldreduzierung mehrere Endstromkreise von der Netzspannungsquelle zu trennen. Welche Stromkreise dies sind, ist durch Immissionsmessungen mit geeigneten Messmethoden zu ermitteln (s. Abschn. 4.2). Müssen beispielsweise aufgrund einer Immissionsmessung vier Stromkreise abgekoppelt werden, dann sind mit der Technik „Netzabkopplung" u. U. vier Geräte notwendig, welche die einzelnen Stromkreise abkoppeln.

Bei einer installierten intelligenten Gebäudesystemtechnik können bei diesem Anwendungsfall die Taster an den Schlafplätzen so programmiert werden, dass bei ihrer Betätigung die vier Stromkreise abgekoppelt werden. Um den gewünschten Effekt zu erzielen, müssen sich die Aktoren in diesem Fall im Stromkreisverteiler befinden.

Schließlich ist noch zu berücksichtigen, dass man es bei der Gebäudeinstallation mit einem Dreiphasensystem zu tun hat. Die *Immissionen* elektrischer Wechselfelder an einem Ort können sich – je nach verwendeten Baumaterialien und sonstigen Bedingungen für die Feldausbreitung im Gebäude – aus den *Emissionen* mehrerer Stromkreise mit gleicher oder auch unterschiedlicher Phasenlage zusammensetzen. In der Summe kann es so zu Verstärkungen, aber auch zu Kompensationseffekten kommen. Wird in einer recht gut kompensierten Situation ein Stromkreis abgekoppelt *(Emissionsverringerung)*, so führt dies zu einer Erhöhung der resultierenden elektrischen Gesamtfeldstärke *(Immissionserhöhung)*. Eine aus Komfort- oder technischen Gründen wünschenswerte Abkopplung kann also aus Gesichtspunkten der Feldreduzierung kontraindiziert sein.

Ein weiteres Problem besteht darin, dass Endstromkreise mit Dauerverbrauchern wie Kühlschrank, Heizung, Antennenverstärker usw. nicht von der Netzspannungsquelle getrennt werden dürfen. Hier sind u. U. weitere Schritte, z. B. großflächige Abschirmmaßnahmen gemäß Abschnitt 5.3, notwendig. Diese Maßnahmen können auch notwendig werden, wenn die Emissionen aus Anlagenteilen stammen, in die schaltungstechnisch nicht eingegriffen werden kann (z. B. Nachbarwohnung).

Alle vorgestellten Systeme haben eines gemeinsam: Die Reduzierung der Immissionen elektrischer Wechselfelder erfolgt nur dann, wenn die Energieleitungen von der Netzspannungsquelle abgekoppelt werden (und sich dadurch keine mögliche Dekompensation bei Feldbeiträgen mit unterschiedlicher Phasenlage ergibt). Im Umfeld eines Schlafplatzes ist dieser Schaltzustand während der Nachtruhe deswegen möglich, da dann keine elektrische Energie benötigt wird. Damit kann das Schutzziel z. B. des Standards der baubiologischen Messtechnik und der dafür vorgesehenen Richtwerte für Schlafplätze erreicht werden. Soll ein noch höheres Schutzziel erreicht werden – niedrige Feldbelastung zu jeder Zeit und ohne Abkopplung von Energieleitungen bzw. unabhängig vom Abkoppelzustand –, ist dies mit den genannten Systemen nicht möglich.

Dieses hohe Schutzziel lässt sich nur mit *geschirmten Leitungen,* geschirmten Elektrodosen und weiteren geschirmten Komponenten erreichen. Die Ergänzung der geschirmten Elektroanlage durch eine intelligente Gebäudesystemtechnik bietet hinsichtlich der Bedienung größten Komfort bei gleichzeitig sehr niedrigen Immissionen.

Großflächige Abschirmungen als Maßnahme des Immissionsschutzes sollten zur Reduzierung elektrischer Wechselfelder nur eingesetzt werden, wenn die o. a. Möglichkeiten des Emissionsschutzes nicht ausreichen, um den gewünschten Erfolg mit vertretbarem Aufwand zu erzielen.

Außerdem können geerdete „Abschirm"flächen bei ungeschickter Anordnung von Elektrogeräten die elektrische Feldstärke erhöhen anstatt sie zu reduzieren.

Und schließlich kann man die Frage stellen, was es noch mit den in der Baubiologie grundsätzlich angestrebten natürlichen Verhältnissen zu tun hat, wenn man allseitig und in nächster Nähe „vom Erdpotential umschlossen" ist.

In Altbauten mit TN-C- bzw. TN-C-S-Systemen kann die Durchführung von Maßnahmen zur Reduzierung elektrischer Wechselfelder leicht zu einer Komplettsanierung der elektrischen Anlage führen. Bei großflächigen Abschirmungen ist der Einbau von Fehlerstromschutzeinrichtungen aus Gründen des Personen- und Sachschutzes erforderlich, aber auch beim Einbau von Netzabkopplern ist er dringend anzuraten. In einem TN-C-System ist der Einsatz von Fehlerstromschutzeinrichtungen aber nicht möglich. Im TN-C-S-System kann zwar in dem mit getrenntem Schutz- und Neutralleiter ausgestatteten Teilbereich der Anlage eine Fehlerstromschutzeinrichtung eingebaut werden. Wegen des möglichen Auftretens von vagabundierenden Strömen ist jedoch auch im TN-C-S-System generell vom Anbringen und Einbeziehen großflächiger Abschirmungen in den Gebäudepotentialausgleich abzuraten.

Im Ringen um eine möglichst effektive Feldreduzierung bei gleichzeitig hohem Sach- und Personenschutz in einer Elektroanlage kommt es auf eine gute Kooperation zwischen den Personen, welche die Feldmessungen durchführen, einerseits und den ausführenden Elektrofachleuten andererseits an [19]. Gut gemeinte Reduzierungsvorschläge dürfen nicht zu einer Gefahr für Leib und Leben werden, wenn sie beispielsweise in einer Elektroanlage, welche sich in einem desolaten Zustand befindet, realisiert werden sollen. Hier muss dem Nutzer der Wohnräume klar gemacht werden, dass erst nach einer Sanierung der Elektroanlage Reduzierungsmaßnahmen in Angriff genommen werden können.

Zweifach sicher:
Stahlblechkanäle von Tehalit

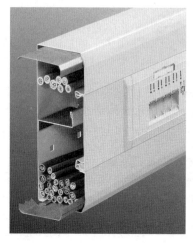 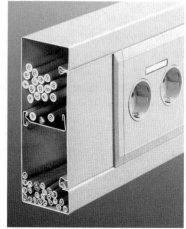

Bieten Sie Ihren Kunden mehr
Sicherheit:

Mit den Stahlblechkanälen
von Tehalit – zum Schutz von
Mensch und Datenverkehr vor
elektromagnetischen Feldern.

Immer und überall: Mit Standard-
Komponenten oder maßgefertigten
Sonderlösungen ab Werk.

TEHALIT

www.tehalit.de

hager group

6 Reduzierung niederfrequenter magnetischer Wechselfelder

6.1 Vorüberlegungen und Planung von Reduzierungsmaßnahmen

6.1.1 Emissionsquellen niederfrequenter magnetischer Wechselfelder

Magnetische Wechselfelder entstehen durch elektrische Wechselströme. Diese kommen zum Fließen, wenn elektrische Anlagen, Anlagenteile und Geräte in Betrieb gesetzt werden.

Unter Umständen kommen auch Ströme auf leitfähigen Systemen, insbesondere auf Potentialausgleichsleitern, zum Fließen, die nicht unmittelbar auf den Betrieb von elektrischen Anlagen und Geräten am betrachteten Ort zurückzuführen sind. Dies muss bei der Planung von Reduzierungsmaßnahmen berücksichtigt werden.

In einer Wechselstromleitung oder einem -kabel kompensieren sich bei gleicher Stromstärke in Hin- und Rückleiter (die dicht nebeneinander liegen) die Magnetfelder weitgehend. Die Vergrößerung des Abstandes von Hin- und Rückleiter (z. B. bei Halogenseilsystemen, Bahnanlagen, Freileitungen mit Einzeldrähten) führt zu einer höheren Feldemission. Bei Drehstromleitungen und Drehstromkabeln hängt die Emission der magnetischen Felder von der Höhe der Auslastung der drei Außenleiter ab sowie von der Symmetrie der Belastung der Außenleiter (je gleichmäßiger die Ströme auf die Außenleiter verteilt sind, umso geringer ist die Feldemission).

Insbesondere bei Strömen auf Einzelleitern, wie auf Potentialausgleichsleitungen, metallenen Rohren, Leitungsschirmen, führen schon geringe Stromstärken zu erheblichen Feldemissionen, da hier kein Kompensationseffekt auftritt.

Niederfrequente magnetische Wechselfelder entstehen in allen Anlagen, Anlagenteilen und Geräten, die mit der Spannungsquelle verbunden und in Betrieb gesetzt sind, sowie auf allen elektrisch leitfähigen Systemen, die (Rück-)Ströme aus TN-C-Systemen und elektrischen Bahnanlagen führen (s. auch Abschn. 6.1.2).

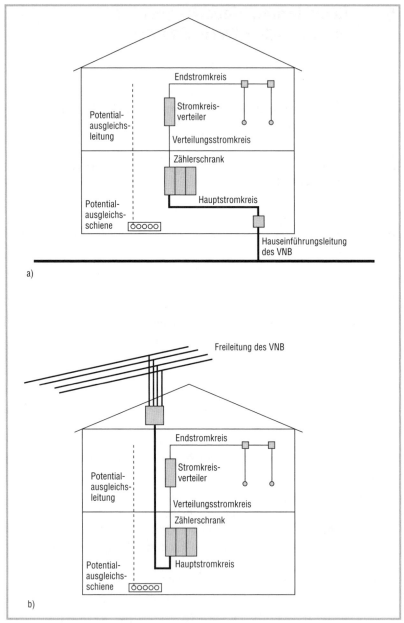

Bild 6.1   *Elektrische Anlagenteile als Verursacher für magnetische Wechselfelder*
a) mit unterirdischer Energiezuführung
b) mit oberirdischer Energiezuführung

In Gebäuden sind folgende *Anlagenteile* zu nennen (**Bild 6.**1):

▌ in das Gebäude eingeführte Kabel des Versorgungsnetzbetreibers, unterirdisch oder oberirdisch,

▌ Zählerschrank (insbesondere Zähler selbst),

▌ Stromkreisverteiler (Leitungen, Klingeltransformator),

▌ Haupt- und Verteilungsstromkreise,

▌ Endstromkreise,

▌ Potentialausgleichsleitungen,

▌ Versorgungsleitungen für Gas, Wasser, Fernwärme usw. sowie alle leitfähigen Systeme mit großer Ausdehnung, die in der Lage sind, Potentialausgleichsströme und Rückströme aus TN-C-Systemen und elektrischen Bahnanlagen zu führen.

Hinzu kommen *am Netz betriebene elektrische Geräte:*

▌ Geräte mit integriertem Transformator oder elektronischem Vorschaltgerät,

▌ elektrische Motoren.

Ursächlich für die Emission von magnetischen Wechselfeldern sind nicht nur die gebäudeintern betriebenen Anlagen und Geräte, möglich sind auch *Verursacher von außen:*

▌ Hoch-, Mittel- und Niederspannungsfreileitungen der VNB,

▌ erdverlegte Hoch-, Mittel- und Niederspannungskabel der VNB,

▌ elektrifizierte Bahnanlagen und 15-kV-Freileitungen,

▌ Anlagenteile benachbarter Gebäude/-teile (Reihenbebauung),

▌ Versorgungsleitungen für Gas, Wasser, Fernwärme usw. sowie alle leitfähigen Systeme mit großer Ausdehnung, die in der Lage sind, Potentialausgleichsströme und Rückströme aus TN-C-Systemen und elektrischen Bahnanlagen zu führen,

▌ Transformatorenstationen und Schaltanlagen der VNB.

Magnetische Wechselfelder durchdringen fast alle in Gebäuden verwendeten Baustoffe praktisch ohne Dämpfung. Sie können nicht so einfach wie elektrische Felder durch Maßnahmen wie Abkoppeln oder Abschirmen reduziert werden. Für Abschirmungen sind teure Materialien mit hoher Permeabilität notwendig. Großflächige Abschirmungen im Wohnbereich sind daher wenig üblich. Hier muss zusätzlich berücksichtigt werden, dass durch diese Materialien das harmonische magnetische Gleichfeld der Erde beeinflusst wird – eine in der Baubiologie unerwünschte Auswirkung (s. auch Abschn. 6.4).

Reduzierungsmaßnahmen bei auffälligen Emissionen beschränken sich oft auf den Austausch emissionsreicher gegen emissionsarme Geräte, das Minimieren von vagabundierenden Strömen, lokale Abschirmmaßnahmen, Änderungen an der Elektroanlage des betreffenden Gebäudes bzw. im Netz des Energieversorgers sowie die Vergrößerung des Abstandes zum Verursacher.

Die Maßnahmen können wie folgt gegliedert werden:

Maßnahmen des Emissionsschutzes:

▌ Optimierung der Wechselstromsysteme, der Energieführung und der Geräte,

▌ Einsatz des TN-S-Systems mit nur einem zentralen Erdungspunkt (s. auch Abschn. 6.1.2),

▌ magnetische Abschirmung des Feldverursachers,

▌ Austausch emissionsreicher Geräte gegen emissionsarme,

▌ Feldkompensation durch günstige Führung von Hin- und Rückleiter und durch Stromsymmetrie bei Dreiphasensystemen,

▌ aktive Kompensation von Einleiterströmen.

Maßnahmen des Immissionsschutzes:

▌ Abstand halten,

▌ großflächige Abschirmungen am Immissionsort,

▌ aktive Kompensation am Immissionsort.

6.1.2   Systeme nach Art der Erdverbindungen bei Wechselstrom

Die Systeme der Wechselstromversorgung lassen sich in zwei Hälften unterteilen:

1. die „speisende" Hälfte, in der die Erzeugung und die Verteilung der elektrischen Energie durch den VNB erfolgt, und

2. die „verbrauchende" Hälfte, in der die Elektroanlagen in Gebäuden betrieben werden.

6.1.2.1 Betrachtung des Verteilungsnetzes

Unsere Wechselstromsysteme (Einphasen-, Dreiphasen-/Drehstromsysteme) werden hinsichtlich der Erdverbindungen in unterschiedliche Typen eingeteilt. Diese Typen werden mit zwei Buchstaben als Kurzzeichen benannt (z. B. TN-System, TT-System) (**Tabelle 6.1**) [20]. Das erste Kurzzeichen bezieht sich auf die Erdung des Neutralleiters an der speisenden Stromquelle des VNB, das zweite auf die Erdung der Körper der Betriebsmittel der Gebäudeinstallationen (s. u.).

Im Rahmen der europäischen Harmonisierungsbestrebungen werden Bezeichnungen und Kurzzeichen verwendet, die aus dem Sprachgebrauch der verschiedenen Länder stammen (**Tabelle 6.2**).

Der *erste Buchstabe* der Systembezeichnung gibt die Beziehung der speisenden Stromquelle (Transformator des VNB) zur Erde an:

T bedeutet hier, dass die Stromquelle beim VNB geerdet ist; der geerdete Leiter wird dann in der Regel als PEN-Leiter vom Transformator des VNB zu den Hausanschlüssen geführt. Bis heute wird damit fast ausnahmslos die Verbindung zwischen VNB und Hausanschluss über ein vieradriges Kabel hergestellt (drei Außenleiter plus PEN-Leiter). Vereinfacht ausgedrückt „liefert" der VNB die Energie meist über ein TN-C-System (s. Abschn. 6.1.2.2).

I bedeutet, dass die Stromquelle beim VNB nicht geerdet ist. Der Neutralleiter liegt hier nicht auf Nullpotential! Diese Variante kommt im Wohnungs- und Bürobereich kaum vor und wird deswegen im Folgenden nicht weiter erläutert.

Der *zweite Buchstabe* gibt die Beziehung der Körper der Betriebsmittel der Gebäudeanlage zur Erde an.

N bedeutet hier, dass die Körper der Betriebsmittel der Gebäudeinstallation über Schutzleiter mit dem Erdungspunkt der speisenden Stromquelle

Tabelle 6.1 *Wechselstromsysteme*

Bezeichnung	Beschreibung
TN-System	Beim TN-System wird der Neutralleiter an der speisenden Stromquelle (Transformator des VNB) direkt geerdet (meist geerdeter Sternpunkt). Die Körper der Betriebsmittel der Gebäudeinstallation werden über Schutzleiter (PE oder/und PEN) mit dem Erdungspunkt an der speisenden Stromquelle verbunden (**Bild 6.2**).
TT-System	Beim TT-System wird der Neutralleiter an der speisenden Stromquelle (Transformator des VNB) direkt geerdet (meist geerdeter Sternpunkt). Die Körper der Betriebsmittel der Gebäudeinstallation werden mit einem eigenen Erder vor Ort verbunden. Im TT-System sind somit zwei voneinander unabhängige Erder vorhanden (**Bild 6.3**).
IT-System	Beim IT-System werden nur die Körper der Betriebsmittel der Gebäudeinstallation durch einen eigenen Erder vor Ort geerdet. An der speisenden Stromquelle des VNB wie auch sonst wird kein weiterer Punkt geerdet (**Bild 6.4**).

Tabelle 6.2 *Erläuterung der Kurzzeichen*

Kurzzeichen	Französisch	Englisch	Deutsch
T	terre	earth	Erde
N	neutre	neutral	neutral
I	isolé	isolated	isoliert
C	combiné	combined	kombiniert
S	separé	separated	separat

beim VNB verbunden sind. Unbenommen hiervon ist, dass auch am Gebäude eine zusätzliche Erdung durchgeführt wird, z. B. durch einen Fundamenterder. Im Interesse des VNB und zur Verbesserung der Erdungsbedingungen im Niederspannungsversorgungsnetz werden i. d. R. die Schutzleiter der Gebäudeinstallationen mit der jeweils eigenen Erdungsanlage verbunden (z. B. Verbindung vom PEN am Hausanschlusskasten zur Potentialausgleichsschiene). Im Sinne der Schutzmaßnahmen in den Gebäuden hat je-

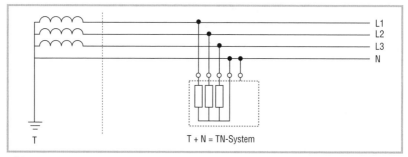

Bild 6.2   *TN-System*

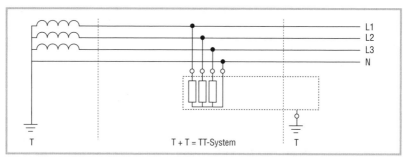

Bild 6.3   *TT-System*

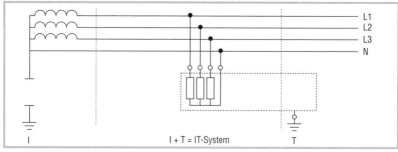

Bild 6.4   *IT-System*

doch diese Maßnahme keine Bedeutung, d. h., auch bei einer unbeabsichtigten Abtrennung der eigenen Erdungsanlage von der Gebäudeinstallation sprechen bei einem Isolationsfehler die Schutzmaßnahmen (Leitungsschutzschalter, Fehlerstromschutzeinrichtung) trotzdem an. Der Fehlerstrom fließt dann über den sehr niederohmigen PEN-Leiter im Energieversorgungsnetz.

T bedeutet, dass der Schutzleiter der Elektroanlage immer mit der Erdungsanlage vor Ort verbunden wird. Eine Verbindung der Körper der Betriebsmittel über Schutzleiter im Energieversorgungsnetz mit dem Erdungspunkt der speisenden Stromquelle beim VNB wird hier nicht durchgeführt. Fehlerströme bei Isolationsfehlern im TT-System fließen über die eigene Erdungsanlage der Gebäudeinstallation, über das Erdreich und über den Erder des Versorgungstransformators beim VNB. Damit ergeben sich im Fehlerfall höhere Widerstandsbedingungen als beispielsweise beim TN-System.

6.1.2.2 Betrachtung der Elektroanlagen in Gebäuden

Ähnlich wie die verschiedenen Typen der Wechselstromsysteme im Verteilungsnetz des VNB können auch die Gebäudeinstallationen betrachtet werden.

Elektroinstallationen werden heute bevorzugt nach dem Prinzip des TN-Systems ausgeführt. Das TN-System wird in drei Varianten angewandt (**Tabelle 6.3**).

Das *TN-C-* und das *TN-C-S-System* sind als nicht EMV-freundlich (EMV: elektromagnetische Verträglichkeit) einzustufen, da betriebsbedingt über die N-Leiter und somit auch über die PEN-Leiter Rückströme geführt werden [5]. Der PEN-Leiter hat wie der PE-Leiter eine Schutzfunktion. Durch Verbindungen im Gebäude mit elektrisch leitfähigen Rohren und Gebäudeteilen kommt es je nach Widerstandsbedingungen zu vagabundierenden Strömen über Rohre und Gebäudekonstruktionen. Davon betroffen sein können metallene Rohre, Bewehrungen der Gebäudekonstruktion, Kabel-

Tabelle 6.3 *Varianten des TN-Systems*

Bezeichnung	Beschreibung
TN-S-System	getrennter (separater) Neutralleiter und Schutzleiter in der gesamten Elektroanlage (**Bild 6.5**)
TN-C-System	kombinierter Neutral- und Schutzleiter (PEN-Leiter) in der gesamten Elektroanlage (**Bild 6.6**)
TN-C-S-System	im ersten Teil der Elektroanlage kombinierter (PEN-Leiter), im zweiten Teil getrennter Neutralleiter und Schutzleiter (**Bild 6.7**)

pritschen, Schirme von Daten-, Fernmelde- und Antennenleitungen, Geräte-
gehäuse, großflächige Abschirmungen usw. Unter Umständen kann beim
Bruch eines N-Leiters in der Gebäudeinstallation der gesamte Betriebsstrom
des Anlagenteils über Parallelstrompfade, z. B. der informationstechnischen
Anlage, fließen (s. auch Abschn. 6.2.3). Aus den genannten Gründen sind

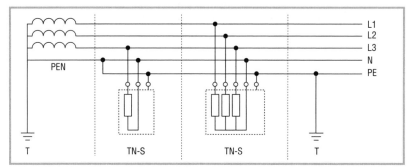

Bild 6.5   *TN-S-System in Gebäudeanlagen*

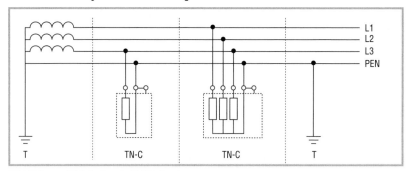

Bild 6.6   *TN-C-System in Gebäudeanlagen*

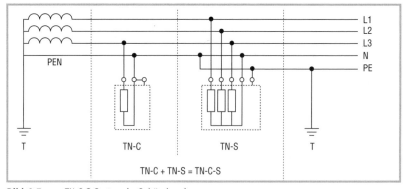

Bild 6.7   *TN-C-S-System in Gebäudeanlagen*

das TN-C-System und das TN-C-S-System in Gebäuden mit informationstechnischen Anlagen, in Gebäuden mit großflächigen Abschirmungen sowie bei Installationen mit geschirmten Komponenten nicht geeignet.

Ob das *TT-System* als EMV-freundlich einzustufen ist, wird in Fachkreisen kontrovers diskutiert. Wie oben dargestellt, werden beim TT-System der Neutralleiter der Stromquelle und die Körper der Betriebsmittel mit voneinander unabhängigen Erdern verbunden. In Gebieten mit dichter Bebauung ist es allerdings kaum möglich, die erforderliche Unabhängigkeit der Erder in der Praxis zu realisieren. Bei Anlagen, die sich über mehrere Gebäude erstrecken, ist zudem Voraussetzung, dass die Körper der Betriebsmittel nur an einen gemeinsamen Erder angeschlossen werden. Getrennte Erder einzelner Gebäude müssen zur Verhinderung von Spannungsunterschieden mit ausreichend dimensionierten Potentialausgleichsleitern verbunden werden. Somit empfiehlt sich bei dieser Konfiguration gleich die Anwendung des TN-S-Systems [14]. In der Baubiologie wird immer wieder das TT-System favorisiert, da hier eine völlige Trennung der „Hauserde" vom Erder des VNB gegeben ist und somit keine Betriebsströme über die Erder fließen. Sicherlich ist dies bei lockerer Bebauung und bei Einfamilienhäusern als Vorteil für das TT-System zu werten. Allerdings gibt es eine Vielzahl von weiteren Aspekten, die noch zu berücksichtigen sind:

▋ Die Zuverlässigkeit der Abschaltung durch die Fehlerstromschutzeinrichtung im Fehlerfall ist von der Qualität und dem Vorhandensein der Erdung der Betriebsmittel abhängig. Was ist, wenn der Erder korrodiert? Wer überwacht dies beim Privatbau?

▋ Das TT-System darf nur mit Fehlerstromschutzeinrichtung realisiert werden.

▋ Das TT-System ist in Gebieten mit dichter Bebauung nur eingeschränkt praktikabel, da hier die Realisierung der voneinander unabhängigen Erder kaum möglich ist.

▋ Das TT-System ist an Orten mit Versorgungsleitungen aus Metall und mit großen Ausdehnungen im Erdreich nur schwer zu realisieren.

In Österreich werden aufgrund dieser Aspekte bis zum Jahr 2008 alle TT-Systeme auf das TN-System umgestellt.

An dieser Stelle muss auch erwähnt werden, dass eine Umwandlung eines TN-Systems in ein TT-System nur von der Elektrofachkraft in Abstimmung mit dem VNB durchgeführt werden darf. Von der des öfteren gegebenen Empfehlung, durch Herausnehmen der Leitungsbrücke zwischen dem Hausanschlusskasten und der Potentialausgleichsschiene eigenhändig eine

Systemumstellung zu vollziehen, um eventuelle Ausgleichsströme zu unterbinden, muss dringend abgeraten werden [4]. In vielen Fällen verfügt die betreffende Elektroanlage als TT-System nicht über die notwendige Ausrüstung für die sichere Abschaltung im Fehlerfall.

Das *TN-S-System* ist als EMV-freundlich einzustufen. Da Neutral- und Schutzleiter getrennt sind, kommt es nicht zu Betriebsströmen auf dem Schutzleiter.

Bei größeren Anlagen ist zu berücksichtigen, dass die Körper der Betriebsmittel mit nur einem einzigen zentralen Erdungspunkt verbunden werden (s. auch [21]). Das TN-S-System ist heute Voraussetzung für Gebäude mit informationstechnischen Anlagen sowie für Gebäude mit großflächigen Abschirmungen und geschirmten Installationskomponenten.

6.1.3   Baugrundstücksmessung

Damit mögliche Immissionen bei Neubauten rechtzeitig erkannt werden, ist eine Feldmessung am noch unbebauten Grundstück ratsam.

Befinden sich Freileitungen oder elektrifizierte Bahnanlagen in der Umgebung bzw. wird das geplante Objekt an ein bereits bestehendes Gebäude angebaut, so ist eine Feldmessung im Vorfeld der Baumaßnahme sinnvoll, um Reduzierungsmaßnahmen rechtzeitig planen zu können. Auch erdverkabelte Niederspannungsversorgungsnetze der Versorgungsnetzbetreiber können u. U. auffällige, zeitlich stark schwankende magnetische Wechselfelder verursachen (s. auch Abschn. 6.2.1.1). Daher empfiehlt sich grundsätzlich bei jedem Neuprojekt, eine Langzeitaufzeichnung über mindestens 24 h durchzuführen.

Die Messungen werden mit dreidimensional arbeitenden Messgeräten mittels Langzeitaufzeichnung durchgeführt. Die Messpunkte werden im Baufenster festgelegt, zusätzliche Messpunkte können sich durch geplante Aufenthaltsorte für Personen außerhalb dieses Bereiches ergeben. Bei einer Reihenbebauung sind besonders die Emissionen elektrischer Anlagen der bereits vorhandenen Gebäude zu erfassen. Dabei muss sichergestellt sein, dass die betreffenden elektrischen Anlagen vollständig in Betrieb sind.

6.1.4   Frei stehende Einfamilienhäuser

Grundsätzlich können die Immissionen in einem Gebäude eingeteilt werden in

▌ von außen einwirkende Belastungen und

▌ durch die im Gebäude installierte elektrische Anlage und durch die betriebenen Geräte entstehende Belastungen.

Werden bei einer Baugrundstücksmessung auffällige magnetische Flussdichten festgestellt, ist beispielsweise durch ausreichende Abstandsbildung im Hinblick auf das Baufenster planerisch einzugreifen. In einigen Fällen konnten auch schaltungstechnische Veränderungen im Niederspannungsverteilungsnetz des VNB für eine erhebliche Reduzierung beitragen.

Reduzierungsmaßnahmen werden üblicherweise für Daueraufenthaltsorte, wie insbesondere die Schlafplätze, vorgesehen. Diese Bereiche sollten daher einen ausreichenden Abstand zu Teilen der elektrischen Anlage und zu Geräten haben (s. Abschn. 6.3.1).

Bei der Installation der Räume ist darauf zu achten, dass nur einseitig eingespeist und keine Ringleitung gebildet wird (s. Abschn. 6.2.2.2).

Wenn Schlafräume neben Räumen wie Küche, Badezimmer, Technikräumen angeordnet sind, sollten die Schlafplätze mit ausreichendem Abstand zu den hinter Wänden und Decken liegenden Feldverursachern geplant werden.

6.1.5 Reihenhäuser

Bei der Reihenhausbebauung kann es zusätzlich zu den im frei stehenden Einfamilienhaus genannten Belastungen auch zu Immissionen durch den Betrieb von Anlagen und Geräten im Nachbarhaus kommen. Hier muss bei der Planung bereits auf einen ausreichenden Abstand von Daueraufenthaltsorten zum Nachbargebäude geachtet werden. Dies Bereiche sollten daher einen Mindestabstand von 2 m zum Nachbargebäude haben. Abschirmmaßnahmen sind in der Regel nicht durchführbar (s. Abschn. 6.4).

6.1.6 Mehrfamilienhäuser

In Mehrfamilienhäusern ist zusätzlich zu den o. a. Überlegungen auch die Möglichkeit der Immissionen aus darunter und darüber liegenden Wohnungen bzw. deren Anlagen und Geräten zu berücksichtigen. Hier helfen nur wiederholte Kontrollmessungen und ggf. daraus abgeleitete Reduzierungsmaßnahmen.

6.2   Maßnahmen des Emissionsschutzes

6.2.1   Kompensationseffekte im Netz des Versorgungs-netzbetreibers (VNB)

6.2.1.1 Unterirdische Versorgungsnetze

Die Versorgungsnetze der VNB werden grundsätzlich als TN-C-Systeme ausgeführt. In den Kabeln liegen die drei Außenleiter sowie der PEN-Leiter dicht beieinander. Solange die Summe der Ströme in „Hin- und Rückleitern" gleich ist, emittiert das Kabel aufgrund von Kompensationseffekten ein relativ geringes niederfrequentes magnetisches Wechselfeld. Diese Situation ist bei *sternförmiger Versorgung* eines Verteilnetzes gegeben (**Bild 6.8**). Dieses aus baubiologischer Sicht vorteilhafte Netz wird u. a. aus folgenden Gründen kaum angewandt:

▌ Die Unterbrechung des PEN-Leiters hat eine Sternpunktverschiebung zur Folge, die mit einem Ansteigen der Spannung Außenleiter gegen Erde auf bis 400 V verbunden ist. Das kann zur Zerstörung von elektrischen Geräten im gesamten Versorgungsbereich führen.

▌ Das Netz verfügt über eine schlechtere Erdungssituation als Ringnetze.

▌ Der Personenschutz ist geringer.

▌ Bei Baggerschäden o. Ä. ergeben sich lange Ausfallzeiten.

Aus diesen Gründen wird in den Versorgungsbereichen überwiegend eine *„offene Ringleitung"* gebildet, bei der die PEN-Leiter einzelner Stränge miteinander verbunden sind, so dass sich hier geschlossene Ringleitungen ergeben. Die Außenleiter bilden jedoch keine geschlossenen Ringe und bleiben „offen". Je nach den Widerstandsbedingungen und der räumlicher Lage der elektrischen Betriebsmittel ist bei dieser Konfiguration die Summe der Ströme in den Hin- und Rückleitern in den einzelnen Kabelabschnitten nicht mehr null, was zur verstärkten Emission von magnetischen Wechselfeldern führt.

Vorteil dieser Schaltung ist aus Aspekten der Sicherheit, dass beispielsweise bei einer unbeabsichtigten Unterbrechung des PEN-Leiters in einem Kabelabschnitt die Anbindung an den PEN-Leiter über weitere Versorgungsstränge gewährleistet bleibt. Sternpunktverschiebungen, Verlust des Personenschutzes usw. können damit sicher vermieden werden. Durch die Vermaschung der PEN-Leiter zu einem großen Netz ergeben sich weitere Vorteile durch die Verbesserung der Erdungsbedingungen.

Aus baubiologischer Sicht wird zur Vermeidung magnetischer Wechselfelder häufig vorgeschlagen, auch die Außenleiter zu Ringen zu schließen und damit *geschlossene Ringleitungen* zu schaffen (**Bild 6.9**). Hiermit würden die ungleichen Stromläufe in den Hin- und Rückleitern ein weites Stück aufgehoben mit dem Ergebnis geringerer magnetischer Feldemissionen.

Von den Verteilungsnetzbetreibern wird die „geschlossene Ringleitung" nur in Ausnahmefällen angewandt, nämlich dann, wenn die Energieversorgung beispielsweise eines Industriebetriebes mit hohem Energiebedarf aus Querschnittsgründen nur über mehrere Kabelabschnitte parallel sichergestellt werden kann.

Folgende technische Gründe sprechen *gegen* eine Vermaschung der Außenleiter (Mehrfachverbindung im Verlauf des Versorgungsnetzes):

▌ Bei Leiterschlüssen spricht eine höhere Anzahl von Überstromschutzeinrichtungen an und trennt größere Bereiche vom Netz als technisch notwendig.

▌ Ein Fehler kann nur mit höherem Zeitaufwand ermittelt werden.

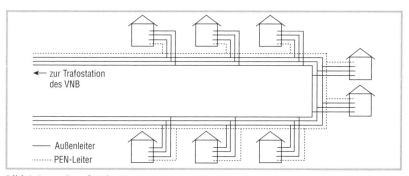

Bild 6.8   *Sternförmige Versorgung*

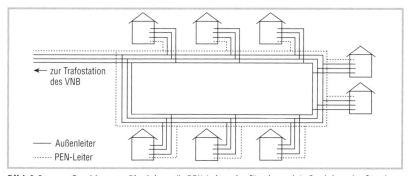

Bild 6.9   *„Geschlossene Ringleitung": PEN-Leiter ringförmig und Außenleiter ringförmig*

Im Bestreben, den Kunden eine hoch verfügbare Energieversorgung unter Berücksichtigung des Personenschutzes zur Verfügung zu stellen, müssen die Verteilungsnetzbetreiber auf Schaltungsvarianten im Versorgungsnetz zurückgreifen, die der Minimierung von Emissionen niederfrequenter magnetischer Wechselfelder widersprechen. Technisch gesehen könnte dieses Problem nur mit der Bildung eines TN-S-Systems schon auf Seiten des Energieversorgungsnetzes mit separatem Neutral- und Schutzleiter gelöst werden.

In Einzelfällen gibt es trotz aller hier genannten Bedingungen immer wieder erfolgreiche Sanierungen durch Änderungen im Niederspannungsnetz der Verteilungsnetzbetreiber. Diese Möglichkeiten sollten zunächst ausgeschöpft werden, bevor man zu aufwendigen Maßnahmen wie aktive Kompensation usw. greift.

6.2.1.2 Oberirdische Einspeisung

In ländlichen Gegenden ist auch heute noch die Einspeisung der Energie mit Freileitungen über Dachständer in die Gebäude durchaus üblich. Die Energie wird dabei entweder über vier Einzelleiter oder mit einem mehradrigen, verdrillten Kabel geführt (**Bild 6.10** und **Bild 6.11**). Aus Sicht der Emission niederfrequenter magnetischer Felder ist die Ausführung mit mehradrigen, verdrillten Kabeln zu bevorzugen, da sich aufgrund der eng beieinander liegenden Hin- und Rückleiter und der zusätzlichen Verdrillung ein hoher Kompensationseffekt ergibt. Gegenüber der Ausführung mit Einzelleitern erreicht man in der Praxis eine Reduzierung der Feldemissionen von etwa 90 %. Messungen an Freileitungen sollten immer über einen Zeitraum von mindestens 24 h durchgeführt werden. Immer wieder ist festzustellen, dass in den Nachtstunden, wo man eher eine geringe Immission erwartet, beispielsweise durch den Betrieb von Nachtspeicherheizungen eine Erhöhung der magnetischen Flussdichte gegenüber den Tagesstunden zu verzeichnen ist.

6.2.2   Kompensationseffekte in der Elektroanlage

6.2.2.1 Verteilungsstromkreise (Hauptleitungen)

Auffällige Emissionen magnetischer Wechselfelder finden wir häufig auch an Verteilungsstromkreisen (auch Hauptleitungen genannt). Dann ist in

Bild 6.10 *Oberirdische Energieversorgung über Einzelleiter*

Bild 6.11 *Oberirdische Energieversorgung über ein mehradriges Kabel*

der Regel eine ungleiche Auslastung der Außenleiter gegeben. Durch geschicktes Neuverteilen der Endstromkreise auf die Außenleiter können in solchen Fällen durchaus Reduzierungserfolge hinsichtlich der Magnetfeldbelastung erzielt werden.

Wenn im TN-C-System infolge vagabundierender Ströme die Summe in Hin- und Rückleitungen nicht mehr gleich ist, ist die komplette Umstellung auf das TN-S-System mit einem zentralen Erdungspunkt zu empfehlen. Gegebenenfalls kann auch durch aktive Kompensation mit einem Summenstromregler eine Verringerung der Magnetfelder erreicht werden (s. Abschn. 6.2.3.2).

6.2.2.2 Ringleitungen

Bei Ringleitungen kommt es je nach Widerstandsbedingungen zu einer unkontrollierten Aufteilungen der Hin- und Rückströme mit dem Ergebnis von auffälligen Magnetfeldemissionen durch den fehlenden Kompensationseffekt (**Bild 6.12**). Die Ringleitung hat in der Wohngebäudeinstallation keine Vorteile, da wegen unterschiedlicher Belastungsorte die parallel geschalteten Leitungen unterschiedliche Längen haben und daher im Sinne der Querschnittsoptimierung die Strombelastbarkeit mit dieser Maßnahme nicht erhöht wird.

6.2.2.3 Niedervolt-Halogensysteme

Die gleichen physikalischen Bedingungen, die für Einzelleiter und mehradrige Kabel bei der oberirdischen Zuführung gelten, sind selbstverständlich auch auf die häusliche Installation anwendbar. Bei modernen Niedervolt-Halogenseilsystemen ist der Abstand zwischen den Strom führenden Hin- und Rückleitern relativ groß mit der Folge höherer Emissionen magnetischer Wechselfelder (**Bild 6.13**).

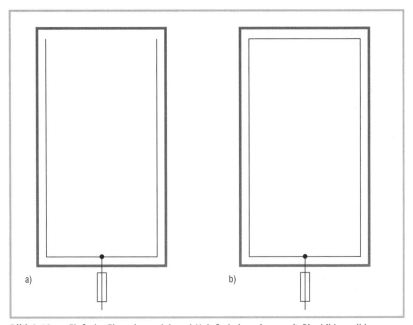

Bild 6.12   *Einfache Einspeisung (a) und Mehrfacheinspeisung mit Ringbildung (b)*

6.2.2.4 Emissionsarme Elektroheizungen

Hohe magnetische Flussdichten werden immer wieder bei elektrischen Fußbodenheizungen gemessen. Die älteren Typen sind so konzipiert, dass ein Einzelleiter mäanderförmig über die Bodenfläche ausgebreitet wird. Da hier kein Kompensationseffekt auftritt, sind Immissionen bis hin zu einigen µT im Aufenthaltsbereich von Personen durchaus möglich. Es gibt jedoch auch neuartige Typen, die nach dem Prinzip der Einzelleitungen aufgebaut sind; zu erkennen sind sie an den zwei räumlich voneinander getrennten Anschlussenden (Klemmstellen).

Bei emissionsarmen Fußbodenheizungen werden Hin- und Rückleiter eng beieinander geführt (**Bild 6.14**), die dabei auftretenden Felder liegen im Aufenthaltsbereich von Personen nur noch bei etwa 20 nT. Diese Ausführung hat den Vorteil, dass die beiden Anschlussenden direkt nebeneinander liegen und einfach zu verklemmen sind. Bei besonderen Typen, die für den Einsatz in feuchten und nassen Räumen vorgesehen sind, werden Außenleiter und Neutralleiter von einem Schirmgeflecht umgeben, welches an den Schutzleiter angeschlossen wird. Das hat zusätzlich den Vorteil, dass sich keine elektrischen Wechselfelder ausbreiten.

Bild 6.13 *Halogenseilsystem mit großem Abstand zwischen Hin- und Rückleiter*

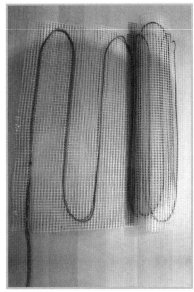

Bild 6.14 *Magnetisch und elektrisch „feldarme" Fußbodenheizung mit Schirmgeflecht*

6.2.3 Minimieren von Einleiterrück- und Potential-
ausgleichsströmen

6.2.3.1 Systematische Vermeidung von Einleiterströmen und
Mehrfacherdungen

Die Emissionen von Leitungen und Kabeln, welche Zweileiter-Wechselströme führen, sind davon abhängig, ob die Summe der Hin- und Rückströme gleich null ist bzw. ob es systembedingt (TN-C-System) zu vagabundierenden Strömen kommt. Im letzteren Fall wird der Rückstrom nicht mehr in der gleichen Leitung bzw. Kabel geführt, sondern über andere elektrisch leitfähige Verbindungen. Es kommt daher zu Einleiterströmen mit der Folge der erhöhten Emission magnetischer Wechselfelder.

Dies ist oft in Gebäuden anzutreffen, wenn das TN-C-System noch vollständig oder auch nur teilweise angewendet wird (**Bild 6.15**). Die gleiche Problematik stellt sich heute zunehmend durch den Einsatz von geschirmten Datenleitungen. Der Schirm der Datenleitung wird sowohl am Datenverteiler als auch über das angeschlossene Gerät (z. B. Computer) in den Potentialausgleich einbezogen. Liegen unterschiedliche Potentiale am EDV-Verteiler bzw. auf dem Schutzleiter am angeschlossenen Gerät vor, so

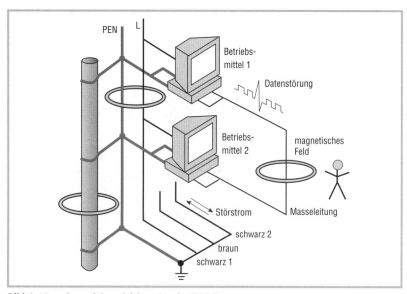

Bild 6.15   *Potentialausgleichsströme im TN-C-System*

kommt es zu Ausgleichsströmen über den Schirm der Datenleitung bis hin zu einigen A. Vagabundierende Ströme finden sich zudem häufig auf allen elektrisch leitfähigen Gebilden mit großer Ausdehnung (Rohre, Wasser- und Gasleitungen usw.). Dies führt nicht nur zu Emissionen magnetischer Wechselfelder, sondern auch zu Funktionsstörungen von Geräten der Energie- und Informationstechnik bis hin zu Korrosionsproblemen bei Rohren [21].

6.2.3.2 Aktive Kompensation vagabundierender Ströme

Eine relativ neue Technik ist die *Summenstromregelung* [22]. Sie wurde primär entwickelt, um Nachteile des TN-C-Systems in Gebäuden auszugleichen. Durch das weitgehende Ausregeln fehlerhafter Strombilanzen werden Störungen und Feldbelastungen wirksam reduziert.

Mit Sensoren wird an den Leitungen und Kabeln der Summenstromfehler ermittelt und dem angeschlossenen Summenstromregler (**Bild 6.16**) zugeführt. Über Aktoren, die an den betreffenden Leitungen und Kabeln angebracht werden, wird eine geringe Spannung induziert. Durch diese Maßnahme wird das durch den Ausgleichsstrom/Fehlstrom verursachte magnetische Wechselfeld stark reduziert.

Bild 6.16   *Summenstromregler*   Foto: Fa. Zeltronic

6.2.4 Austausch emissionsstarker Geräte gegen emissionsarme

6.2.4.1 Elektrische Geräte mit integriertem oder externem Transformator

Feldreduzierung durch Austausch von Geräten ist beispielsweise am Schlafplatz möglich, wenn ein emissionsstarker netzbetriebener Radiowecker mit integriertem Transformator durch ein Gerät mit Batterie- bzw. Akkubetrieb ersetzt wird.

Das Gleiche gilt beim Einsatz von PC-Monitoren, Druckern, Kopierern und Faxgeräten am Arbeitsplatz. Hier sollten emissionsarme Geräte mit TCO-Label (TCO 95 oder TCO 99) verwendet werden.

Vielfach wird gefragt, ob denn ein batteriebetriebener Funkwecker andere nachteilige Belastungen herbeiführt. Da es sich hierbei um ein Funk-*Empfangs*teil handelt, kommt es zu keinen hochfrequenten Emissionen aus dem Gerät.

6.2.4.2 Lineare und nichtlineare Lasten

Moderne Leuchtensysteme werden heute vielfach mit *elektronischen Vorschaltgeräten* (EVG) ausgestattet. Dies hat Vorteile, wie z. B. Energieeinsparung, Flimmerfreiheit und höhere Lebensdauer der Leuchtmittel [23]. Bei dieser Technik wird die 50-Hz-Wechselspannung zunächst gleichgerichtet und dann auf eine Frequenz im Bereich von 30 bis 150 kHz umgerichtet. Im Umfeld dieser Leuchten kommt es daher zur Immission magnetischer Wechselfelder in den entsprechenden höheren Frequenzbereichen. Da hier der Einfachheit halber häufig mit Rechtecksignalen und nicht mit sinusförmigen Signalen gearbeitet wird, entstehen zusätzlich kräftige Oberwellen (ganzzahlige Vielfache der Grundfrequenz). Einkopplungen in Metallteile, z. B. Tischgestelle, sind möglich [23]. Teilweise ist auch der Empfang des Langwellen-Tonrundfunks gestört.

Die „elektronische Aufbereitung" des Wechselstromes durch *Steuerungen* und *Regelungen,* die aktive Bauelemente mit nichtlinearen Kennlinien enthalten (Triacs, Thyristoren), führt zu weiteren Problemen in der Elektroanlage. In unserem Dreiphasen-Wechselstromsystem ist beim Einsatz von linearen Verbrauchern (ohmsche, induktive und kapazitive Widerstände) im Neutralleiter nur ein geringer Strom zu messen. Bei gleicher Auslastung der Ströme auf den drei Außenleitern ist der Summenstrom im Neutralleiter

null (**Bild 6.17**). Durch den Einsatz der einphasigen „nichtlinearen" Lasten
wird die Sinusform des Stromes derart verändert (**Bild 6.18**), dass dies zu
hohen Strömen auf dem N-Leiter im Drehstromnetz führt. Im TN-C-System
findet sich dieser Strom (oft mit 150 Hz) dann auf Potentialausgleichsleitungen, Rohren, Leitungen usw.

Als Alternative zum elektronischen Vorschaltgerät wird heute gerne wieder das *verlustarme Vorschaltgerät* (VVG) eingesetzt. Im Gegensatz zum
konventionellen Vorschaltgerät (KVG), welches ursprünglich für den Betrieb
von Leuchtstofflampen eingesetzt wurde, verzeichnet das VVG durch den
Einsatz von größeren Eisenkernen geringere Verluste.

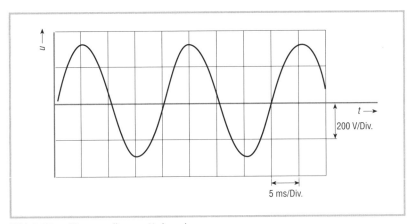

Bild 6.17   *Sinus von linearen Verbrauchern*

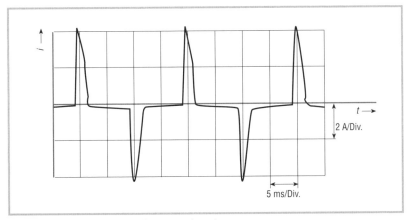

Bild 6.18   *„Sinus" von nichtlinearen Verbrauchern*

6.3 Maßnahmen des Immissionsschutzes

6.3.1 Ausreichender Abstand von Feldverursachern

Je nach geometrischem Aufbau der Emissionsquelle reduziert sich die magnetische Flussdichte mit dem Abstand $1/r$ (bei Einleiterströmen), $1/r^2$ (bei Zweileiterströmen) oder mit $1/r^3$ (z. B. bei Zweileiterströmen in miteinander verdrillten Leitungen oder bei Transfomatoren). Schlaf- und Ruheplätze sollten deswegen einen ausreichendem Abstand zu Feldverursachern aufweisen.

Die **Tabelle 6.4** gibt einen Überblick über mögliche emissionsreiche Anlagenteile und Geräte in Gebäuden.

Schlaf- und Kinderzimmer sind heute in vielen Fällen Mehrzweckräume! In diesen Räumen werden oft Geräte der Unterhaltungs- und Informationstechnik genutzt. Liegen diese Räume nebeneinander, sollten die Schlafplätze so angeordnet werden, dass immer ein ausreichender Abstand zu elektrischen Geräten besteht. Hierbei muss berücksichtigt werden, dass magnetische Wechselfelder die Zwischenwände und -decken quasi ohne Dämpfung durchdringen (**Bild 6.19**).

6.3.2 Aktive Kompensation

Wenn starke magnetische Wechselfelder aus Bahnanlagen bzw. 50-Hz-Stromversorgungsanlagen auf Räume einwirken (**Bild 6.20**), ist eine Reduzierung mit großflächigen magnetischen Abschirmungen kaum möglich. Hier sind als Grund der hohe finanzielle Aufwand sowie die meist drastische Veränderung des natürlichen magnetischen Gleichfeldes der Erde zu nennen; hinzu kommt eine erhebliche Verschlechterung des Raumklimas durch die vollständige Auskleidung mit massiven metallenen Werkstoffen. Ein weiteres Problem stellt der Einlass des natürlichen Tageslichtes durch Fenster und verglaste Türen dar.

Eine Möglichkeit der Reduzierung der magnetischen Wechselfelder bietet die aktive Kompensation [24]: Hierbei wird dem störenden magnetischen Wechselfeld ein Feld gleicher Stärke in genau umgekehrter Richtung entgegengesetzt.

Zunächst werden vor Ort mehrstündige dreidimensionale Langzeitaufzeichnungen der magnetischen Wechselfelder durchgeführt. Dabei sind die an verschiedenen Messpunkten positionierten Messgeräte synchronisiert.

Tabelle 6.4 *Emissionsreiche Anlagenteile und Geräte in Gebäuden*

Anlagenteil oder Gerät	Empfohlener Abstand zu Schlafplätzen in m	Bemerkungen
Verteilungsstromkreis (Hauptleitung oder -kabel)	2	
Zählerschrank	2	Hier ist vor allem der Zähler als Emissionsquelle zu nennen.
Stromkreisverteiler	2	Hier können z.b. Transformatoren erhebliche Emissionen verursachen.
Geräte der Haustechnik	2 … 4	z. B. Heizungspumpen, Umwälzpumpen, Abwasser-Hebeanlagen
Haushaltsgeräte	1 … 2	Kühlgeräte, elektrische Herde, Mikrowellenherde (hier ist das Netzteil gemeint, nicht die Mikrowellen-Leckstrahlung)
Geräte der Unterhaltungs-elektronik	1 … 2	Stereoanlagen, Fernsehgeräte, Videoanlagen, Radiowecker, Spielcomputer

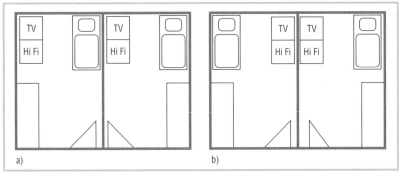

a)   b)

Bild 6.19 *Ungünstige (a) und optimierte (b) Anordnung der Einrichtung in Schlafräumen*

Bild 6.20 *Verursacher starker magnetischer Wechselfelder*
Foto: Fa. Wurzacher

Anhand der bis zu mehr als 10 000 Messwerte und der Gebäudepläne erfolgt die Planung der Kompensationsanlage. Das Gegenfeld wird mit Strömen in Kabelschleifen erzeugt (**Bild 6.21**). Die Kabelschleifen werden an definierten Gebäudekanten (z. B. Decke, Fußboden) verlegt. An weiteren definierten Orten im Gebäude werden Feldsensoren installiert, welche das störende Feld permanent messen und das Ergebnis einer Regelelektronik (**Bild 6.22**) zuführen. Hier wird der in die Kabelschleifen einzukoppelnde Strom berechnet, welcher das einwirkende Feld kompensiert. Die Elektronik reagiert innerhalb von ms, so dass kurzzeitige Störfeldänderungen, wie sie beispielsweise beim elektrischen Bahnbetrieb ständig erfolgen, registriert und sofort ausgeregelt werden. Durch die Anordnung der Kabelschleifen wird in sehr großen Bereichen eine gute Kompensationswirkung erreicht. In den Randbereichen (**Bild 6.23**) verbleiben jedoch noch Restfelder.

6.4   Magnetische Abschirmungen

Magnetische Abschirmungen werden heute überwiegend dort eingesetzt, wo es durch starke niederfrequente magnetische Wechselfelder zu technischen Störungen (z. B. Datenfehler auf magnetischen Datenträgern, Bildschirmflimmern) kommt [25]. Die Anwendung von großflächigen magnetischen Abschirmungen wird immer wieder kritisch hinterfragt, da es bei der Montage der hoch magnetisierbaren Platten im Aufenthaltsbereich von Menschen auch zu einer Störung des natürlichen Erdmagnetfeldes kommt.

Grundsätzlich kommen folgende Produkte zur Anwendung:

▌ Abschirmfolien/Abschirmbleche aus MU-Metall,
▌ Transformatorbleche,
▌ Abschirmplatten in Sandwich-Bauweise.

6.4.1   Abschirmfolien/Abschirmbleche aus MU-Metall

Abschirmfolien und Abschirmbleche aus MU-Metall werden für unterschiedliche Anforderungen mit unterschiedlicher, aber generell sehr hoher Permeabilität hergestellt. Unter den Warenzeichen MUMETALL und VITROVAC bietet der Hersteller fertige Gehäuse für elektronische Bauteile und Geräte, Folien für die Kabelabschirmung sowie Meterware – auch mit Klebeschicht versehen – für unterschiedliche Anforderungen an [26]. Auch

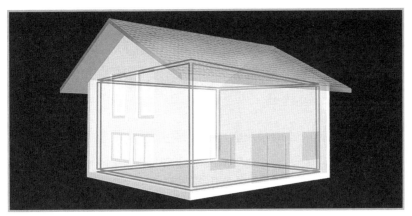

Bild 6.21   *Kabelschleifen an den Gebäudekanten*
Foto: Fa. Wurzacher

Bild 6.22   *Regelelektronik der Kompensationsanlage*
Foto: Fa. Wurzacher

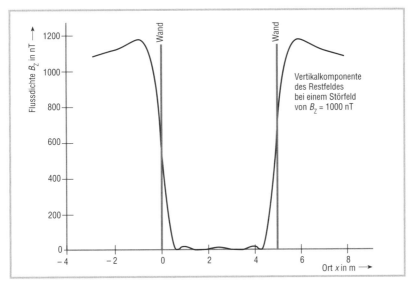

Bild 6.23   *Restfelder in den Randbereichen*

Gebäude wie Transformatorenstationen oder Stromkreisverteiler wurden mit MU-Metall abgeschirmt ([27], S. 82 – 83). Aufgrund des hohen Preises eignen sich diese Materialien aber eher für kleinflächige Anwendungen. Durch Versprödung aufgrund mechanischer Spannungen (z. B. durch einfaches Knicken) verliert MU-Metall einen Großteil seiner günstigen magnetischen Eigenschaften!

6.4.2 Transformatorbleche

Transformatorenbleche liegen im Preis deutlich niedriger als MU-Metall. Niedriger ist jedoch auch ihre Abschirmwirkung. Eigentlich sind sie zur Herstellung des Eisenkerns von Transformatoren gedacht, können aber wegen ihrer recht hohen Permeabilität auch zu Zwecken der magnetischen Abschirmung „zweckentfremdet" werden. Dabei ist allerdings zu beachten, dass die Bleche nicht im Sättigungsbereich der magnetischen Induktion betrieben werden.

6.4.3 Abschirmplatten in Sandwich-Bauweise

Eine Weiterentwicklung der Transformatorbleche sind mehrschichtige Abschirmplatten, welche aus einer Kombination hochpermeabler Werkstoffe mit elektrisch gut leitfähigen Metallen bestehen. Der magnetische Werkstoff dient zur „Verdichtung" und „Umlenkung" der Magnetfeldlinien; in den elektrisch leitfähigen Metallen entstehen Wirbelströme, die dem Ursprungsfeld entgegenwirken (Kompensationseffekt). Das heißt, hier muss laufend Energie aufgewendet (und bezahlt) werden, um das kompensierende Feld zu erzeugen. Der typische Aufbau besteht aus einer mittleren Lage hochpermeablen ferromagnetischen Materials und zwei Decklagen aus Alumimiumblech.

Auf dem Markt wird eine Vielzahl von Produkten für unterschiedliche Anwendungsfälle angeboten: Abschirmplatten für die Auskleidung von Raumflächen zur Reduzierung magnetischer Felder von Transformatorstationen, Schaltzentralen, Energieverteilern, Kabeltrassen usw. (**Bild 6.24**). Teilweise finden sich fertige Lösungen zur Abschirmung von Emissionen direkt an Transformatoren (**Bild 6.25** und **Bild 6.26**.)

Magnetische Abschirmungen sollten sehr sorgfältig geplant werden und sind immer als letztes Mittel einzusetzen.

Maßnahmen zur Reduzierung magnetischer Immissionen sollten immer in nachstehender Reihenfolge angegangen werden:

1. Ermittlung und Lokalisierung des Verursachers.
2. Liegen schaltungstechnische Lösungsmöglichkeiten vor?
3. Kann ein größerer Abstand zwischen dem Aufenthaltsort von Personen bzw. der gestörten Technik zum Verursacher gebildet werden?
4. Können entsprechend belastete Flächen umgenutzt werden (z. B. für Lagerräume)?
5. Planung der Abschirmmaßnahme.

Bild 6.24   *Abschirmplatte AGW 03*
Foto: CFW EMV-Consulting AG

Bild 6.25   *Abschirmgehäuse TRM 205*
Foto: CFW EMV-Consulting AG

Bild 6.26   *Abschirmgehäuse PRM 103*
Foto: CFW EMV-Consulting AG

7 Reduzierung hochfrequenter elektro-magnetischer Wellen

7.1 Maßnahmen des Emissionsschutzes

Der Einzelne hat kaum die Möglichkeit, die Emissionen von *externen* Funkanlagen, wie Mobilfunk-Basisstationen, Rundfunk- und Fernsehsender oder Radaranlagen, zu beeinflussen. Nicht selten stellt man allerdings fest, dass nennenswerte oder sogar die stärksten Hochfrequenzbelastungen in einem Raum nicht von Sendeanlagen außerhalb des Hauses stammen, sondern von *internen* Geräten, die man selbst innerhalb des Gebäudes installiert hat.

Als besonders kritisch sind hierbei die „Dauersender" anzusehen, also Geräte und Anlagen, die permanent ein Hochfrequenzsignal abstrahlen, das dazu meistens noch periodisch gepulst ist, auch wenn gar keine Nutzdaten übertragen werden.

Hierzu zählen in erster Linie

▌ die *Schnurlostelefone* nach dem *DECT-Standard,* deren Basisstation ständig ein mit 100 Hz gepulstes Signal aussendet, auch wenn gar nicht telefoniert wird,

▌ die in letzter Zeit rasant zunehmenden *WLAN* (Wireless Local Area Network), ohne die heute kaum noch ein PC, Notebook oder eine ISDN-Anlage verkauft wird, wo man den Sender also unfreiwilligerweise automatisch mitgeliefert bekommt, und

▌ *Bluetooth-Geräte,* die zur drahtlosen Anbindung von Druckern, Scannern und sonstiger Peripherie an den PC eingesetzt werden, zur drahtlosen Kopplung eines Headsets an ein Mobiltelefon und viele andere „Wireless"-Anwendungen im Nahbereich.

DECT-Telefone haben eine – mittlere – Leistung von 10 mW.

Ein WLAN-Access Point (der WLAN-spezifische Name für die Basisstation) sendet, wenn er keine Daten zu übertragen hat, ständig ein Bereitschaftssignal mit einer Pulsfrequenz von 10 ... 15 Hz aus. Die von der Antenne abgestrahlte Leistung liegt bei 100 mW.

Bluetooth-Geräte arbeiten mit einer Pulsfrequenz von 1600 Hz; ihre Sendeleistung beträgt je nach Leistungsklasse 1, 2,5 oder 100 mW. Die Tendenz geht sehr stark zum Einsatz von Geräten mit 100 mW, nach dem Motto

„viel hilft viel", auch wenn hierbei in vielen Fällen die Leistung völlig über-
dimensioniert ist.

Allen diesen Geräten ist gemeinsam, dass sie i. d. R. in nächster Nähe betrieben werden, häufig in weniger als 0,5 m Abstand zum Körper (WLAN
im Notebook) oder direkt am Kopf, wie z. B. bei den Mobilteilen von
Schnurlostelefonen oder bei drahtlosen Headsets.

Berücksichtigt man weiterhin, dass bei guter Verbindung zur Basisstation
ein *GSM-Handy* auf kleinster Leistungsstufe mit 20 mW im D-Netz und mit
2,5 mW im E-Netz sendet, so muss man konstatieren, dass hier bei den „In-
house-Geräten" mit vergleichbaren, teilweise sogar höheren Sendeleistun-
gen gearbeitet wird. Dazu kommt noch, dass die Basisstationen von DECT,
WLAN & Co permanent aktive Dauersender sind, die nach dem Ende des
Telefonats oder der Datenübertragung eben nicht den Sendebetrieb einstel-
len, wie es ein Mobilfunkhandy tut.

Aus diesen Gründen sollte nicht nur die Benutzung, sondern auch die
Installation der o. a. Funksysteme vermieden werden. Die unbedenklichste
– und auch heute noch am wenigsten störanfällige und schnellste – Kom-
munikationsleitung ist und bleibt der „Draht" – sei er aus klassischem Kupfer oder vielleicht in näherer Zukunft auch im „Home"- und SOHO-Bereich
(Small Office – Home Office) aus Glasfaser.

Weiterführende Informationen zu DECT und unbedenklicheren Alternativen sind in [28] und [29] zu finden; zu WLAN in [30] und [31].

7.2   Maßnahmen des Immissionsschutzes

7.2.1   Physik der Hochfrequenzabschirmung

Vorweg einige Worte zum Verständnis des Begriffs *Abschirmung.* Abschirmungen können vorgenommen werden, um das Austreten von Emissionen
aus einer konkreten Quelle zu verhindern (als Maßnahme des *Emissions-*
schutzes) oder um das Eindringen von Immissionen, die aus unterschiedlichen Quellen aus verschiedenen Richtungen und Entfernungen stammen
können, an einem bestimmten Ort zu verhindern (Maßnahme des *Immis-*
*sions*schutzes) [32].

Im Bereich der Hochfrequenz (HF) werden Maßnahmen des Emissionsschutzes i. d. R. dann vorgenommen, wenn es gilt, unerwünschte Abstrah-
lungen elektromagnetischer Wellen zu verhindern, die z. B. als Störstrah-

lung von elektrischen/elektronischen Geräten und von Leitungen ausgehen können. Dies ist der Aufgabenbereich der *EMV* (Elektromagnetische Verträglichkeit), die durch technische Maßnahmen sicherstellen soll, dass andere Geräte in der Nähe nicht in ihrer Funktion beeinträchtigt werden. Hierzu werden z. B. abgeschirmte Gehäuse, Kabel usw. verwendet, die das Austreten der Hochfrequenz aus dem betreffenden Gerät verhindern oder zumindest auf ein zulässiges Maß reduzieren.

Die Aufgabe von Funkanlagen und -geräten ist es aber gerade, Emissionen auf bestimmten Frequenzen zu produzieren. Sind diese an einem Ort als Immissionen unerwünscht, so helfen hier nur Maßnahmen des Immissionsschutzes. Diese beziehen sich dann auf ganze Gebäude oder einzelne Gebäudeteile. Im Folgenden ist mit „Abschirmung" immer eine Maßnahme des Immissionsschutzes gemeint.

Umgangssprachlich wird der Begriff „Abschirmung" im Sinne eines Schwarz-Weiß-Denkens häufig als „Totalabschirmung" verstanden, wie eine Barriere, die man errichten kann und die „nichts mehr durchlässt" – jenseits der Abschirmung ist die unerwünschte Immission vorhanden, diesseits nicht mehr. Ein solches Verständnis hat im Bereich der Hochfrequenz wenig Praxisrelevanz. In der Regel führt hier eine Abschirmung im Rahmen des Immissionsschutzes zu einer mehr oder weniger starken Abschwächung bzw. Dämpfung der einfallenden Immission um ein bestimmtes Maß – fachlich als *Schirmdämpfung* bezeichnet (**Bild 7.1**) – selten zu ihrem Verschwinden unter die Nachweisbarkeitsgrenze.

Im Rahmen der Hochfrequenz zu betrachtende Immissionsgrößen sind die *elektrische* (E) bzw. *magnetische* (H) *Feldstärke* der elektromagnetischen Welle sowie ihre *Strahlungsdichte* (S), die auch als *Leistungsflussdichte* bezeichnet wird.

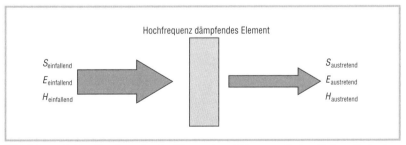

Bild 7.1   *Schirmdämpfung einer hochfrequenten elektromagnetischen Welle, z. B. durch eine Wand. Die Breite des Pfeils symbolisiert die Höhe der Feldgrößen: Strahlungsdichte (S) oder elektrische (E) bzw. magnetische (H) Feldstärke.*

7.2.1.1 Maßstäbe für die Hochfrequenz-Schirmdämpfung

Um die Wirksamkeit einer Abschirmung zu beschreiben, benötigt man einen Maßstab zur Quantifizierung der Schirmdämpfung. Hierzu können drei Größen herangezogen werden, die den jeweils gleichen Sachverhalt lediglich unterschiedlich ausdrücken:

▌ Schirmdämpfungsfaktor,

▌ Schirmwirkungsgrad (in %),

▌ Schirmdämpfung (in dB).

Schirmdämpfungsfaktor

Der Schirmdämpfungsfaktor antwortet auf die Frage: „Welcher Bruchteil der einfallenden Strahlung kommt durch das Hochfrequenz dämpfende Element noch hindurch und tritt auf der anderen Seite wieder aus?" oder: „Auf welchen Bruchteil verringert sich die Immission (z. B. auf ein Zehntel)?"

Der Schirmdämpfungsfaktor DF errechnet sich als Quotient gemäß der Formel

$$DF_S = S_{einfallend} / S_{austretend} \text{ für die Strahlungsdichte bzw.}$$

$$DF_E = E_{einfallend} / E_{austretend} \text{ für die Feldstärke,}$$

je nachdem, welche Feldgrößen (Strahlungsdichte oder Feldstärke) man betrachtet. Der gesuchte Bruchteil ist dann der Kehrwert des jeweiligen Dämpfungsfaktors.

Wie in Abschnitt 3.4.2 gezeigt wurde, ist die Strahlungsdichte proportional zum Quadrat der Feldstärke. Somit ist auch der Quotient zweier Strahlungsdichten proportional zum Quadrat des Quotienten zweier Feldstärken. Beträgt der Schirmdämpfungsfaktor für die Feldstärke beispielsweise 2, so hat er für die Strahlungsdichte den Wert $2^2 = 4$. Die Angabe eines Schirmdämpfungsfaktors macht also nur Sinn, wenn man zusätzlich zu dem Wert mit angibt, ob er sich auf die Strahlungsdichte oder auf die Feldstärke bezieht.

Schirmwirkungsgrad

Der Schirmwirkungsgrad antwortet auf die komplementäre Frage: „Wie hoch ist der Anteil der ursprünglichen Strahlung, die durch das Hochfrequenz dämpfende Element nicht mehr hindurch kommt?" oder: „Um welchen Anteil verringert sich die Immission (z. B. um neun Zehntel bzw. 90 %)?"

Die Summe von Schirmwirkungsgrad WG und Kehrwert des Schirmdämpfungsfaktors ergibt immer 1:

$WG + 1/DF = 1$.

Der Schirmwirkungsgrad berechnet sich demnach zu

$WG = 1 - 1/DF$

oder, da der Wirkungsgrad meist als Prozentwert angegeben wird,

$WG_S \% = (1 - 1/DF_S) \cdot 100\,\% = [(1 - (S_{austretend}/S_{einfallend})] \cdot 100\,\%$ bzw.

$WG_E \% = (1 - 1/DF_E) \cdot 100\,\% = [1 - (E_{austretend}/E_{einfallend})] \cdot 100\,\%$.

Auch hier ist eine getrennte Betrachtung für Feldstärken und Strahlungsdichten erforderlich bzw. die zusätzliche Angabe, auf welche Feldgröße sich der Wert bezieht.

Man muss allerdings anmerken, dass der Schirmwirkungsgrad wenig anschaulich ist. Während der Unterschied zwischen den Dämpfungsfaktoren 100 und 1000 sofort plastisch ins Auge fällt, ist dies bei den Wirkungsgraden 99 % und 99,9 % nicht so offensichtlich, obwohl beide Angaben den gleichen Sachverhalt wiedergeben.

Schirmdämpfung

Für die Schirmdämpfung D der Strahlungsdichte in dB gilt:

$D\,\mathrm{dB} = 10 \cdot \lg (S_{einfallend}/S_{austretend})\,\mathrm{dB}$.

Will man anstatt der Strahlungsdichte das Verhältnis zweier Feldstärken in dB darstellen, so ist zu berücksichtigen, dass die Strahlungsdichte dem Quadrat der Feldstärke proportional ist $(S \sim E^2)$. Die Hochzahl 2 wird bei der Bildung des Logarithmus als Faktor 2 wirksam, so dass gilt:

$$D\,\mathrm{dB} = 10 \cdot \lg DF_S\,\mathrm{dB} = 10 \cdot \lg (S_{einfallend}/S_{austretend})\,\mathrm{dB}$$

$$= 10 \cdot \lg (E_{einfallend}/E_{austretend})^2 = 2 \cdot 10 \cdot \lg (E_{einfallend}/E_{austretend})\,\mathrm{dB}$$

$$= 20 \cdot \lg (E_{einfallend}/E_{austretend})\,\mathrm{dB}.$$

Bei gleichem dB-Wert entspricht also das Verhältnis der Strahlungsdichten dem Quadrat des Verhältnisses der Feldstärken. Dies deckt sich mit den oben unter „Schirmdämpfungsfaktor" gemachten Ausführungen. Die Maßzahl in dB ist somit unabhängig davon, ob sie sich auf Strahlungsdichten oder auf Feldstärken bezieht bzw., salopper ausgedrückt: „dB sind dB!". Dies ist ein weiterer großer Vorteil der Rechnung mit Dämpfungen in dB.

Vergleich der Werte von Schirmdämpfungsfaktor, Schirmwirkungsgrad und Schirmdämpfung in dB

Um die Auswirkungen des mathematischen Zusammenhangs zwischen Schirmdämpfungsfaktor, Schirmwirkungsgrad und Schirmdämpfung in dB auf konkrete Zahlenwerte zu veranschaulichen, sind in **Tabelle 7.1** die äquivalenten Werte dieser drei Größen in 10-dB-Schritten gegenübergestellt.

7.2.1.2 Wirkprinzipien der Hochfrequenzabschirmung

Trifft eine elektromagnetische Welle auf ein HF-dämpfendes Element, z. B. eine Gebäudewand, so tritt sie mit verringerter Intensität auf der anderen Seite aus. Für diese Verringerung gibt es im Wesentlichen zwei Ursachen:

▌ ein Teil der Welle wird von der Wand *reflektiert* oder/und

▌ ein Teil der Welle wird in der Wand *absorbiert* und in Wärme umgewandelt.

An sehr gut leitenden *metallenen Blechen* erfolgt eine *Totalreflexion* der Welle. Die Reflexion findet unmittelbar an der Oberfläche statt; entscheidend für ihre Stärke ist daher weniger die Dicke des Materials als vielmehr eine möglichst hohe elektrische Leitfähigkeit. Die Ausprägung der Reflexion und damit der Schirmwirkung ist überdies unabhängig davon, ob das metallene bzw. metallisierte Element geerdet ist oder nicht – wie bei einem normalen Spiegel ja auch. Bei allen HF-Abschirmmaterialien auf Metallbasis – und das ist die überwiegende Mehrzahl der angebotenen Abschirmprodukte – überwiegt der Anteil der Reflexion (**Bild 7.2**) bei weitem; die Absorption ist demgegenüber fast vernachlässigbar. Dies hat die unerfreuliche Nebenwirkung, dass die Welle nicht tatsächlich „verschwindet", sondern nur umgelenkt wird – mit möglicherweise nachteiligen Folgen hinsichtlich der Immissionen für die Umgebung.

Bei *massiven Baustoffen* kann der Anteil der Absorption höher sein (**Bild 7.3**). Dies gilt ebenso für Abschirmprodukte auf z. B. Carbonbasis. Im Gegensatz zur Reflexion steigt der Anteil der Absorption mit zunehmender Materialdicke. Aus verständlichen Gründen wäre eigentlich der Einsatz von Produkten mit überwiegender Absorption wünschenswerter als mit überwiegender Reflexion.

Bei Materialien, die eine gewisse Dicke aufweisen, gestaltet sich der Dämpfungsprozess etwas komplizierter als hier dargestellt, da es dort innerhalb des Materials zu Mehrfachreflexionen kommen kann.

Tabelle 7.1 *Gegenüberstellung von äquivalenten Werten für Schirmdämpfung, Schirmdämpfungsfaktor und Schirmwirkungsgrad in 10-dB-Schritten*

Schirmdämpfung in dB	Schirmdämpfungsfaktor		Schirmwirkungsgrad in %	
	für Strahlungsdichte	für Feldstärke	für Strahlungsdichte	für Feldstärke
0	1	1	0	0
10	10	3	90	68
20	100	10	99	90
30	1000	32	99,9	97
40	10 000	100	99,99	99
50	100 000	316	99,999	99,7
60	1 000 000	1000	99,9999	99,9

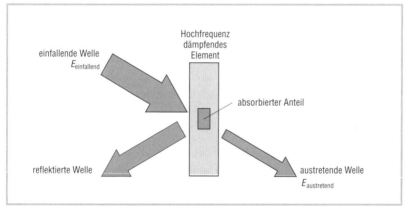

Bild 7.2 *Prinzip der Schirmung einer elektromagnetischen Welle, z. B. durch eine Gebäudewand: überwiegender Anteil von Reflexion*

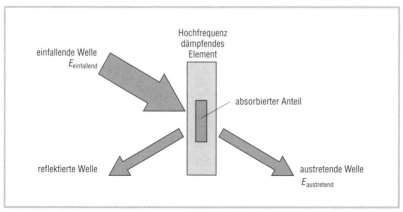

Bild 7.3 *Prinzip der Schirmung einer elektromagnetischen Welle, z. B. durch eine Gebäudewan: überwiegender Anteil von Absorption*

Wenn der Dämpfungsprozess nur auf eine Komponente der elektromagnetischen Welle wirkt – z. B. auf das elektrische Feld –, so wird im Fernfeld die andere Komponente im gleichen Maße mit gedämpft, da beide Größen über den Wellenwiderstand fest miteinander verknüpft sind (s. Abschn. 3.1.7).

Zur Hochfrequenzabschirmung von Gebäuden können Baumaterialien eingesetzt werden, die „von Natur aus" eine hohe Schirmdämpfung aufweisen. Wo diese nicht ausreicht oder entsprechende Baumaterialien aus anderen Gründen nicht verwendet werden können, kann die Schirmdämpfung durch entsprechende spezielle Abschirmmaterialien erhöht werden.

Die Schirmdämpfung der meisten Materialien ist – häufig sogar sehr stark – frequenzabhängig. Bei der Auswahl eines entsprechenden Bau- oder Abschirmmaterials ist es daher unbedingt notwenig zu wissen, in welchem Frequenzbereich bzw. in welchen Frequenzbereichen eine hohe Schirmdämpfung gefordert wird. Im Anhang 9.5 sind einige Beispiele für die Frequenzabhängigkeit verschiedener Materialien wiedergegeben (Quelle: [33]).

Außer der Frequenzabhängigkeit müssen aber zur Erzielung einer hohen Schirmdämpfung am realen Objekt noch weitere Faktoren beachtet werden.

7.2.1.3 „Löcher" in der Abschirmung

Es ist einleuchtend, dass die Abschirmung in Richtung der einfallenden Welle geschlossen sein muss und keine „Löcher" aufweisen darf. Weist eine Wand in dieser Richtung Öffnungen auf (z. B. Fenster, Türen), so sind diese unbedingt in die Abschirmmaßnahmen mit einzubeziehen – mit entsprechend angepassten (beim Fenster z. B. lichtdurchlässigen) Abschirmmaterialien natürlich.

Bei Fenstern und Türen ist das „Loch in der Wand" offensichtlich. Wichtig ist aber auch die Einbeziehung von „nicht offensichtlichen" Löchern in die Abschirmmaßnahmen. Dies können z. B. sein:

- Rollladenkästen über Fenstern und Türen (s. Bild 7.13),
- Holz- oder Kunststofffüllungen im unteren Teil von Fensterrahmen (wenn der bewegliche Innenrahmen den starren Außenrahmen nicht vollständig ausfüllt, s. **Bild 7.4**) oder
- Heizkörpernischen.

Einen besonderen Hinweis verdient die Tatsache, dass bereits relativ kleine Lücken einen Großteil der Schirmwirkung zunichte machen können. Hierin unterscheidet sich die Hochfrequenzabschirmung nicht vom Schall- oder

Wärmeschutz, wo ebenfalls hermetisch geschlossene Oberflächen Voraussetzung für den Erfolg der Maßnahmen sind.

Bereits ein nicht abgeschirmter Fensterrahmen (z. B. aus Holz) kann dazu führen, dass die gute Schirmwirkung eines hochwertigen Wärme- oder Sonnenschutzglases und einer möglicherweise mit hohem Aufwand abgeschirmten Wandkonstruktion stark beeinträchtigt wird. Wie stark sich solche „Schlitze" in der Oberfläche einer Abschirmung auswirken, hängt neben ihrer Breite wesentlich von der räumlichen Lage des Schlitzes (horizontal oder vertikal) und von der Polarisationsebene der einfallenden Welle ab. **Bild 7.5** verdeutlicht diese Verhältnisse am Beispiel einer Aluminiumjalousie.

Bild 7.4   *Füllung im unteren Teil des Fensterrahmens*

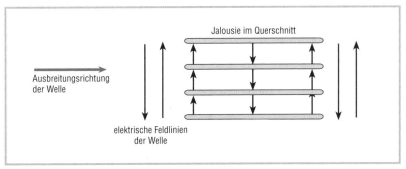

Bild 7.5   *Eine vertikal polarisierte Welle durchläuft eine horizontale Jalousie ungehindert*
[34], S. 28

Bei der Jalousie sind die Lamellen horizontal angebracht; zusätzlich seien sie in die waagerechte Position gedreht, so dass sich horizontal verlaufende Schlitze ergeben. Diese Schlitze stellen für eine horizontal polarisierte Welle (s. Abschn. 3.4.4.1) – solange ihre Wellenlänge groß gegen den Lamellenabstand ist – ein hohes Hindernis dar, für eine vertikal polarisierte jedoch nicht. Denn für die senkrecht verlaufenden elektrischen Feldlinien bei vertikaler Polarisation liegen die horizontal verlaufenden Metalllamellen auf Äquipotentialebenen, so dass das Feld hierdurch nicht gestört wird. Verlaufen die elektrischen Feldlinien bei horizontaler Polarisation jedoch in gleicher Richtung wie die Metalllamellen, so werden sie von diesen quasi „kurzgeschlossen".

Auch ein Fenster in Kippstellung weist in dieser Position Spalte auf, welche die Dämpfungswirkung einer gut abschirmenden Kombination von Sonnenschutzverglasung und metallenem Rahmen gegenüber dem geschlossenen Zustand verschlechtern können.

Ausführliche, durch Messungen untermauerte Details zur HF-Dämpfungsreduzierung von Schlitzen in Abhängigkeit von ihrer Breite sind in [33], S. 34 – 37, zu finden.

Um bei aufeinander stoßenden massiven Konstruktionen – wie z. B. Metall- oder Holzkonstruktionen – die Schirmwirkung nicht durch Spaltbildung zu schwächen, sollten Bauteile nicht stumpf aufeinander stoßen, sondern überlappt werden (**Bild 7.6**).

Das gleiche Prinzip gilt auch für textile Abschirmmaterialien. Hier müssen die Nähte in spezieller, überlappter Form ausgeführt werden.

Weiterhin gilt es zu beachten, dass elektrisch leitfähige Durchbrechungen (z. B. Leitungen) einer schirmenden Wand Hochfrequenz in das Innere des Gebäudes „einschleppen" können (**Bild 7.7**). Der im Außenbereich befindliche Teil wirkt wie eine Empfangsantenne, welche die Einstrahlung auffängt, die dann – nach Überwindung der Schirmbarriere durch die Leitungsdurchführung – im Inneren wieder abgestrahlt wird.

7.2.1.4 Zusätzliche Effekte: Reflexion, Streuung und Beugung

Funkwellen mit Frequenzen oberhalb von etwa 100 MHz verhalten sich bei der Ausbreitung im Prinzip ähnlich wie Lichtwellen. Es gibt infolgedessen bei ihnen quasioptische Effekte wie Reflexion, Abschattung, Beugung und Streuung (s. auch Abschn. 3.4.2, insbesonere Bild 3.15).

Diese Effekte können sich in der Praxis sehr stark auswirken und sind für manche Überraschung bei Hochfrequenzmessungen gut, wenn man seine Erwartungen an der reinen Freiraumausbreitung orientiert hat.

So können insbesondere aufgrund von Reflexionen unerwartet hohe Feldstärken in gemutmaßten „Funkschatten" auftreten bzw. HF-Immissionen aus Richtungen einfallen, woher man sie nicht vermutet hätte.

Beugungseffekte werden immer stärker wirksam, je weiter man sich von einem Gebilde mit hoher Schirmdämpfung entfernt. Als typischer Fall aus der Praxis kann z. B. ein gut Hochfrequenz dämpfendes Fenster mit Wärmeschutzverglasung in einer HF-durchlässigen Leichtbau-Außenwand betrachtet werden. Hier wird man wenige Zentimeter hinter der Fensterscheibe nur eine niedrige Feldstärke messen; im Zimmer, bei einem Abstand von 1 … 2 m vom Fenster, dagegen wesentlich höhere Werte, die fast den Außenwerten entsprechen können.

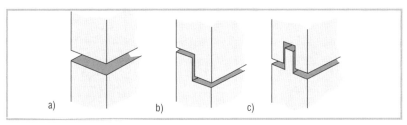

Bild 7.6   *Verbindungsstrukturen* [35]
a) ungünstig, b) und c) gut

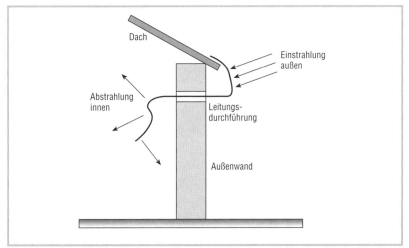

Bild 7.7   *Hochfrequenzübertragung ins Gebäudeinnere an einer Leitungsdurchführung*
nach [36], S. 27

7.2.2 Möglichkeiten der HF-Abschirmung

7.2.2.1 Bau- und Abschirmmaterialien für den praktischen Einsatz

Für den Fall des Neu- bzw. Umbaus oder der Sanierung steht heute am Markt eine ganze Fülle von HF-dämpfenden Baumaterialien und speziellen Abschirmmaterialien zur Verfügung. Sie lassen sich wie folgt klassifizieren:

▌ Massive Baustoffe
  - Kalksandstein
  - Ziegel
  - Beton
  - Lehm
▌ Holzkonstruktionen
▌ Trockenausbau (Holz- und Gipswerkstoffe)
▌ Fassaden und Wärmedämmstoffe
▌ Wandbeschichtungen innen
  - Tapeten
  - Farben
▌ Fenster, Türen und Zubehör
  - Fensterrahmen
  - Fensterverglasungen und -folien
  - Türrahmen
  - Türfüllungen
  - Rollläden
  - Jalousien
▌ Dachbaustoffe
▌ Textilien
  - Gardinen
  - Vorhänge
  - Bett-Baldachine

Die Dämpfungseigenschaften sind teilweise den Produkten immanent, z. B. Dachverkleidungen aus Blech oder aluminiumbeschichteten Wärmedämmstoffen.

Teilweise gehen Produkt-Weiterentwicklungen, die originär anderen Zielen dienen, wie z. B. dem Wärmeschutz, auch mit einer wesentlichen Verbesserung der HF-Schirmdämpfung einher. Dies ist beispielsweise bei den heutigen Wärme- und Sonnenschutzverglasungen der Fall. Ein zusätzlicher Witterungsschutz bei Holz-Fensterrahmen durch außen aufgesetzte Aluminiumprofile sorgt „nebenbei" auch für eine hervorragende HF-Dämpfung dieses gerne übersehenen Bauelements (**Bild 7.8 a**). Für denjenigen, der sowohl innen wie außen Holz als Oberfläche bevorzugt, stehen Festerrahmen zur Verfügung, bei denen die Abschirmung im Rahmeninneren angebracht ist (**Bild 7.8 b**). Bei Holzrahmen sollte darauf geachtet werden, dass die Hochfrequenzabschirmung nicht zu Problemen bei der Wasserdampfdiffusion im Holz führt. Außen aufgesetzte Aluminiumblenden sollten deshalb hinterlüftet sein; bei Rahmen mit integrierter Abschirmung sollte diese nicht aus einer geschlossenen Folie bestehen, sondern aus einem engmaschigen metallenen Gitter.

Andererseits gibt es auch konventionelle Produkte, die durch Zusatzausrüstungen eigens HF-dämpfend gemacht werden, um quasi „zwei Fliegen mit einer Klappe zu schlagen". Beispiele hierfür sind Abschirm-Gipskartonplatten sowie Putz-Armierungsgewebe und Insektenschutzgitter. Eine bei maschenförmigen Produkten gerne verwendete Möglichkeit besteht im Einbringen eines sehr dünnen Metallfadens in die Gewebestruktur dieser Produkte (**Bild 7.9**). Bei allen maschenförmigen Produkten gilt die Regel, dass die Schirmdämpfung von der *Maschenweite* abhängt und prinzipiell mit zunehmender Frequenz sinkt. Unterschiede der Schirmdämpfung zwischen D-Netz und E-Netz bzw. UMTS können bei solchen Produkten je nach Maschenweite beträchtlich sein. Da davon auszugehen ist, dass auch in

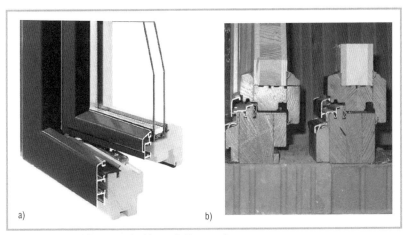

a)   b)

Bild 7.8   *Hochfrequenz abschirmende Fensterrahmen*
             a) Aluminiumprofile außen und Massivholz innen
                Foto: Fa. Weiß & Weiß
             b) Massivholz außen und innen, abschirmende Zwischenlage
                im Inneren des Rahmens
                Foto: Fa. Ziegelmeier

Zukunft weiterhin immer höhere Frequenzbereiche für Breitenanwendungen der Telekommunikation erschlossen werden, sollte auch vorausschauend auf eine genügend kleine Maschenweite geachtet werden. Hierfür stehen

z. B. engmaschige Drahtgewebe aus massivem Kupferdraht zur Verfügung (**Bild 7.10**).

Auch speziell zu HF-Abschirmzwecken entwickelte textile Gewebe verwenden häufig als schirmendes Element feine Metallfäden, die in den Textilfaden eingebettet sind. Sie eignen sich zur Anfertigung von z. B. Fenster- und Türvorhängen oder zur Herstellung von Bettbaldachinen (auch von Kinderbetten), die den gesamten Bettbereich abschirmen (**Bild 7.11**).

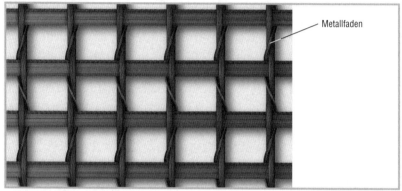

— Metallfaden

Bild 7.9   *HF-abschirmendes Putz-Armierungsgewebe, Maschenweite 5 mm x 5 mm*
Foto: Fa. STO

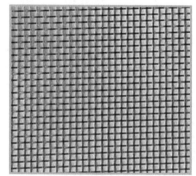

Bild 7.10   *HF-abschirmendes Kupfer-*
drahtgewebe, Maschenweite
1mm x 1 mm
Foto: Fa. Cuprotect

Bild 7.11   *Bettbaldachin aus textilem*
Abschirmgewebe, Schirmwir-
kung durch eingearbeitete,
unsichtbare Metallfäden
Foto: Fa. Biologa

Beim Einsatz solcher Baldachine oder „Moskitonetze" sollte auf jeden Fall überprüft werden, ob ggf. zusätzlich eine Abschirmung von unten, unterhalb des Bettes, erforderlich ist. Und natürlich ist darauf zu achten, dass nach dem Zubettgehen an den „Einstiegsstellen" keine offenen Schlitze bleiben. Eine mögliche Problematik solcher Bettabschirmungen soll im Sinne einer ganzheitlichen Betrachtung nicht unerwähnt bleiben: Je nach Webdichte des Stoffes und persönlicher Konstitution des Schläfers kann es ggf. zu erhöhtem Wärmegefühl bis hin zu Unbehaglichkeitsempfindungen kommen, da das ausgeatmete Kohlendioxid nicht mehr frei im gesamten Schlafraum verteilt wird, sondern sich unter dem Baldachin konzentriert.

Als weitere, speziell entwickelte Abschirmprodukte sind z. B. Abschirmtapeten und -farben für die Wandbeschichtung in Innenräumen sowie lichtdurchlässige Folien zur Nachrüstung von älteren Fensterscheiben zu nennen. Die Abschirmtapeten werden als Untertapeten aufgebracht, die dann anschließend mit der gewünschten Dekortapete übertapeziert werden.

Die Beispiele zeigen, dass eine Fülle von unterschiedlichsten Produkten mit HF-Schirmwirkung zur Verfügung steht, die allerdings hinsichtlich ihrer Tauglichkeit für den gegebenen Einsatzfall sorgfältig und fachmännisch ausgewählt werden müssen. Außerdem sollte darauf geachtet werden, dass die Abschirmwirkung unabhängig von der Polarisation der elektromagnetischen Welle ist. Leider gibt es einige Stoffe, die nur in einer Polarisationsrichtung eine gute Abschirmwirkung zeigen, senkrecht dazu polarisierte Wellen aber nahezu ungehindert passieren lassen.

Eine umfassende und solide Grundlage zur Auswahl des geeigneten Materials ist die Darstellung der Dämpfungseigenschaften von 100 Bau- und Abschirmmaterialien im Frequenzbereich von 200 MHz bis 10 GHz in [33]. Ein Auszug, der den Inhalt und die übersichtliche Darstellungsform verdeutlicht, ist im Anhang 9.5 zu finden. Einen orientierenden, leicht verständlichen Überblick über die Abschirmthematik vermittelt die Broschüre des Bayerischen Landesamtes für Umweltschutz (LfU) [36].

7.2.2.2 Messung der Material-Schirmdämpfung unter Laborbedingungen

Zur Ermittlung der Schirmdämpfung von Materialien ist ein spezieller, aufwendiger Laboraufbau erforderlich. Durch die Verwendung einer hermetisch dichten Abschirmkammer, die innen zusätzlich rundum mit HF-Absorbern ausgestattet ist, wird sichergestellt, dass das Signal der

Empfangsantenne im Inneren der Kammer nicht durch Fremdsignale beeinflusst wird. Der Prüfling (Messobjekt) befindet sich, sorgfältig und schlitzfrei
montiert, vor einer definierten Öffnung der Abschirmkammer und wird von
einer Sendeantenne befeldet (**Bild 7.12**).

Die Messsignale der einfallenden und der austretenden Welle werden einem Netzwerkanalysator zugeführt, der die beiden Werte miteinander vergleicht und hieraus die Schirmdämpfung ermittelt. Dies geschieht für einzelne, speziell interessierende Frequenzen oder für ganze Frequenzbereiche
(z. B. 200 MHz bis 10 GHz).

7.2.3 Vorgehensweise bei der Abschirmung

HF-Abschirmmaßnahmen an Gebäuden sollten nicht blind auf Verdacht
oder ins Blaue hinein nach dem Motto „Abschirmen ist immer gut!" erfolgen, sondern auf Basis eines messtechnisch fundierten Konzepts. Nur so
kann gewährleistet werden, dass die Hochfrequenz-Schwachstellen eines
Raumes richtig erkannt, die Belastungen der Bewohner objektiv ermittelt
und effektive Maßnahmen zur Beseitigung der Schwachstellen ergriffen
werden. Anderenfalls besteht die hohe Wahrscheinlichkeit, dass die gewünschte Wirkung ausbleibt und viel Geld und Mühe für einen Misserfolg
oder nur mäßigen Erfolg aufgewendet wurde.

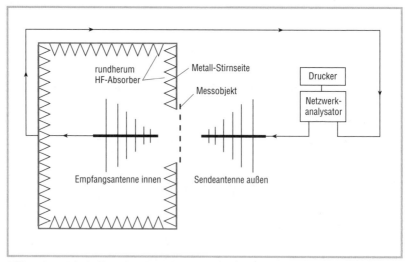

Bild 7.12   *Prinzipskizze der Messanordnung zur Bestimmung der Schirmdämpfung*
            [36], S. 12

7.2.3.1 Messtechnisch fundiertes Abschirmkonzept

Als Basis für möglicherweise notwendige Sanierungsmaßnahmen ist zunächst der aktuelle Ausgangszustand zu analysieren. Hierzu gehört die messtechnische Untersuchung, welche Funksysteme am Untersuchungsort mit relevanten Feldstärken bzw. Strahlungsdichten nachweisbar sind. Dazu wird mit einem *Spektrumanalysator* und geeigneten *Messantennen* ermittelt, in welchen Frequenzbereichen hochfrequente Signale einfallen (z. B. D- und E-Netz-Mobilfunk, UHF-Fernsehen, UKW-Rundfunk usw.).

Im nächsten Schritt wird die Stärke der Immissionen einzeln in den jeweiligen Frequenzbereichen ermittelt. Beim GSM-Mobilfunk sind die gemessenen Werte zufallsbedingt, da ihre Höhe von der aktuellen Auslastung der Basisstationen abhängt. Daher wird hier für Immissionsbetrachtungen von den Messwerten auf den so genannten *Beurteilungswert* für maximale Anlagenauslastung hochgerechnet. Hierzu werden die permanent mit ihrer Maximalleistung sendenden Organisationskanäle der Basisstationen identifiziert und in ihrer Intensität gemessen. Von diesen Messwerten wird auf die mögliche Strahlungsdichte bei Volllast der Sendeanlagen hochgerechnet, wenn alle zur Verfügung stehenden Kanäle aktiv sind. Ist die maximale Anzahl der Kanäle einer bestimmten Basisstation nicht bekannt, so kann ersatzweise mit typischen Werten gerechnet werden (Faktor 4 für D-Netz-Betreiber und Faktor 2 für E-Netz-Betreiber). Die gemessenen Strahlungsdichten der einzelnen Organisationskanäle werden mit den entsprechenden Faktoren multipliziert und aufaddiert. Auf diese Weise erhält man den Beurteilungswert für maximale Anlagenauslastung. Bei anderen, ständig mit konstanter Leistung sendenden Funkdiensten (z. B. UKW-Rundfunk) wird als Beurteilungswert die Summe der Strahlungsdichten im Frequenzbereich des jeweiligen Funkdienstes herangezogen.

Der Beurteilungswert bildet zunächst den Maßstab für die Entscheidung, ob überhaupt Abschirmmaßnahmen durchgeführt werden sollen. Wenn dies bejaht wird, liefert der Beurteilungswert wichtige Informationen über die zu erzielende Schirmdämpfung im betreffenden Frequenzbereich. Je höher die Immissionen sind, desto höher sind die Anforderungen an die Schirmdämpfung des einzusetzenden Materials. Es ist davon auszugehen, dass die unter Laborbedingungen ermittelte Schirmdämpfung als Materialkennwert in der Praxis kaum erreicht werden kann, da hier viele zusätzliche Faktoren, wie Qualität der Verarbeitung, Unmöglichkeit einer völlig lückenlosen Montage usw., das Ergebnis beeinflussen.

Durch Drehen der Messantenne kann die Haupteinstrahlrichtung des bzw. der stärksten Emittenten ermittelt werden. Hierzu ist der Einsatz von gerichteten (z. B. logarithmisch periodischen) Antennen erforderlich.

Um zu ermitteln, an welchen Elementen des Raumes (Wände, Decken, Fenster usw.) Abschirmmaßnahmen vorzunehmen und wie wirksam sie sind, werden vor Ort entsprechende Versuche mit Abschirmmaterialien durchgeführt. Dazu werden über die betreffenden Fenster, Wände, Decken usw. zweckmäßigerweise textile Abschirmmaterialien mit hoher Schirmdämpfung gehängt bzw. gespannt, um im konkreten Test herauszufinden, welche Abschirmungen effizient sind und welche nicht. Dies ist häufig ein Wechselspiel von Versuch und Irrtum. Es gibt sowohl Fälle, wo die Abschirmung in einer Richtung bereits gute Erfolge zeigt, als auch Fälle, in denen erst sehr aufwendige Maßnahmen zum Ziel führen. Entsprechend hoch ist der Zeitaufwand für die Abschirmtests, zumal teilweise erst noch Bilder abgehängt oder gar Möbel gerückt werden müssen (**Bild 7.13** und **Bild 7.14**).

Nach jeder Veränderung des Abschirm-Szenarios wird mit dem Spektrumanalysator die Veränderung der Immissionen kontrolliert und die Wirksamkeit der jeweiligen Maßnahme beurteilt. Messungen mit dem Spektrum-

Bild 7.13 *Testweise Abschirmung eines Fensters mit HF-Abschirmgewebe. Eine „Abschirmlücke" besteht hier noch über dem Fenster am oberen Ende des Rollladenkastens bis zur Zimmerdecke.*

Bild 7.14 *Testweise Abschirmung von Decke, Dachschrägen und Giebelseite eines Wohnraumes im Dachgeschoss mit – hier unterschiedlichen – HF-Abschirmgeweben*

analysator haben den großen Vorteil, dass sie frequenzselektiv sind und „man weiß, was man misst".

Bei Messungen mit *Breitbandmessgeräten,* die alle möglichen Funkdienste in einem großen Spektralbereich gleichzeitig erfassen, besteht dagegen gerade für die GSM-Mobilfunkbereiche Unsicherheit darüber, ob die einfallenden Immissionen, die ja je nach Verkehrsaufkommen an den Basisstationen schwanken, während der Versuchsdauer überhaupt konstant geblieben sind. So könnte eine scheinbare Verringerung des Messwertes nach einer Veränderung der Abschirmung einfach darauf zurückzuführen sein, dass in der Zwischenzeit die Auslastung der Basisstation und damit ihre Gesamt-Sendeleistung zurückgegangen ist.

Zusätzlich wird messtechnisch überprüft, wie die Maßnahmen zur Hochfrequenzreduzierung sich auf die Intensität der *niederfrequenten elektrischen Wechselfelder* auswirken, die aus der Hausinstallation, elektrischen Geräten und Geräteanschlussleitungen stammen. Denn diese können an großflächig leitfähige Abschirmungen ankoppeln und so zu einer Erhöhung der elektrischen Feldstärke führen (s. Abschn. 3.2.3).

Aus den vor Ort gewonnenen Erkenntnissen und in Abstimmung mit dem Auftraggeber werden geeignete Empfehlungen hinsichtlich der abzuschirmenden Raumkomponenten (Fenster, Wände usw.) und der Art der einzusetzenden Abschirmmaterialien erarbeitet.

Alle Messergebnisse und Sanierungsvorschläge werden detailliert und laienverständlich in einem schriftlichen Bericht protokolliert und erläutert.

In der Praxis können realistisch folgende Schirmdämpfungen erreicht werden:

▌ 10 … 15 dB unter widrigen Umständen, z. B. diffuse Felder,

▌ 15 … 20 dB unter „normalen" Verhältnissen mit vertretbarem Aufwand,

▌ 30 dB oder mehr nur mit äußerster Sorgfalt und hohem Aufwand.

7.2.3.2 Umsetzung des Abschirmkonzepts

Die Umsetzung des erarbeiteten Abschirmkonzepts bedarf einer gründlichen und sorgfältigen Arbeit bis ins Detail. „Pfusch am Bau" – auch in für den konventionellen Handwerker mutmaßlichen Kleinigkeiten – kann den Erfolg der Maßnahmen drastisch reduzieren. Hier besteht i. d. R. zu Beginn der Arbeiten erheblicher Aufklärungs- und Informationsbedarf für die Handwerker. Eine kontinuierliche Begleitung und Kontrolle der Arbeiten ist aus Erfahrung dringend angezeigt.

Vielfältige Praxisbeispiele für unterschiedliche Abschirmkonzepte sowie ihre erfolgreiche oder auch im ersten Anlauf nicht ganz erfolgreiche Umsetzung und Diskussion der Ursachen hierfür sind in [37] zu finden. Für Informationen zur Planung von Abschirmmaßnahmen beim Dachausbau sowie beim Neubau von Häusern in Holz- und Leichtbauweise sei auf [38] und [39] verwiesen.

7.2.3.3 Auswirkungen der HF-Abschirmung auf niederfrequente elektrische Felder / Beachtung von Sicherheitsaspekten

Für Abschirmzwecke eingesetzte Materialien sind durchweg elektrisch gut leitfähig bis hoch leitfähig, die abgeschirmten Flächen i. d. R. groß. Aufgrund dieser Eigenschaften kann es leicht zu Ankoppeleffekten niederfrequenter elektrischer Wechselfelder der Stromversorgung (50 Hz) an die Abschirmflächen kommen. Wird z. B. eine 230-V-Netzleitung in der Nähe einer leitfähigen Fläche oder direkt über die Fläche geführt, so breitet sich das vorher lokal beschränkte elektrische Feld der Leitung über die gesamte Fläche aus.

Die Wirksamkeit der Hochfrequenz-Schirmdämpfung ist auch ohne Anschluss der Abschirmflächen an das Erdpotential gegeben. Werden sie jedoch geerdet, so wird die oben beschriebene Ausbreitung niederfrequenter elektrischer Wechselfelder über diese Flächen verhindert; gleichzeitig erreicht man eine Abschirmung der elektrischen Wechselfelder, die von den hinter der Abschirmung liegenden Leitungen (z. B. in der Wand) ausgehen.

Als unerfreuliche Kehrseite der Erdungsmaßnahme muss allerdings in Kauf genommen werden, dass man nun das Erdpotential großflächig und sehr nahe an die im Raum befindlichen Leitungen sowie elektrischen Geräte „herangeholt" hat. Die Höhe der elektrischen Feldstärke ist jedoch u. a. abhängig vom Abstand zwischen Feldquelle (Verlängerungskabel, Anschlussleitungen, Steh- und Tischleuchten, in Betrieb befindliche Geräte) und dem Erdpotential als Feldsenke. Somit besteht das Risiko, nun zwar die hinter der Abschirmung liegenden Feldquellen wirksam gedämpft zu haben, gleichzeitig aber die Feldstärke, die von den im Raum befindlichen Feldquellen verursacht wird, zu erhöhen. Ob und inwieweit dies der Fall ist, muss messtechnisch überprüft werden; ggf. sind dann zusätzliche Maßnahmen der Emissionsreduzierung für die niederfrequenten elektrischen Wechselfelder erforderlich. Diese können z. B. in der Verwendung abgeschirmter Leitungen bestehen oder im Einbau von Netzabkopplern (s. Abschn. 5.2.2.3).

Aus einem weiteren Aspekt ist die Erdung der leitfähigen Abschirmflächen dringend angezeigt, nämlich aus Gründen des Personen- und Sachschutzes. Aus den gleichen Gründen sollten alle elektrischen Leitungen, die in einer abzuschirmenden Wand verlaufen, über eine Fehlerstromschutzeinrichtung mit 30 mA Bemessungs-Differenzstrom geführt sein. Bei den Erdungsanschlüssen an den Abschirmungen ist auf eine massive und robuste, mechanisch belastbare, dauerhafte Ausführung großer Wert zu legen. Nach Möglichkeit sollte das Original-Erdungszubehör des jeweiligen Herstellers verwendet werden (**Bild 7.15**). Diese Aspekte sind in Abschnitt 5.5 ausführlich behandelt.

Bei der Montage von Abschirmmaterialien im Außenbereich der Gebäudehülle (z. B. oberhalb der Dachdämmung, unter den Ziegeln), aber auch unter der Dachhaut und in der Nähe von äußeren Blitzschutzeinrichtungen bzw. von in den äußeren Blitzschutz einbezogenen Gebäudekomponenten, sind die Bestimmungen des Blitzschutzes zu beachten (s. Abschn. 5.5.9).

7.2.3.4 Wirksamkeitskontrolle der durchgeführten Maßnahmen

Nach erfolgter Sanierung empfiehlt sich dringend eine messtechnische Überprüfung der Hochfrequenzimmissionen, um sicherzustellen, dass bei der Sanierung keine Fehler aufgetreten sind und das Konzept auch wirklich erfolgreich umgesetzt werden konnte.

Wurden die Abschirmziele nicht erreicht, so ist den Ursachen nachzugehen und eine Nachbesserung vorzunehmen.

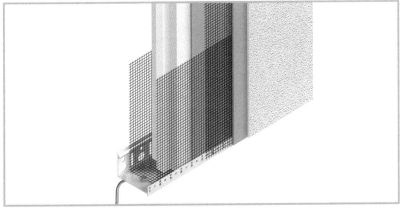

Bild 7.15 *Vorschlag des Herstellers für eine fachgerechte Erdung, hier als Wärmedämmverbundsystem*
Foto: Fa. STO

8 Vorschriftenwerk für die Errichtung elektrischer Anlagen

Die Regelwerke für das Errichten von elektrischen Anlagen sind sehr vielschichtig (**Bild 8.1**). Es sind internationale, nationale und regionale Normen umzusetzen. Dabei besteht die Schwierigkeit darin, diese vielen Normen in ihrer jeweils aktuellen Version zu kennen, sie richtig zu interpretieren und deren Wichtigkeit richtig einzuschätzen. Selbst Fachleute stellen immer wieder fest, einzelne Vorschriften überhaupt nicht gekannt zu haben, oder sie arbeiten nach alten bzw. bereits zurückgezogenen Normen und Vorschriften.

Am einfachsten kann man Normung an einem konkreten Beispiel verstehen. Nehmen wir einmal an, der Besitzer eines Einfamilienhauses möchte sich konkret über den Umfang der Normen betreffend seiner Immobilie informieren, da er für diese eine baubiologische Installation plant.

Zunächst benötigt der Hausbesitzer natürlich Strom in seinem Gebäude. Diesen Strom liefert sein Energieversorger (VNB Verteilungsnetzbetreiber, ehemals EVU Energieversorgungsunternehmen). Damit der Hausbesitzer den Strom bekommt, muss er einen Vertrag mit dem Netzbetreiber schließen, in dem er sich verpflichtet,

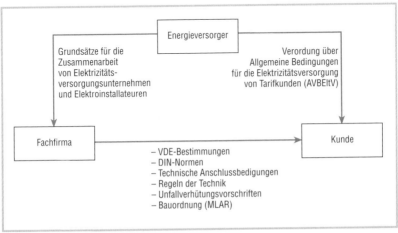

Bild 8.1   *Regelwerke für das Errichten von elektrotechnischen Anlagen*

▌ die elektrische Anlage hinter der Messeinrichtung (Zähler) in Ordnung zu halten,

▌ an seiner Anlage nur Personen arbeiten zu lassen, die eine entsprechende Konzession besitzen (Betrieb mit Zulassung beim Energieversorger),

▌ die anerkannten Regeln der Technik zu beachten.

8.1   Anerkannte Regeln der Technik

Regeln der Technik gelten dann als allgemein anerkannt, wenn Fachleute davon überzeugt sind, dass die betreffenden Regeln den sicherheitstechnischen Anforderungen entsprechen. Dabei genügt es nicht, dass nur im Schrifttum oder in Fachschulen die Ansicht vertreten bzw. gelehrt wird, die Regeln entsprächen den technischen Erfordernissen. Die Regel der Technik muss in der Praxis erprobt sein und eine Durchschnittsmeinung darstellen, die sich in Fachkreisen gebildet hat!

Unerheblich ist es, wenn einzelne Fachleute die Regel nicht anerkennen oder überhaupt nicht kennen.

Einige wichtige Regelwerke werden im Folgenden vorgestellt und erläutert.

8.2   Technische Anschlussbedingungen/TAB 2000

Diesen Technischen Anschlussbedingungen (TAB) liegt die „Verordnung über Allgemeine Bedingungen für die Elektrizitätsversorgung von Tarifkunden" (AVBEltV) vom 21. Juni 1979 zugrunde. Sie gelten für den Anschluss und den Betrieb von Anlagen, die gemäß § 1 Abs. 1 dieser Verordnung an das Niederspannungsnetz des Elektrizitätsversorgungsunternehmens, im folgenden Verteilungsnetzbetreiber (VNB) genannt, angeschlossen werden. [40]

8.3   Verordnung über Allgemeine Bedingungen für die Elektrizitätsversorgung von Tarifkunden (AVBEltV)

Hier gilt insbesondere [41]:

§ 12 Kundenanlage

(1) Für die ordnungsgemäße Errichtung, Erweiterung, Änderung und Unterhaltung der elektrischen Anlage hinter der Hausanschlusssicherung, mit Ausnahme der Messeinrichtungen des Elektrizitätsversorgungsunternehmens, ist der Anschlussnehmer verantwortlich. Hat er die Anlage einem Dritten vermietet oder sonst zur Benutzung überlassen, so ist er neben diesem verantwortlich.

(2) Die Anlage darf außer durch das Elektrizitätsversorgungsunternehmen nur durch einen in ein Installateurverzeichnis eines Elektrizitätsversorgungsunternehmens eingetragenen Installateur nach den Vorschriften dieser Verordnung und nach anderen gesetzlichen oder behördlichen Bestimmungen sowie nach den anerkannten Regeln der Technik errichtet, erweitert, geändert und unterhalten werden. Das Elektrizitätsversorgungsunternehmen ist berechtigt, die Ausführung der Arbeiten zu überwachen.

§ 14 Überprüfung der Kundenanlage

(1) Das Elektrizitätsversorgungsunternehmen ist berechtigt, die Anlage vor und nach ihrer Inbetriebsetzung zu überprüfen. Es hat den Kunden auf erkannte Sicherheitsmängel aufmerksam zu machen und kann deren Beseitigung verlangen.

(2) Werden Mängel festgestellt, welche die Sicherheit gefährden oder erhebliche Störungen erwarten lassen, so ist das Elektrizitätsversorgungsunternehmen berechtigt, den Anschluss oder die Versorgung zu verweigern; bei Gefahr für Leib oder Leben ist es hierzu verpflichtet.

(3) Durch Vornahme oder Unterlassung der Überprüfung der Anlage sowie durch deren Anschluss an das Verteilungsnetz übernimmt das Elektrizitätsversorgungsunternehmen keine Haftung für die Mängelfreiheit der Anlage. Dies gilt nicht, wenn es bei einer Überprüfung Mängel festgestellt hat, die eine Gefahr für Leib oder Leben darstellen.

§ 17 Technische Anschlussbedingungen

(1) Das Elektrizitätsversorgungsunternehmen ist berechtigt, weitere technische Anforderungen an den Hausanschluss und andere Anlagenteile sowie an den Betrieb der Anlage festzulegen, soweit dies aus Gründen der sicheren und störungsfreien Versorgung, insbesondere

*im Hinblick auf die Erfordernisse des Verteilungsnetzes, notwendig
ist. Diese Anforderungen müssen dem in der Europäischen Gemein-
schaft gegebenen Stand der Sicherheitstechnik entsprechen. Der Anschluss bestimmter Verbrauchsgeräte kann von der vorherigen Zustimmung des Versorgungsunternehmens abhängig gemacht werden.
Die Zustimmung darf nur verweigert werden, wenn der Anschluss eine sichere und störungsfreie Versorgung gefährden würde.*

Anmerkung:

Wenn der Eigentümer einer Immobilie eine Fachfirma beauftragt, kann er
sicher sein, dass diese Firma die einschlägigen Vorschriften beachtet, denn
zu dieser Einhaltung hat sich die Fachfirma verpflichtet.

8.4   DIN- und VDE-Normen

Laut DIN VDE 0022 [42]:

1 Grundlagen des VDE-Vorschriftenwerks

*1.1 Als „VDE-Vorschriftenwerk" wird die Sammlung der technischen – vor-
zugsweise sicherheitstechnischen – Festlegungen bezeichnet, die der Verband Deutscher Elektrotechniker (VDE) e.V. seit seiner Gründung in Durchführung einer seiner satzungsgemäßen Aufgaben herausgibt.*

Über die DIN-VDE-Normen hinaus sind beim Errichten elektrischer Anlagen die *Unfallverhütungsvorschriften der Berufsgenossenschaften* sowie
die *berufsgenossenschaftlichen Regeln* und *Informationen* zu beachten.

Für Elektroinstallationen sind vor allem wichtig:

▌ BGV A1 Grundsätze der Prävention,

▌ BGV A3 Elektrische Anlagen und Betriebsmittel.

Wenn der Errichter einer elektrischen Anlage alle Regeln der Technik bei
der Installation beachtet, kann man davon ausgehen, dass im Fall eines Fehlers (Brand, Sachschaden oder Durchströmung einer Person) der Errichter
wohl wahrscheinlich keine Konsequenzen zu befürchten hat. Ob dies dann
wirklich so ist, muss ein Gericht ggf. unter Zuhilfenahme von Sachverstän-
digen entscheiden.

Dies bedeutet:

▌ Der Errichter der Anlage trägt immer die volle Verantwortung für diese.

▌ Ob die vorhandenen Vorschriften ausreichen und genügend Sicherheit
bieten, muss auch der Errichter mit seiner Erfahrung und seinen Kennt-
nissen entscheiden.

Die VDE-Bestimmungen bieten ihm also letztendlich nur den Rahmen seiner Ausführung. Jeder ist sicher gut beraten, sich so nahe wie möglich an diese Vorschriften anzulehnen. Was aber sollte man tun, wenn es für bestimmte Anwendungen überhaupt keine Normen gibt – oder wenn die Ausführung sogar entgegen einer Norm steht? Hier kann man nur abwägen, wo sich die größten Risiken verbergen. Dieses Abwägen sollte aber von Personen durchgeführt werden, welche die Technik umfassend beherrschen und die wirklich wissen, was sie tun – nicht nur glauben!

Im Wesentlichen gelten im Wohnungsbau die DIN-VDE-Bestimmungen. Diese Normen werden wie folgt auf verschiedenen Ebenen festgelegt:

▌ Auf internationaler Ebene erfolgt die Normung durch die IEC (International Electrotechnical Commission).

▌ Die europäische Normung erfolgt durch die CENELEC (Comité Europeen de Normalisation Electrotechnique).

▌ Die deutsche Normung wird durch die „Deutsche Kommission Elektrotechnik Elektronik Informationstechnik" (DKE) im DIN Deutsches Institut für Normung e.V. und VDE Verband der Elektrotechnik Elektronik Informationstechnik erarbeitet.

In der heutigen Zeit werden Normen nicht mehr national erstellt, sondern in internationalen Gremien erarbeitet und dann in nationales Recht umgesetzt, d. h. in das nationale Normenwerk eingeführt.

Um einen Überblick über die Normen zu bekommen, die bei der Errichtung einer elektrischen Anlage eine Rolle spielen, muss man den entsprechenden VDE-Nummernschlüssel kennen.

Als Beispiel sei hier die Norm DIN VDE 0100-410 angeführt.

Das Vorschriftenwerk ist in Gruppen und Teile untergliedert. Die ersten beiden Ziffern einer Norm (hier 01) geben an, zu welcher (Normen-)Gruppe des Vorschriftenwerks sie gehört. Hier gilt die Gruppenfestlegung laut **Tabelle 8.1**. Die erste Ziffer ist immer 0.

Somit erklärt sich, dass die Vorschriften, die sich mit dem Errichten von elektrischen Anlagen befassen, vorwiegend in der Gruppe 1 zu finden sind.

Die Norm 01xx hat noch weitere Unterteilungen, um einzelne Vorschriften zu kennzeichnen. Exemplarisch seien hier zwei genannt:

0100   Bestimmungen für das Errichten von Starkstromanlagen mit Nennspannungen bis 1000 V

0108   Starkstromanlagen und Sicherheitsstromversorgung in baulichen Anlagen für Menschenansammlungen

Für die Errichtung der elektrischen Anlage in einem Wohnhaus gilt also im Wesentlichen die DIN VDE 0100. Diese Norm unterteilt sich weiter in einzelne Teile, die wiederum zu (Teilen) Gruppen zusammengefasst sind. Auch hier soll exemplarisch (nicht komplett) eine Übersicht gegeben werden (**Tabelle 8.2**).

Anmerkung:

VDE-Bestimmungen sind keine Fachbücher, sondern geben Fachleuten, welche die Technik bis ins Detail beherrschen, Durchführungsanweisungen, wie bestimmte Schutzziele umzusetzen sind.

DIN-VDE-Bestimmungen sind für Fachleute erstellt!

Wer sich für die Hintergründe des Normenwerks und die Technik interessiert, dem bietet der VDE-Verlag hervorragende Bücher an. Sehr zu empfehlen ist das Standardwerk „VDE 0100 und die Praxis" von *Gerhard Kiefer,* der hier Anfängern und Profis gleichermaßen Wissen vermittelt ([43], 800 Seiten).

Tabelle 8.1 *Aufbau der VDE-Normen*

1. u. 2. Ziffer der Norm*	(Normen-)Gruppe des Vorschriftenwerks	
00	Gruppe 0	Allgemeine Grundsätze
01	Gruppe 1	Energieanlagen
02	Gruppe 2	Energieleiter
03	Gruppe 3	Isolierstoffe
04	Gruppe 4	Messen, Steuern und Prüfen
05	Gruppe 5	Maschinen und Umformer
06	Gruppe 6	Installationsmaterial, Schaltgeräte
07	Gruppe 7	Gebrauchsgeräte
08	Gruppe 8	Informationstechnik
* Die erste Ziffer ist immer 0.		

Tabelle 8.2 *Exemplarische Teile der Norm DIN VDE 0100*

Gruppe	Teile der Norm	
100	Teil 100	Anwendungsbereich
200	Teil 200	Begriffe
300	Teil 300	Bestimmungen allgemeiner Merkmale / Netzsysteme
400	Teil 410 ...	Schutzmaßnahmen
500	Teile 510 / 520 / 540 ...	Auswahl bei der Errichtung / Erdung
600	Teil 610	Erstprüfung der Anlage
700	Teile 701 bis 739	Besondere Raumarten

Wenn man sich allerdings mit dem Vorschriftenwerk auseinander setzt, um eine ordnungsgemäße baubiologische Installation zu liefern, wird man in den Vorschriften nicht fündig. Selbst die Suchmaschinen des VDE bringen hier zwar Suchergebnisse – aber keine pragmatischen Lösungsansätze. Die Väter der Norm mussten sich offensichtlich noch nicht mit diesem Thema auseinander setzen – oder man war der Meinung, dass dieses Thema wohl mit den vorhandenen Vorschriften zu bewältigen sei.

8.5 Umsetzung der Vorschriften in der baubiologischen Elektrotechnik

8.5.1 Auswahl der Betriebsmittel

Der erste und wichtigste Schritt ist, am Markt erhältliche, geprüfte Produkte möglichst nicht zu verändern. Wenn man eine Änderung an einem Produkt vornimmt, erlischt (wenn vorhanden) das VDE-Prüfzeichen! Auch die CE-Kennzeichnung des Herstellers ist dann nicht mehr gültig. Die Person, welche die Veränderung vornimmt, wird quasi Hersteller, und es stellt sich somit die Frage der Produkthaftung. Nicht immer wird ein Produkt mit den gewünschten Eigenschaften im einschlägigen Handel erhältlich sein. Im Zuge der Globalisierung findet man jedoch z. B. über das Internet Produkte – auch aus dem Ausland –, die anscheinend den „technischen Wunsch", den man hat, erfüllen. Hierbei sollte aber immer auf die entsprechenden Prüfzeichen geachtet werden. Länder wie Dänemark, Finnland, Norwegen, Schweden, Frankreich usw. (Aufzählung nicht vollständig) haben ein ähnliches Sicherheitsniveau wie Deutschland.

Anmerkung:
Wenn man eine fest angeschlossene Netzleitung eines Gerätes gegen eine abgeschirmte Zuleitung austauscht (unter Beachtung des Querschnitts und der mechanischen Beanspruchung), ist in der Regel kein schädlicher Einfluss zu erwarten – was natürlich das oben Erwähnte nicht außer Kraft setzt. Im Einzelfall muss abgewogen werden, ob man nicht besser einen Stromkreis abkoppelt als die Anschlussleitung austauscht.

Gerade im Bereich der geschirmten Installationen bieten sich adäquate Möglichkeiten, herkömmliche Technik entsprechend zu verbessern. Man denke an die Möglichkeit, die Einbaunische eines schutzisolierten Zählerschrankes mit leitfähigem und geerdetem Material (auf Baustoffzulassung ist zu achten!) auszukleiden. Somit kann der zugelassene Schrank bleiben und trotzdem besteht eine Abschirmung.

Steigleitungen (Zuleitung vom Zählerschrank zum Unterverteiler) können in einem Metallkanal geführt werden. Den Unterverteiler kann man dann in Schutzklasse I (Metallgehäuse mit Erdungsanschluss) ausführen.

Abgeschirmte Leitungen, z. B. für den Einsatz in Endstromkreisen, gibt es in der Elektrotechnik seit vielen Jahren. Es dürfte also keine Probleme bei der Beschaffung solcher Leitungen geben.

Etwas schwieriger gestaltet sich die Installation in der Wohnung. Abzweigdosen und Schalterdosen bestehen in der heutigen Technik üblicherweise aus Kunststoff und haben somit einen sehr hohen Isolationswiderstand. Wird nun eine Dose zu Abschirmzwecken leitfähig gemacht (durch äußere Beschichtung; entweder niederohmig leitfähig auf Metallbasis oder hochohmig leitfähig auf Graphitbasis), so erfüllt sie den geforderten Isolationswiderstand nicht mehr. Deshalb gibt es (nach Recherche des Autors) keine geschirmten Dosen mit VDE-Prüfzeichen.

Es stellt sich nun die Frage: Geht von einer Dose, die leitfähig beschichtet ist und in Beton oder Ziegelstein eingebracht wurde, eine Gefahr aus? Eine Gefahr ist wohl kaum zu erwarten, da Beton oder Ziegelsteine bei einer losen Klemme und der daraus folgenden Schmorstelle den Brand nicht weiterleiten.

Wie sieht es nun bei Holz- und Leichtbauweise mit entsprechend beschichteten Hohlwanddosen aus? „Normale" Hohlwanddosen haben ein spezielles Prüfzeichen (Dreieck mit H), welches eine gewisse Sicherheit bietet, wenn es in der Dose zu einer Schmorstelle durch lose Klemmen oder Ähnliches kommt. Auch hier wird die äußere leitfähige Beschichtung nicht die Rolle spielen, wenn der entsprechende Kunststoff verarbeitet wurde, der bei eben diesen Schmorstellen die gewünschte Sicherheit bietet.

Was ist nun, wenn spannungsführende Leiter die Beschichtung berühren? Die Beschichtung ist nicht dafür ausgelegt, einen hohen Strom zu transportieren. Das Beschichtungsmaterial kann einen derart hohen ohmschen Wert aufweisen, dass die Abschaltbedingungen der vorgelagerten Überstromschutzeinrichtung nicht mehr erfüllt sind.

Aus diesem Grund kann nur dringend empfohlen werden, eine *Fehlerstromschutzeinrichtung* (RCD) mit einem Bemessungs-Differenzstrom ≤ 30 mA einzubauen.

8.5.2 Schutzmaßnahmen

Wenn in der Kundenanlage ein TT-System vorhanden ist, sollte beachtet werden, dass zur Absicherung von Körperschlüssen im Bereich der Steigleitung und der Unterverteilung unbedingt im Zählerschrank eine *selektive Fehlerstromschutzeinrichtung* eingebaut werden muss. Sie löst bei Fehlern in einem Endstromkreis nicht aus, sondern „wartet", bis die zum Endstromkreis gehörende „normale" Fehlerstromschutzeinrichtung in der Unterverteilung abschaltet. Dadurch wird erreicht, dass bei Anschluss mehrerer Steigleitungen und Unterverteiler nicht unnötig viele Verteil- und Endstromkreise zentral im Zählerschrank abgeschaltet werden.

Eine 30-mA-Fehlerstromschutzeinrichtung sollte bei einer baubiologischen Installation immer vorhanden sein. Man denke auch an die Fehlerspannungen, die sich z. B. über einen leitfähigen (Abschirm-)Putz ausbreiten können, wenn ein Nagel eingeschlagen wird, der eine elektrische Leitung verletzt. Auch hier bietet die Fehlerstromschutzeinrichtung weitreichenden Schutz.

Was aber tun, wenn die elektrische Anlage keine Fehlerstromschutzeinrichtung enthält. In neueren Anlagen (ab Baujahr 1970) ist eine dreiadrige Installation (mit PE-Leiter) die Regel. Hier ist der nachträgliche Einbau einer Fehlerstromschutzeinrichtung problemlos möglich. In älteren Anlagen mit zweiadriger Installation sind meist Leerrohre verlegt, in die man den fehlenden Schutzleiter einziehen kann, um dann die Fehlerstromschutzeinrichtung nachzurüsten. Sollte bei einer zweiadrigen Installation diese Möglichkeit nicht gegeben sein, muss die Elektrofachkraft entscheiden, welche Maßnahmen durchgeführt werden können.

Anmerkung:

Mittlerweile gibt es *allstromsensitive Fehlerstromschutzeinrichtungen,* die auch einen Gleichfehlerstrom erkennen. Hintergrund ist, dass in elektrischen Anlagen mit elektronischen Betriebsmitteln, die nicht galvanisch vom Netz getrennt sind, im Fall eines Erdschlusses Gleichfehlerströme oder Fehlerströme mit Frequenzen bzw. Mischfrequenzen entstehen, die von der Netzfrequenz stark abweichen. Um in Anlagen mit solchen Betriebsmitteln einen umfassenden Fehlerstromschutz zu realisieren, ist eine Fehlerstromschutzeinrichtung erforderlich, die über den historischen Inhalt des Begriffs „Allstrom" (im Sinne von Gleichstrom und Wechselstrom mit Netzfrequenz) hinaus allstromsensitiv ist, d. h. breitbandig Fehlerströme aller Frequenzen, die in der Anlage auftreten können, erfasst, und erforderlichenfalls eine Abschaltung bewirkt. Diese Schutzeinrichtungen sind zwar teurer, bieten aber einen umfangreicheren Schutz.

8.5.3 Bestimmung des Querschnitts des Potentialausgleichsleiters

In der baubiologischen Installation stellt sich oft das Problem der Erdung von nachträglich angebrachten Abschirmungen. Was sagt das VDE-Regelwerk hierüber aus?

DIN VDE 0100-540 – Auswahl und Errichtung elektrischer Betriebsmittel; Erdung, Schutzleiter, Potentialausgleichsleiter – gilt für die Auswahl und das Errichten von Erdungsanlagen, Schutzleitern, PEN-Leitern und Potentialausgleichsleitern.

Im Abschnitt 4.4.1 dieser Bestimmung ist festgelegt, dass jede Anlage (Beginn der Gültigkeit beachten!) eine Haupterdungsklemme oder -schiene haben muss, an der folgende Leiter angeschlossen sein müssen:

▌ Erdungsleiter,

▌ Schutzleiter,

▌ Hauptpotentialausgleichsleiter,

▌ Erdungsleiter für Funktionserdung, falls erforderlich.

Im Abschnitt 9 bzw. 9.1 dieser Norm werden Aussagen über die erforderlichen Querschnitte der Hauptpotentialausgleichsleiter getroffen, wobei folgender Grundsatz gilt: Die Querschnitte für die Leiter des Hauptpotentialausgleichs müssen mindestens halb so groß sein wie der Querschnitt des größten Schutzleiters der Anlage, jedoch mindestens 6 mm². Der Querschnitt des Potentialausgleichsleiters braucht bei Kupfer nicht größer zu sein als 25 mm².

In der Praxis macht die Bestimmung des erforderlichen Querschnitts oft Schwierigkeiten. Die einfachste Lösung besteht darin, die Vorgaben des Verteilungsnetzbetreibers zu übernehmen, die dieser in seinen Technischen Anschlussbedingungen festschreibt. Wer den Querschnitt selbst bestimmen möchte, kann sich an folgender Regel orientieren: Die Leitung mit dem größten Querschnitt, die vom Hauptverteiler abgeht, dient als Bemessungsgrundlage.

Beispiel 1 (**Bild 8.2**)

In einer Wohnanlage mit 10 Wohnungen soll der Querschnitt des Hauptpotentialausgleichsleiters bestimmt werden. Die Leitung vom Hausanschlusskasten zum Zähler bleibt in einem solchen Fall unberücksichtigt. Die

Leitungen zu den Unterverteilern der Wohnungen sind im Regelfall mit $10\,mm^2$ ausgeführt. Bei einem Querschnitt von $10\,mm^2$ sind die Außenleiter und der Schutzleiter gleich dick. Somit kann laut DIN VDE 0100-540 Abs. 9.1.1 der Querschnitt des Hauptpotentialausgleichsleiters halb so groß gewählt werden ($5\,mm^2$). Da dies kein Normquerschnitt ist und auch der geforderte Mindestquerschnitt von $6\,mm^2$ unterschritten würde, müssen hier mindestens 6 mm² gewählt werden.

Beispiel 2 (**Bild 8.3**)

Bei Anlagen mit nur einer Wohnung wird als Bemessungsgrundlage die Leitung vom Hausanschluss zum Zählerschrank mit integriertem Unterverteiler ausgewählt. Da hier i. d. R. mit einer Strombelastbarkeit von 63 A zu

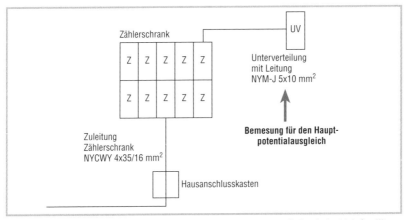

Bild 8.2 *Bemessung des Hauptpotentialausgleichsleiter-Querschnitts beim Mehrfamilienhaus*

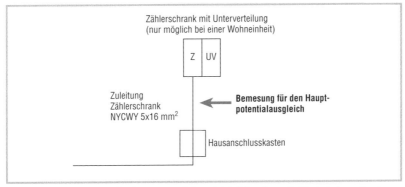

Bild 8.3 *Bemessung des Hauptpotentialausgleichsleiter-Querschnitts bei einer einzelnen Wohnungseinheit*

rechnen ist, beträgt der Querschnitt $16\,mm^2$. Der halbe Querschnitt von $8\,mm^2$ liegt zwar über dem geforderten Mindestquerschnitt von $6\,mm^2$, ist aber kein Normquerschnitt, so dass der nächsthöhere Normquerschnitt, also $10\,mm^2$, für den Potentialausgleichsleiter zu wählen ist.

Diese Betrachtungen müssen immer mit den Bestimmungen des örtlichen Energieversorgers abgestimmt werden – in der Regel ergibt sich ein Querschnitt von $10\,mm^2$.

Wird nun in diese Anlage eine Wand mit leitfähigem Abschirmputz oder leitfähiger Farbe eingebracht, so ist dieser Teil (Abschirmfläche) nach einer Definition der VDE-Norm ein „fremdes leitfähiges Teil". In DIN VDE 0100-200, Abschn. 2.3.3 „fremdes leitfähiges Teil" wird die Abschirmfläche bezeichnet als „leitfähiges Teil, das nicht zur elektrischen Anlage gehört, das jedoch ein elektrisches Potential einschließlich des Erdpotentials einführen kann".

Es stellt sich nun die Frage, ob diese leitfähigen Teile (abgeschirmte Wände) mit entsprechendem Querschnitt an den Hauptpotentialausgleich angeschlossen werden müssen.

DIN VDE 0100-410 Teil 4: Schutzmaßnahmen, Kapitel 41: Schutz gegen elektrischen Schlag, gibt folgende Auskunft über die fremden leitfähigen Teile:

413.1.2.1 Hauptpotentialausgleich

In jedem Gebäude müssen der Hauptschutzleiter, der Haupterdungsleiter, die Haupterdungsklemme oder -schiene und die folgenden fremden leitfähigen Teile zu einem Hauptpotentialausgleich verbunden werden:

- *metallene Rohrleitungen von Versorgungssystemen innerhalb des Gebäudes, z. B. für Gas, für Wasser;*
- *Metallteile der Gebäudekonstruktion, Zentralheizungs- und Klimaanlagen;*
- *wesentliche metallene Verstärkungen von Gebäudekonstruktionen aus bewehrtem Beton, soweit möglich.*

Da hier keine weiteren Aufzählungen (leitfähige Putze ...) zu finden sind, kann vermutet werden, dass diese Teile entsprechend mit $4\,mm^2$ Querschnitt an den Potentialausgleich/Unterverteiler anzuschließen sind. Bei den Herstellern der Abschirmmaterialien findet man Zubehör, das einen solchen Anschluss ermöglicht. Im Zuge einer eingeschränkten Sanierung ist aber nicht immer die Möglichkeit gegeben, an der Potentialausgleichsschiene anzuschließen. Auch der Unterverteiler ist für einen Anschluss nicht immer erreichbar.

Vielleicht sollte man an dieser Stelle einmal überprüfen, welchen Strom eine Potentialausgleichsleitung mit 4 mm^2 Querschnitt ohne Schaden führen kann – oder welcher Querschnitt überhaupt notwendig ist. Die Formel (gemäß DIN VDE 0100-540) lautet:

$$S = \frac{\sqrt{I^2 \cdot t}}{k} \; ;$$

S Querschnitt,
I Kurzschlussstrom,
t Zeit bis zur Abschaltung,
k Materialbeiwert (ist abhängig vom Leiterwerkstoff, von der Verlegeart, vom Isolationsmaterial und von den zulässigen Anfangs- und Endtemperaturen).

Wenn man von einem sehr ungünstigen Fall (ohne Fehlerstromschutzeinrichtung) ausgeht, so dass ein Kurzschlussstrom von 400 A über einen Zeitraum von 5 s ansteht (Fehlerstromschutzeinrichtungen schalten solche Ströme in einer Zeit < 40 ms, Sicherungsautomaten < 10 ms), ergibt sich ein rechnerischer Querschnitt von

$$\frac{\sqrt{400^2 \cdot 5}}{115} = 7{,}77 \text{ mm}^2.$$

Bei einer realen Berechnung mit einer Fehlerstromschutzeinrichtung ergeben sich folgende Werte:

$$\frac{\sqrt{400^2 \cdot 0{,}04}}{115} = 0{,}69 \text{ mm}^2.$$

Der Querschnitt reduziert sich von 7,77 mm^2 auf rechnerisch 0,69 mm^2. An dieser Stelle muss die erfahrene Elektrofachkraft selbst entscheiden, ob ein Weg zur Potentialausgleichsschiene notwendig erscheint, oder ob mit einem kleineren Querschnitt, zum Beispiel an der Steckdose, angeschlossen werden kann. Bei dieser Betrachtung ist die Installation einer Fehlerstromschutzeinrichtung mit 30 mA Auslösestrom zwingend (!), da zusätzlich zur Höhe, die der Fehlerstrom annehmen kann, auch die Stromtragfähigkeit des Drahtes für einen sicheren Transport des Stromes und damit die Einhaltung der Abschaltbedingungen berücksichtigt werden muss.

Ein weiteres Beispiel zeigt diese Problematik sehr deutlich: Der Kunde hat einen Metalltisch, der nachträglich geerdet werden soll. Nun gilt dieser Tisch als fremdes leitfähiges Teil, und eine Erdung mit einem Querschnitt von 4 mm^2 ist anzuraten (zusätzlicher Potentialausgleich). Was wäre aber, wenn der Kunde sich ein Bügeleisen kauft (Anschlussleitung mit Querschnitt $3 \times 1,5\,\text{mm}^2$) und dieses angeschlossen auf den Tisch stellt? Die Metallfläche des Bügeleisens, welche über den Schutzleiter der Anschluss-leitung mit dem Potentialausgleich verbunden ist, berührt den Metalltisch. Somit wäre der Tisch geerdet – mit einem Draht von $1,5\,\text{mm}^2$ Querschnitt! Dieser Draht $1,5\,\text{mm}^2$ schützt die Person, die das Bügeleisen benutzt, im Fall eines Fehlers – die Abschaltbedingungen sind offensichtlich erfüllt.

Hier soll aber nicht die VDE-Vorschrift ins Lächerliche gezogen werden – auch sollen Errichtervorschriften (DIN VDE 0100-540) nicht mit Vorschriften der Gerätehersteller verglichen werden. Ebenso soll nicht Errichten und Betreiben verwechselt werden. Was hier aufgezeigt werden soll, ist allein der Zusammenhang zwischen Vorschriften und Physik – und wie gesagt, nur die geschulte Elektrofachkraft kann beurteilen, wie die VDE-Bestimmungen im Einzelfall zu interpretieren sind. Sie allein trägt auch die Verantwortung für die errichtete elektrische Anlage. Es sei hier jeder „Hobbyelektriker" gewarnt!

8.5.4 Feststellung der Spannungsfreiheit bei Netzabkopplern

Eine weitere Problematik ist beim Einbau von Netzabkopplern („Netzfrei-schaltern") zu beachten. Hier muss man bedenken, dass diese Geräte bei Abschalten der Last (z. B. Nachttischleuchte) die 230-V-Wechselspannung abkoppeln. Wenn nun z. B. die Privatperson einmal tapezieren möchte und mit einem einpoligen Spannungsprüfer den Zustand der Leitung überprüft (Laien dürfen keine Spannungsfreiheit feststellen – tun dies aber doch), stellt sie fest: keine Spannung! Berührt nun bei abgeschraubten Abdeckun-gen eine Person den Außenleiter, so koppelt der Netzabkoppler die Wech-selspannung wieder zu – der Unfall ist vorprogrammiert. Aus diesem Grund ist es notwendig, geeignete Hinweisschilder im Unterverteiler anzubringen, wenn Netzabkoppler eingebaut werden.

Alle diese Informationen lassen sich nicht immer direkt den entspre-chenden Vorschriften entnehmen. Dennoch sollte man sich in den Vor-schriften informieren und versuchen diese umzusetzen. Folgende Vorschrif-ten geben einen grundlegenden Einblick:

DIN VDE 0100-200

Hier lassen sich alle notwendigen Begriffe nachlesen.

DIN VDE 0100-300

Allgemeine Angaben zur Planung elektrischer Anlagen, Netzsysteme.

DIN VDE 0100-410

Eine sehr umfangreiche Information zum Thema Schutzmaßnahmen.

DIN VDE 0100-540

Alles über Erdung und Potentialausgleich.

DIN VDE 0100- 610 / DIN VDE 0105-100

Prüfung der elektrischen Installation.

DIN VDE 0100-724

Elektrische Anlagen in Möbeln und ähnlichen Einrichtungsgegenständen.

DIN VDE 0100-739

Zusätzlicher Schutz bei direktem Berühren in Wohnungen durch
Fehlerstromschutzeinrichtungen mit Bemessungs-Differenzströmen
$I_{\Delta N} \leq 30\,\text{mA}$ in TN- und TT-Netzen.

Dies stellt natürlich nur eine kleine Auswahl von Vorschriften dar, die man
anwenden kann.

Merke:

Laut DIN VDE 0100-610 – Erstprüfung von Anlagen – muss jede installierte Anlage geprüft und protokolliert werden. An dieser Stelle kann nur
eindringlich darauf hingewiesen werden, jede Anlage zu messen und Be-
rechnungen dem Protokoll beizufügen, um den Unterschied zwischen
Elektrofachkräften und solchen, die es werden wollen, klar zu definieren,
zum Schutze aller Personen, die mit der Anlage in Berührung kommen.

9   Anhang

9.1   Vorsätze für dezimale Vielfache und Teile von Einheiten

Tabelle 9.1 *Vorsätze für dezimale Vielfache und Teile von Einheiten*

Vorsatz	Kurzzeichen	Zehnerpotenz	Vorsatz	Kurzzeichen	Zehnerpotenz
Yokto	y	10^{-24}	Deka	da	10^{1}
Zepto	z	10^{-21}	Hekto	h	10^{2}
Atto	a	10^{-18}	Kilo	k	10^{3}
Femto	f	10^{-15}	Mega	M	10^{6}
Piko	p	10^{-12}	Giga	G	10^{9}
Nano	n	10^{-9}	Tera	T	10^{12}
Mikro	µ	10^{-6}	Peta	P	10^{15}
Milli	m	10^{-3}	Exa	E	10^{18}
Zenti	c	10^{-2}	Zetta	Z	10^{21}
Dezi	d	10^{-1}	Yotta	Y	10^{24}

9.2   Frequenzaufteilung nach IEC

Tabelle 9.2 *Frequenzaufteilung in Dekaden nach IEC (International Electrotechnical Commission)*

Bereich	Frequenz	Wellenlänge	Bezeichnung nach IEC	Anmerkung
Radio Frequency (RF)	> 0 Hz ... 30 Hz	> 10^4 km	SELF Sub-Extremely Low Frequencies	
	30 Hz ... 300 Hz	10^4 km ... 10^3 km	ELF Extremely Low Frequencies	
	300 Hz ... 3 kHz	10^3 km ... 100 km	VF Voice Frequencies	Sprachfrequenz
	3 kHz ... 30 kHz	100 km ... 10 km	VLF Very Low Frequencies	Längstwellen
	30 kHz ... 300 kHz	10 km ... 1 km	LF Low Frequencies	Langwellen (LW)
	300 kHz ... 3 MHz	1 km ... 100 m	MF Medium Frequencies	Mittelwellen (MW)
	3 MHz ... 30 MHz	100 m ... 10 m	HF High Frequencies	Kurzwellen (KW)
	30 MHz ... 300 MHz	10 m ... 1 m	VHF Very High Frequencies	Ultrakurzwellen (UKW)
Microwave (Mikrowellen)	300 MHz ... 3 GHz	1 m ... 10 cm	UHF Ultra High Frequencies	Dezimeterwellen
	3 GHz ... 30 GHz	10 cm ... 1 cm	SHF Super High Frequencies	Zentimeterwellen
	30 GHz ... 300 GHz	1 cm ... 1 mm	EHF Extremely High Frequencies	Millimeterwellen

9.3   HF-Bänder im Mikrowellenbereich

In den Mikrowellenbereichen ist international eine Einteilung in *Bänder* gemäß **Tabelle 9.3** gebräuchlich. Diese Einteilung stellt keinen offiziell verbindlichen Standard dar, sondern eine informelle Übereinkunft, die teilweise in einzelnen Staaten oder von einzelnen Laboratorien nach ihren jeweiligen Gesichtspunkten modifiziert wird.

Da die mit einem Großbuchstaben gekennzeichneten Bänder (P-, L-, S-, X-Band usw.) sehr breit sind, werden sie mit einem zweiten Buchstaben als Index in Subbänder unterteilt (z. B. L_z von 1,450 ... 1,550 GHz).

Tabelle 9.3 *HF-Bänder im GHz-Bereich* [44]

Band	Subband	Frequenz in GHz	Wellenlänge in cm		Band	Subband	Frequenz in GHz	Wellenlänge in cm
P-Band		0,225	133,3		K-Band	p	10,90	2,75
		0,390	76,9			s	12,25	2,45
L-Band	p	0,390	76,9			e	13,25	2,26
	c	0,465	64,5			c	14,25	2,10
	l	0,510	58,8			u^{**}	15,35	1,95
	y	0,725	41,4			t	17,25	1,74
	t	0,780	38,4			q^{**}	20,50	1,46
	s	0,900	33,3			r	24,50	1,22
	x	0,950	31,6			m	26,50	1,13
	k	1,150	26,1			n	28,50	1,05
	f	1,350	22,2			l	30,70	0,977
	z	1,450	20,7			a	33,00	0,909
		1,550	19,3				36,00	0,834
S-Band	e	1,55	19,3		Q-Band	a	36,0	0,834
	f	1,65	18,3			b	38,0	0,790
	t	1,85	16,2			c	40,0	0,750
	c	2,00	15,0			d	42,0	0,715
	q	2,40	12,5			e	44,0	0,682
	y	2,60	11,5				46,0	0,652
	g	2,70	11,1		V-Band	a	46,0	0,652
	s	2,90	10,3			b	48,0	0,625
	a	3,10	9,67			c	50,0	0,600
	w	3,40	8,32			d	52,0	0,577
	h	3,70	8,10			e	54,0	0,556
	z^{*}	3,90	7,69				56,0	0,536
	d	4,20	7,14		W-Band		56,0	0,536
		5,20	5,77				100,0	0,300
X-Band	a	5,20	5,77					
	q	5,50	5,45					
	y^{*}	5,75	5,22					
	d	6,20	4,84					
	b	6,25	4,80					
	r	6,90	4,35					
	c	7,00	4,29					
	l	8,50	3,53					
	s	9,00	3,33					
	x	9,60	3,13					
	f	10,00	3,00					
	k	10,25	2,93					
		10,90	2,75					

* C-Band von S_z bis X_y (3,90 ... 6,20 GHz)

** K_1-Band von K_u bis K_q (15,35 ... 24,50 GHz)

9.4 Dezibel-Tabelle

Tabelle 9.4 *Dezibel-Tabelle*

Dezibel	Faktor für Strahlungsdichte bzw. Leistung	Faktor für E- oder M-Feldstärke bzw. Spannung oder Strom
0 dB	1,0	1,0
1 dB	1,3	1,1
2 dB	1,6	1,3
3 dB	2,0	1,4
4 dB	2,5	1,6
5 dB	3,2	1,8
6 dB	4,0	2,0
7 dB	5,0	2,2
8 dB	6,3	2,5
9 dB	7,9	2,8
10 dB	10,0	3,2
13 dB	20,0	4,5
15 dB	32,0	5,6
16 dB	40,0	6,3
17 dB	50,0	7,1
20 dB	100,0	10,0
30 dB	1000,0	31,6
40 dB	10 000,0	100,0
50 dB	100 000,0	316,2
60 dB	1 000 000,0	1000,0
70 dB	10 000 000,0	3162,3
80 dB	100 000 000,0	10 000,0
90 dB	1 000 000 000,0	31 622,8
100 dB	10 000 000 000,0	100 000,0

9.5 Hochfrequenzdämpfung von exemplarischen Baustoffen und Abschirmmaterialien

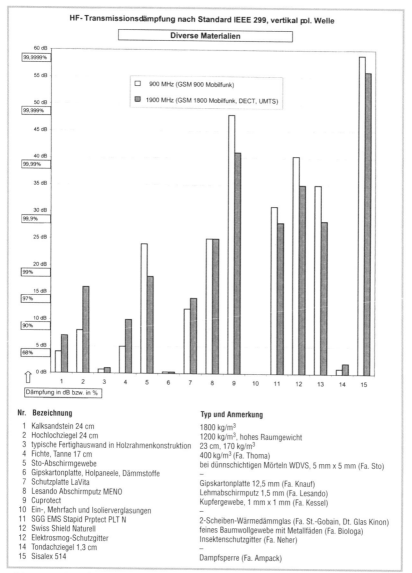

Bild 9.1 *Dämpfung von exemplarischen Baustoffen und Abschirmmaterialien bei 900 MHz (GSM D-Netz) und 1900 MHz (GSM E-Netz, DECT)* [33]

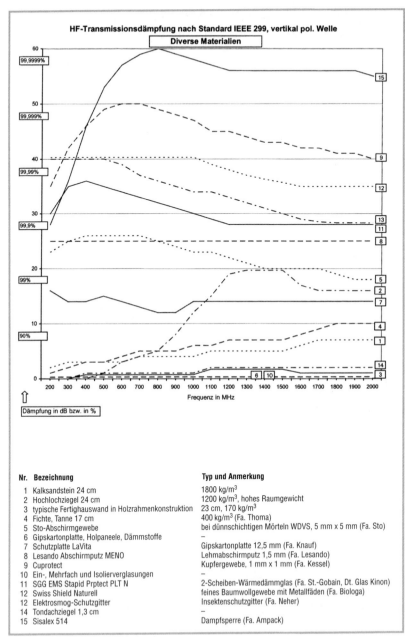

Nr. Bezeichnung

1 Kalksandstein 24 cm
2 Hochlochziegel 24 cm
3 typische Fertighauswand in Holzrahmenkonstruktion
4 Fichte, Tanne 17 cm
5 Sto-Abschirmgewebe
6 Gipskartonplatte, Holpaneele, Dämmstoffe
7 Schutzplatte LaVita
8 Lesando Abschirmputz MENO
9 Cuprotect
10 Ein-, Mehrfach und Isolierverglasungen
11 SGG EMS Stapid Prptect PLT N
12 Swiss Shield Naturell
12 Elektrosmog-Schutzgitter
14 Tondachziegel 1,3 cm
15 Sisalex 514

Typ und Anmerkung

1800 kg/m³
1200 kg/m³, hohes Raumgewicht
23 cm, 170 kg/m³
400 kg/m³ (Fa. Thoma)
bei dünnschichtigen Mörteln WDVS, 5 mm x 5 mm (Fa. Sto)
–
Gipskartonplatte 12,5 mm (Fa. Knauf)
Lehmabschirmputz 1,5 mm (Fa. Lesando)
Kupfergewebe, 1 mm x 1 mm (Fa. Kessel)
–
2-Scheiben-Wärmedämmglas (Fa. St.-Gobain, Dt. Glas Kinon)
feines Baumwollgewebe mit Metallfäden (Fa. Biologa)
Insektenschutzgitter (Fa. Neher)
–
Dampfsperre (Fa. Ampack)

Bild 9.2 *Dämpfung von exemplarischen Baustoffen und Abschirmmaterialien im Frequenzbereich von 200 bis 2000 MHz* [33]

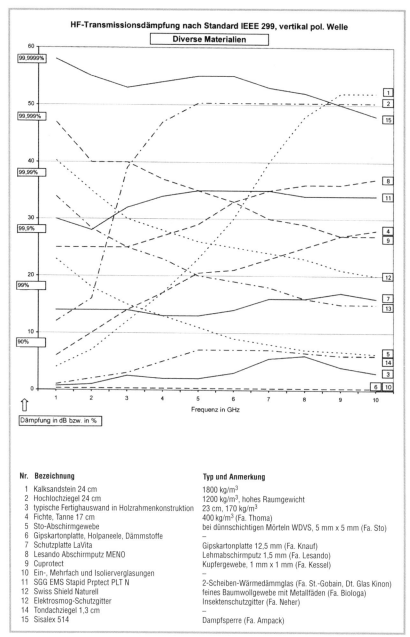

HF-Transmissionsdämpfung nach Standard IEEE 299, vertikal pol. Welle

Nr.	Bezeichnung	Typ und Anmerkung
1	Kalksandstein 24 cm	1800 kg/m³
2	Hochlochziegel 24 cm	1200 kg/m³, hohes Raumgewicht
3	typische Fertighauswand in Holzrahmenkonstruktion	23 cm, 170 kg/m³
4	Fichte, Tanne 17 cm	400 kg/m³ (Fa. Thoma)
5	Sto-Abschirmgewebe	bei dünnschichtigen Mörteln WDVS, 5 mm x 5 mm (Fa. Sto)
6	Gipskartonplatte, Holpaneele, Dämmstoffe	–
7	Schutzplatte LaVita	Gipskartonplatte 12,5 mm (Fa. Knauf)
8	Lesando Abschirmputz MENO	Lehmabschirmputz 1,5 mm (Fa. Lesando)
9	Cuprotect	Kupfergewebe, 1 mm x 1 mm (Fa. Kessel)
10	Ein-, Mehrfach und Isolierverglasungen	–
11	SGG EMS Stapid Prptect PLT N	2-Scheiben-Wärmedämmglas (Fa. St.-Gobain, Dt. Glas Kinon)
12	Swiss Shield Naturell	feines Baumwollgewebe mit Metallfäden (Fa. Biologa)
12	Elektrosmog-Schutzgitter	Insektenschutzgitter (Fa. Neher)
14	Tondachziegel 1,3 cm	–
15	Sisalex 514	Dampfsperre (Fa. Ampack)

Bild 9.3   *Dämpfung von exemplarischen Baustoffen und Abschirmmaterialien im Frequenzbereich von 1 bis 10 GHz* [33]

9.6   Abkürzungsverzeichnis

AM
Amplitudenmodulation

AVBEltV
Verordnung über Allgemeine
Bedingungen für die Elektrizitäts-
versorgung von Tarifkunden

AVG
Average (linearer, gleichgerichteter
Mittelwert)

Bus
Übertragungssystem, über das die
Busteilnehmer Informationen aus-
tauschen

CDMA
Code Division Multiple Access (Codemultiplex)

CENELEC
Comité Européen de Normalisation
Electrotechnique (Europäisches
Komitee für Elektrotechnische
Normung)

CF
Crest-Faktor, Verhältnis von Spitzenwert zu Effektivwert

COFDM
Coded Orthogonal Frequency
Division Multiplexing (Codiertes
Multiple-Carrier-Verfahren)

DAB
Digital Audio Broadcasting
(digitaler Tonrundfunk im VHF-
Bereich und bei 1,5 GHz)

dBm
logarithmische Maßeinheit
der Leistung, bezogen auf 1 mW
(0 dBm entspricht 1 mW)

dBmV
logarithmische Maßeinheit der
Spannung, bezogen auf 1 mV
(0 dBmV entspricht 1 mV)

DIN
Deutsches Institut für Normung,
Berlin

DKE
Deutsche Kommission Elektrotechnik
Elektronik Informationstechnik im
DIN und VDE, Frankfurt am Main

DMM
Digitalmultimeter

DRM
Digital Radio Mondiale [digitaler
Tonrundfunk im Frequenzbereich
9 kHz ... 30 MHz (Lang-, Mittel- und
Kurzwelle)

DSSS
Direct Sequence Spread Spectrum

DVB
Digital Video Broadcasting
(digitales Fernsehen)

DVM
Digitalvoltmeter

EIB
Europäischer Installationsbus

EIRP
Equivalent Isotropically Radiated
Power (äquivalente Leistung eines
isotropen Kugelstrahlers)

EMF
Sammelbezeichnung für (statische
und niederfrequente) elektrische,
magnetische und (hochfrequente)
elektromagnetische Felder

EMV
elektromagnetische Verträglichkeit

EMV-G
elektromagnetische Verträglichkeit
– Geräte

EMV-U
elektromagnetische Verträglichkeit
– Umwelt

EVG
elektronisches Vorschaltgerät

EVU
Elektrizitätsversorgungs-
unternehmem (s. VNB)

FDD
Frequency Division Duplex
(Frequenzduplex)

FDMA
Frequency Divison Multiple Access
(Frequenzmultiplex, Bildung von
Frequenzkanälen)

FHMA
Frequency Hopping Multiple Access
[Frequenzsprungverfahren (= FHSS)]

FHSS
Frequency Hopping Spread Spectrum,
[Frequenzsprungverfahren (= FHMA)]

FM
Frequenzmodulation

FSK
Frequency Shift Keying (digitales
Modulationsverfahren der Frequenz-
umtastung)

GPRS
General Packet Radio Service

GSM
Global System for Mobile
Communications (digitales Mobil-
funksystem der 2. Generation)

HF
Hochfrequenz

IEC
International Electrotechnical
Commission (Internationale Elektro-
technische Kommission)

IR
Infrarotstrahlung

IEV
International Electrotechnical
Vocabulary (internationaler elektro-
technischer Sprachgebrauch)

ISDN
Integrated Services Digital Network
(digitales Telekommunikationsnetz
für die Übertragung von Sprache,
Daten und Bild)

KVG
konventionelles Vorschaltgerät

LCN
Local Control Network (Installations-
bus-System für Wohn- und Zweck-
bauten, bei dem die Daten auf einer
freien Ader in der Energieleitung
übertragen werden)

LON
Local Operating Network (1991 in
den USA entwickeltes Bussystem,
das auf einem von der Fa. Echelon
entwickelten „Neuron"-Prozessor basiert. LON eignet sich für den Betrieb
leistungsfähiger, weit verzweigter, de-
zentraler Netze)

MPR
National Board for Measurement and
Testing (Schweden)

NF
Niederfrequenz

OFDM
Orthogonal Frequency Division
Multiplexing (Multiple-Carrier-
Verfahren)

PM
Phasenmodulation

PSK
Phase Shift Keying (digitales Modulationsverfahren der Phasenumtastung)

RCD
Residual Current Protective Device
(Fehlerstromschutzeinrichtung)

RF
Radio Frequency (Frequenzbereich
9 kHz ... 300 MHz)

RMS
Root Mean Square (Effektivwert,
quadratischer Mittelwert)

SAR
spezifische Absorptionsrate

SDMA
Space Divison Multiple Access (Vielfachzugriff durch Raumaufteilung)

SELV
Safety Extra-low Voltage (Schutz-
kleinspannung)

SPS
speicherprogrammierbare Steuerung

TAB
Technische Anschlussbedingungen
für den Anschluss an das Niederspannungsnetz

TCO
Tjänstemännens Central Organisation
(Dachverband der schwedischen An-
gestelltengewerkschaft)

TD-CDMA
Time Division-Code Division Multiple
Access (Zeit- und Codemultiplex)

TDD
Time Division Duplex (Zeitduplex)

TDMA
Time Divison Multiple Access
(Zeitmultiplex, Zeitschlitzverfahren)

TRMS
True RMS (echter Effektivwert)

UKW
Ultrakurzwelle (Tonrundfunk)

UMTS
Universal Mobile Telecommunication
System (digitales Mobilfunksystem
der 3. Generation)

USV
unterbrechungsfreie Strom-
Versorgung

UV
Ultraviolettstrahlung

UVV
Unfallverhütungsvorschrift

UWB
Ultra Wide Band (Funksystem mit
sehr großer Bandbreite und extrem
kurzen Impulsen)

VDE
Verband der Elektrotechnik
Elektronik Informationstechnik e.V.,
Frankfurt am Main

VNB
Versorgungsnetzbetreiber (früher:
EVU = Elektrizitätsversorgungs-
unternehmen)

VVG
verlustarmes Vorschaltgerät

W-CDMA
Wideband-Code Division Multiple
Access (Breitband-Codemultiplex)

WHO
World Health Organization (Weltgesundheitsorganisation)

WLAN
Wireless Local Area Network

9.7 Glossar

Abschaltbedingungen
Festlegung, unter welchen Fehler-
bedingungen ein Stromkreis vom
Netz getrennt werden muss

Äquipotentialfläche
Fläche gleichen Potentials

Äquipotentiallinie
Linie gleichen Potentials

Ausgleichsstrom
Strom, der bei Potentialdifferenzen
z. B. über Gebäudeteile und Kabel-
schirme fließt

Average (abgek. AVG)
linearer, gleichgerichteter Mittelwert

Baubiologie
Lehre von der Beziehung des Menschen zu seiner bebauten Umwelt

Betriebsmittel
Einrichtung zum Erzeugen,
Fortleiten, Verteilen, Speichern,
Umsetzen und Verbrauchen von
elektrischer Energie

Bluetooth
Funksystem zur Daten- und Sprach-
übertragung im ISM-Band 2,4 GHz

breitbandig
Messung, bei der die Gesamtampli-
tude über einen größeren Frequenzbereich ermittelt wird, ohne die
Amplitudenbeiträge nach einzelnen
Frequenzen aufzuschlüsseln
(vgl. „frequenzselektiv")

Bus
Übertragungssystem über das die
Busteilnehmer Informationen aus-
tauschen

Crest-Faktor
Verhältnis von Spitzenwert
zu Effektivwert

Dezibel
dimensionsloses, logarithmisches
Maß für das Verhältnis zweier Größen
zueinander

Dipol
„Zweipol", Grundform der Stabantennen

Divergenz
Maß für die Stärke eines Quellenfeldes

Drehstrom
auch Dreiphasenwechselstrom
genannt, entsteht durch Dreiphasen-
wechselspannung, welche aus drei
gleich großen jeweils 120° phasenverschobenen Wechselspannungen
gleicher Frequenz besteht

EDV-Verteiler
Gehäuse zur Aufnahme von Geräten
der Datenverarbeitung

Effektivwert (abgek. RMS)
quadratischer Mittelwert, Wurzel
aus der Summe der Quadrate der
Einzelwerte; entspricht der Höhe
einer Gleichspannung, die die gleiche
Leistung umsetzt

Elektret
Material, das ein permanentes elektrisches Gleichfeld erzeugt, ohne dass
eine Spannung angelegt werden muss

elektromagnetisch
Feld mit einer elektrischen und einer
magnetischen Komponente (hochfrequente elektromagnetische Welle)

Elementarladung
Ladung e des Elektrons, kleinste in
der Natur vorkommende Ladungs-
einheit; $e = -1{,}6021 \cdot 10^{-19}$ As

Endstromkreis
Stromkreis, an den unmittelbar
Verbrauchsmittel oder Steckdosen
angeschlossen sind

Erdpotential
Potential der Erdoberfläche, wird zu
null gesetzt und daher auch als Nullpotential bezeichnet

Fehlerstrom
Strom, der durch einen Isolationsfehler entsteht

Feldmühle
Gerät zur Messung elektrischer
Gleichfelder (erdpotentialbezogen)
bzw. zur Ermittlung der Oberflächenspannung elektrisch geladener Gegenstände gegen Erdpotential

Feldsonde
Messwandler, der eine Feldgröße in
eine äquivalente, elektrisch weiter
verarbeitbare Größe (z. B. Spannung)
umwandelt

Fernfeld
Feldbereich, in dem die freie Ausbreitung einer elektromagnetischen
Welle erfolgt; elektrische und magnetische Feldkomponente sind über den
Wellenwiderstand fest und eindeutig
miteinander verknüpft

ferromagnetisch
Material mit hoher magnetischer
Permeabilität

fest angeschlossenes Gerät
fest angebrachtes Betriebsmittel
ohne Tragevorrichtung (nach IEC
über 18 kg Gewicht)

Filter
Einrichtung zur Hervorhebung oder
Unterdrückung bestimmter Frequenz-
bereiche

FI-Schutzschalter
veraltete Bezeichnung für Fehlerstromschutzeinrichtung (RCD)

fremdes leitfähiges Teil
leitfähiges Teil, welches nicht Teil
der elektrischen Anlage ist, aber
ein Potential übertragen kann

Frequency Hopping
Frequenzsprungverfahren

Frequenzgang
Verlauf einer physikalischen Größe
im Frequenzbereich zwischen unterer
und oberer Grenzfrequenz

frequenzselektiv
Messung, bei der die Amplitudenver-
teilung über der Frequenz ermittelt
wird (vgl. breitbandig)

Funktionserdung
Erdung eines Betriebsmittels, mit der
eine beabsichtigte Funktion sichergestellt wird (z. B. bei Telefonanlagen
wird durch Erdtastendruck die Amts-
holung herbeigeführt)

Gauß
in den USA übliche Maßeinheit
für die magnetische Flussdichte;
$1\ G = 10^{-4}\ T$, $1\ mG = 100\ nT$

Gebäudesystemtechnik
programmierbare, flexibel schaltbare
Installationen für komplexe Schaltaufgaben, welche Änderungen ohne
aufwendige Umverdrahtung gestatten

Geo-Magnetometer
Gerät zur Messung magnetischer
Gleichfelder, insbesondere des Erdmagnetfeldes, i.d.R. dreidimensional
messend

Gleichfeld
zeitlich konstantes Feld

Grenzfrequenz
obere und/oder untere Frequenz,
bei der die Amplitude gegenüber dem
höchsten Wert um 3 dB abgesunken
ist

Grundwelle
Grundschwingung eines oberwellen-
haltigen (nicht sinusförmigen) Signals
mit der niedrigsten im Frequenzgemisch enthaltenen Frequenz

Hall-Sonde
Sonde zur Messung von Magnetfeldern (Gleich- und Wechselfelder)

Hauptpotentialausgleich
Verbindung von Hauptschutzleiter,
Haupterdungsleiter, Blitzschutzerder,
Hauptwasserrohren, Hauptgasrohren
sowie anderen metallenen Rohrsyste-
me und Metallteilen der Gebäudekonstruktion (soweit möglich, meist in
der Nähe des Hausanschlusskastens)

Hauptstromkreis
Stromkreis, der Betriebsmittel zum
Erzeugen, Umformen, Verteilen,
Schalten und Verbauch elektrischer
Energie enthält

Hauseinführungsleitung
im Freileitungsnetz: Leitung vom
Dachständer zum Hausanschlusskasten; im Kabelnetz: Kabel, welches
in das Gebäude eingeführt wird und
am Hausanschlusskasten endet

Hochfrequenz
Frequenzbereich, in dem Wellenabstrahlung erfolgt

homogen
gleichmäßig im Raum verteilt

HUB
zentraler, kostengünstiger Verteiler
in der Datenverarbeitung mit relativ

geringer Übertragungsrate für den
sternförmigen Anschluss von mehreren Stationen

Impuls
im Zeitverlauf rechteckförmiges
Signal mit steiler Anstiegs- und
Abfallflanke

Induktion, magnetische
1. Synonym für magnetische Flussdichte
2. Bezeichnug für den physikalischen
Effekt, dass ein sich zeitlich änderndes Magnetfeld ein elektrisches
(Wirbel)Feld „induziert"

Informationstechnik
Technik, mit der Informationen
in Form von Daten verarbeitet,
vermittelt und übertragen werden

inhomogen
ungleichmäßig im Raum verteilt

ionisieren
Herauslösen von Elektronen aus
der Atomhülle

isotrop
in alle Richtungen gleichmäßig,
ohne Vorzugsrichtung

Kleinsonde, elektrische
Sonde zur Messung niederfrequenter
elektrischer Wechselfelder, erdpotentialbezogen; relativ kleine Sonden-
oberfläche

konzentrischer Leiter
Drahtgeflecht, welches z. B. bei Erd-
kabeln die isolierten Adern umhüllt
(Schirm); wird häufig als PEN-Leiter
verwendet

Körper
1. leitfähiges Teil eines elektrischen
Betriebsmittel, welches normaler-

weise nicht unter Spannung steht, das aber im Fehlerfall ein gefährliches Potential annehmen kann;

2. menschlicher oder tierischer Körper; daher auch der Begriff Körperstrom

Körperspannung
Spannung des menschlichen Körpers, der sich in einem elektrischen Feld befindet, gegenüber dem Erdpotential (auch als kapazitive Ankopplung bezeichnet)

Leistungsflussdichte
von einer Antenne abgestrahlte Leistung pro Flächeneinheit; Einheit W/m^2

Leitungsschutzschalter (LS-Schalter)
Schutzorgan, welches zum Schutz vor Überlast in die Leitung eingeschleift wird. Der LS-Schalter enthält zwei Auslöseorgane: einen Thermobimetallauslöser für den Überstrom und den magnetischen Auslöser für Kurzschlussströme

Leuchtenauslass
Austritt der Leitung für eine fest angeschlossene Leuchte aus Wand oder Decke

Lichtgeschwindigkeit
Ausbreitungsgeschwindigkeit des Lichts c; im freien Raum ist näherungsweise $c = 300\,000$ km/s

Luftelektrizität
elektrisches Gleichfeld in einem Raum oder im Freien

Magnetfeldindikator
Gerät zur Messung magnetischer Gleichfelddifferenzen gegenüber dem Feld an einem Referenzpunkt

Magnetometer
Gerät zur Messung magnetischer Gleichfelder, i. d. R. dreidimensional messend

Mikrowellen
Wellen im Frequenzbereich 300 MHz ... 300 GHz

Mittelwert, linearer
Summe der Einzelwerte, geteilt durch die Anzahl der Werte

Mittelwert, quadratischer
siehe Effektivwert

Monopol
„Einpol", Form der $\lambda/4$-Antenne

Näherungseffekt
überhöhte Feldstärkeanzeige bei potentialfreien E-Feldsonden in unmittelbarer Nähe von leitfähigen Flächen

Nahfeld
Feldbereich, in dem elektrische und magnetische Feldkomponenete unabhängig voneinander betrachtet werden müssen

Netzabkoppler
(früher auch „Netzfreischalter" genannt) Schaltgerät, das meist in den Stromkreisverteiler eingebaut wird und den angeschlossenen Stromkreis vom Wechselspannungsnetz abkoppelt, sobald kein Strom mehr fließt (alle Geräte sind ausgeschaltet bzw. ausgesteckt). Bei Inbetriebnahme eines Gerätes koppelt der Netzabkoppler automatisch die Netzspannung wieder zu.

nichtlinearer Verbraucher
elektronisches Betriebsmittel, welches keinen sinusförmigen Strom aufnimmt

Niederfrequenz
Frequenzbereich, in dem keine
Wellenabstrahlung erfolgt

Nullleiter
frühere Bezeichnung für PEN-Leiter

Oberflächenspannung
elektrische Spannung elektrostatisch
geladener Gegenstände gegenüber
dem Erdpotential (Gleichspannung)

Oberwelle
ganzzahlige (harmonische) Vielfache
der Grundfrequenz eines nicht
sinusförmigen Signals

ortsveränderliche Geräte
in der Regel handgeführte elektrische
Geräte (z. B. Küchengeräte, Bohr-
maschine, Rasenmäher)

Polarisation
Richtung der elektrischen Feldstärke-
komponente einer elektromagnetischen Welle im Raum; typischerweise horizontal, vertikal, unter
± 45° kreuzpolarisiert oder zirkular
polarisiert

Powerline Communication
Gebäudesystemtechnik, bei der
die Daten über die Energieleitung
übertragen werden

Puls
regelmäßige Folge von Impulsen
mit konstanter Wiederholfrequenz
(Pulsfrequenz)

quasistationär
zeitlich langsam veränderlicher Zustand, es findet ein Energietransport
statt

quasistatisch
zeitlich langsam veränderlicher Zustand, es wird keine Energie transportiert

Quellenfeld
Feld, bei dem die Feldlinien Anfang
und Ende haben

Rotation
Maß für die Stärke eines Wirbelfeldes

Schirmbeidraht
zusätzlicher blanker Draht, der in
einer geschirmten Leitung zur besseren Kontaktierung des Schirmes mit-
geführt wird

Schutzorgan
Einrichtung, die zum Schutz vor
schädigenden Auswirkungen auf
Sachen und Personen vorgesehen ist

Sektorantenne
Antenne mit ausgeprägter Richtwirkung

Spannungsverschleppung
unerwünschter Transport von elektrischen Potentialen über leitfähige
Materialien

Spektrum
Frequenzbereich

Spitzenwert
höchster Wert einer Messgröße

stationär
zeitlich konstanter Zustand, es findet
ein Energietransport statt

statisch
zeitlich konstanter Zustand,
es wird keine Energie transportiert

Strahlungsdichte
siehe Leistungsflussdichte

Stromwandler
Einsatzzweck und Funktion wie
Stromzange, aber mit flexibler
Schlaufe statt Zangenöffnung, so dass
auch Leiter mit großem Durchmesser
umschlossen werden können

Stromzange
zangenförmiger Messwandler, der um
einen Strom führenden Leiter gelegt
wird und die Messung des Stromes
erlaubt, ohne den Leiter auftrennen
zu müssen; befinden sich mehrere
Leiter innerhalb der Zangenöffnung,
so wird die Summe der Einzelströme
gemessen

SWITCH
zentraler Verteiler in der Datenverarbeitung mit relativ hoher Bandbreite für den sternförmigen Anschluss
von mehreren Stationen

TCO-Sonde
Sonde zur Messung niederfrequenter
elektrischer Wechselfelder, erdpotentialbezogen; kreisförmige Sonden-
oberfläche gemäß TCO-Spezifikation
mit geerdetem Abschirmring („Tellersonde")

Tellersonde
siehe TCO-Sonde

Überstromschutzorgan
Einrichtung, die elektrische Anlagen
vor schädigenden Auswirkungen
durch Kurzschluss und Überlast
schützt

vagabundierender Strom
auch parasitärer Bypassstrom ge-
nannt; Fehlstrom, der nicht über den
Rückleiter fließt, sondern z. B. über
Gebäudekonstruktionen, Rohre,
Erdreich

Vektor
„Zeiger", physikalische Größe,
die durch Betrag und Richtung
im Raum beschrieben wird

Verlegesystem
System zum Zwecke der Kabel- und
Leitungsführung (z. B. Rohre, Kanäle,
Pritschen)

Verteilungsstromkreis
Stromkreis, der zu einem Stromkreisverteiler führt

Wechselfeld
sich zeitlich änderndes Feld
(niederfrequent oder hochfrequent)

Wechselstrom
Strom, der sich periodisch in Polarität
und Stromstärke ändert

Wellenlänge
Länge eines Schwingungszuges einer
elektromagnetischen Welle, die sich
im Raum ausbreitet

Wellenwiderstand
Verhältnis von elektrischer zu magnetischer Feldstärke bei einer sich
ausbreitenden elektromagnetischen
Welle

Wirbelfeld
Feld, bei dem die Feldlinien in sich
geschlossen sind (ohne Anfang und
Ende)

Würfelsonde
dreidimensional arbeitende Sonde
in Würfelform zur potentialfreien
Messung niederfrequenter elektrischer Wechselfelder

Zählerschrank
Gehäuse zur Aufnahme von Geräten
der elektrischen Energieerfassung

ZigBee
Funksystem zur Datenübertragung
im ISM-Band 2,4 GHz

Literaturverzeichnis

Kapitel 1 und 2

[1]   *Cherry, N. J.:* Human intelligence: The brain, an electromagnetic system sychronized by the Schumann resonance signal: Medical Hypothesis (2003) 60 (6); S. 843–844

[2]   National Geophysical Data Center (NGDC): Geomagnetic field frequently asked questions; www.ngdc.noaa.gov/seg/geomag/faqgeom.shtml

[3]   *König, H. L.:* Unsichtbare Umwelt – Der Mensch im Spielfeld elektromagnetischer Kräfte. München: Eigenverlag Herbert L. König, 1977

[4]   www.geophysik.uni-frankfurt.de/~fuellekr/solar.html

[5]   *Burch, J. B.; Reif, J.S.; Yost, M. G.:* Geomagnetic disturbances are associated with reduced nocturnal excretion of a melatonin metabolite in humans. In: Neurosci. Lett. 1999 May 14, 266(3); S. 209–212

[6]   *Cherry, N.:* Schumann resonance, a plausible biophysical mechanism for the human health effects of solar/geomagnetic activity; 2002; www.neilcherry.com

[7]   *Cherry, N.:* Schumann resonance and sunspot relations to human health effects in Thailand, 2002; www.neilcherry.com

[8]   *Reiter, R.:* Meteorobiologie und Elektrizität der Atmosphäre. Leipzig: Akademische Verlagsgesellschaft, 1960

[9]   *Sönning, W.; Baumer, H.:* Das natürliche Impuls-Frequenzspektrum der Atmosphäre (CD-Sferics a.t.B.) und seine biologische Wirksamkeit, 2002; www.e-smog.ch/wetter/

[10] *Ruhenstroth-Bauer, G.; Baumer, H.; Burkel, E. M.; Sönning , W.; Filipiak, B.:* Myocardial infarction and the weather: A significant positive correlation between the onset of heart infarct and 28 kHz atmospherics – A pilot study. In: Clin. Cardiol. 8 (1985); S. 149–151

[11] *Ruhenstroth-Bauer, G.; Vogl, S.; Baumer, H.; Moritz, C.; Weinmann, H. M.:* Natural atmospherics and occurence of seizures in six adolescents with epilepsy: a cross correlation study. In: Seizure 1995, 4; S. 303–306

[12] *Schienle, A.; Stark, R.; Walter, B.; Vaitl, D.:* Effects of low-frequency magnetic fields on electrocortical activity in humans: A sferics simulation study. In: Intern. J. Neuroscience, Vol. 90 (1–2) ; S. 21–36

[13]   *Haubrich, H.-J.:* Elektrische Energieversorgungssysteme – Technische
       und wirtschaftliche Zusammenhänge. Skriptum zur Vorlesung „Elek-
       trische Anlagen I", 3. Auflage 1996, Aachener Beiträge zu Energie-
       versorgung des Instituts für Elektrische Anlagen und Energiewirt-
       schaft an der RWTH Aachen

[14]   *Pauli, P.; Moldan, D.:* Reduzierung hochfrequenter Strahlung – Bau-
       stoffe und Abschirmmaterialien. Iphofen: Eigenverlag, 2003

[15]   *Spiss, B.:* Pilotstudie zu Mobilfunkstrahlung und Gesundheit – Mo-
       dellierung der Immission mit den Programmen NIRView und COR-
       LA. Diplomarbeit an der Naturwis. Fakultät der Uni Salzburg, einger.
       im Oktober 2003, Salzburg

[16]   *Hillert, L.:* Hypersensitivity to electricity – symptoms, risk factors
       and therapeutic interventions; Department of Public Health Scien-
       ces, Division of Occupational Medicine. Stockholm: Karolinska Uni-
       versity Press, 2001

[17]   *Levallois, P.; Lee, G.; Hristova, L.; Neutra, R.:* Prevalance and risk
       factors of self-perceived hypersensitivity to electromagnetic fields
       in California – an evaluation of the possible risks from electric and
       magnetic fields (EMFs) from power lines, Internal Wiring, Electrical
       Occupations and Appliances; California EMF Program; Final Report
       June 2002

[18]   *Wertheimer, N.; Leeper, E.:* Electrical wiring configurations and
       childhood cancer. In: Am. J. Epidemiol. 1979 Mar, 109(3); S.
       273–284

[19]   *Wertheimer, N.; Leeper, E.:* Adult cancer related to electrical wires
       near the home. In: Int. J. Epidemiol. 1982 Dec, 11(4); S. 345–355.

[20]   *Stevens, R. G.:* Electric power use and breast cancer: a hypothesis.
       In: Am. J. Epidemiol. 1987 Apr, 125(4); S. 556–561.

[21]   *Green, L. M.; Miller, A. B.; Agnew, D. A.; Greenberg, M. L.; Li, J.;
       Villeneuve, P. J.; Tibshirani, R.:* Childhood leukemia and personal
       monitoring of residential exposures to electric and magnetic fields
       in Ontario, Canada. Cancer Causes Control 1999 Jun; 10(3);
       S. 233–243

[22]   *Schüz, J.; Michaelis, J.:* Abschlußbericht der EMF II-Studie; Epide-
       miologische Studie zur Assoziation von Leukämieerkrankungen
       bei Kindern und häuslicher Magnetfeldexposition; IMSD-Techni-
       scher Bericht Institut für Medizinische Statistik und Dokumentation
       der Universität Mainz; Mainz, Dezember 2000

[23] *Milham, S.; Ossiander, E. M.:* Historical evidence that residential electrification caused the emergence of the childhood leukemia peak. In: Medical Hypotheses (2001) 56(3); Harcourt Publishers Ltd; S. 290–295; www.idealibrary.com

[24] *Lee, G. M.; Neutra, R. R.; Hristova, L.; Yost, M.; Hiatt, R. A.:* A nested case-control study of residential and personal magnetic field measures and miscarriages. In: Epidemiology, 2002 Jan, 13(1); S. 21–31

[25] *Li, D. K.; Odouli, R.; Wi, S.; Janevic, T.; Golditch, I.; Bracken, T. D.; Senior, R.; Rankin, R.; Iriye, R.:* A population-based prospective cohort study of personal exposure to magnetic fields during pregnancy and the risk of miscarriage. In: Epidemiology, 2002 Jan, 13(1); S. 9–20

[26] ICNIRP: Guidelines for limiting exposure to time-varying electric, magnetic, and electromagnetic fields (up to 300 GHz). In: Health Physics Vol. 74, No 4, 1998; S. 494–522

[27] Council Recommendation of 12 July 1999 on the limitation of exposure for the general public to electromagnetic fields (0 Hz to 300 GHz); (1999/519/EC)

[28] *Cherry, N.:* Criticism of the health assessment in the ICNIRP guidelines for radiofrequency and microwave radiation (100 kHz – 300 GHz). Lincoln University, 31/1/2000; www.neilcherry.com

[29] *McLean, L.:* Watts the Buzz? Understanding and avoiding the risks of electromagnetic radiation. Victoria, Australia, 2002; S. 54

[30] Draft Report of NCRP Scientific Committee 89–3 on Extremely low frequency electric and magnetic fields, June 13, 1995

[31] IARC Working group on the evaluation of carcinogenic risks to humans non-ionizing radiation, Part 1: static and extremely low-frequency (ELF) electric and magnetic fields. IARC Monogr. Eval. Carcinog. Risks. Hum., 80: 1–395, 2002

[32] *Fedrowitz, M.; Kamino, K.; Löscher, W.:* Significant differences in the effects of magnetic field exposure on 7,12-dimethylbenz(a) anthracene-induced mammary carcinogenesis in two substrains of sprague-dawley rats. In: Cancer Research 64, January 1, 2004; S. 243–251

[33] An evaluation of the possible risks from electric and magnetic fields (EMFs) from power lines, Internal Wiring, Electrical Occupations and appliance. California department of health; www.dhs.ca.gov/ehib/emf/RiskEvaluation/riskeval.html

[34] *Lai, H.; Singh, N. P.:* Magnetic field-induced DNA strand breaks in brain cells of the rat. In: Environ Health Perspect 112 (2004); S. 687–694

[35] *Becker, R. B.:* Cross currents, the perils of electropollution, the promise of electromedicine. USA 1990

[36] *Heller, J. H.; Teixeira-Pinto, A. A.:* A new physical method of creating chromosomal aberrations. In: Nature No. 4665 March 28 (1959); S. 905–906

[37] *Sage, C.:* Übersicht über Studien zur Wirkung hochfrequenter Felder (mit Relevanz für die Mobilkommunikation und Daten). In: Tagungsband Internationale Konferenz Situierung von Mobilfunksendern – Wissenschaft & Öffentliche Gesundheit, Salzburg, 7.–8. Juni 2000; S. 93–108

[38] *Cherry, N.:* Probable health effects assotiated with base stations in communities: the need for health surveys. In: Tagungsband Internationale Konferenz Situierung von Mobilfunksendern – Wissenschaft & Öffentliche Gesundheit, Salzburg, 7.–8. Juni 2000; S. 195–236

[39] *Santini, R.; Santini, P.; Danze, J. M.; Le Ruz, P.; Seigne, M.:* Study of the health of people living in the vicinity of mobile phone base stations: 1st influence of distance and sex. In: Pathol. Biol. 2002, 50; S. 369–373

[40] *Hutter, H.-P.; Moshammer, H.; Kundi, K.:* Mobile telephone basestations: effects on health and wellbeeing. Presented at the 2nd Workshop on Biological Effects of EMFs, 7.–11. October 2002, Rhodos, Greece

[41] *Navarro, E. A.; Segura, J.; Portolés, M.; Gómez-Perretta de Mateo, C.:* The microwave syndrome: a preliminary study in Spain. In: Electromagnetic Biology and Medicine (formerly Electro- and Magnetobiology), Volume 22, Issue 2, (2003); S. 161–169

[42] *Oberfeld, G.; Navarro, E.A.; Portolés, M.; Maestu, C.; Gómez-Perretta de Mateo, C.:* The microwave syndrom – further aspects of a spanish study; prepared for the 3rd International Workshop on Biological Effects of EMFs, 4.–8. October 2004, Kos, Greece

[43] *Zwamborn, A. P. M.; Vossen, S. H. J. A.; van Leersum, B. J. A. M.; Ouwens, M. A.; Mäkel, W. N.* (TNO Physics and Electronics Laboratory): Effects of global communication system radio-frequency fields on well being and cognitive functions of human subjects with and

without subjective complaints; TNO-report FEL-03-C148, September 2003; www.ez.nl/beleid/home_ond/gsm/docs/TNO-FEL_REPORT_03148_Definitief.pdf

[44] *Adlkofer, F.:* Vortragsmanuskript zur Veranstaltung „Mobilfunk und Gesundheit" der Umwelt-Akademie München am 05.12.2003 in München; www.die-umwelt-akademie.de

[45] *Salford, L.G.; Brun, A. E.; Eberhard, J. L.; Malmgren, L.; Perrson, B. R. R.:* Nerve cell damage in mammalian brain after exposure to microwaves from GSM mobile phones. In: Environ Health Perspect 111 (2003); S. 881–883; http://ehp.niehs.nih.gov/docs/2003/6039/abstract.html

[46] *Hardell, L.; Hallquist, A.; Hansson Mild, K.; Carlberg, M.; Pahlson, A.; Lilja, A.:* Cellular and cordless telephones and the risk for brain tumours. In: European Journal of Cancer Prevention, 2002, 11, S. 377–386

[47] *Hardell, L.; Mild, K.H.; Carlberg, M.:* Further aspects on cellular and cordless telephones and brain tumours. In: Int. J. Oncol. 2003 Feb. 22(2); S. 399–407

[48] Standard der Baubiologischen Messtechnik 2003 (SBM-2003); www.baubiologie.de, Institut für Baubiologie + Oekologie Neubeuern (IBN)

[49 Bundesgesetzblatt Jahrgang 1996 Teil I Nr. 66. 26. Verordnung zur Durchführung des Bundes-Immissionsschutzgesetzes (Verordnung über elektromagnetische Felder – 26. BImSchV) vom 16. Dezember 1996

[50] The sanitary-epidemiological welfare of the population. Russia Federal Law from March 30th, 1999, no. 52-FZ

[51] Decreto del Presidente del Consiglio dei Ministri 8 Luglio 2003: Fissazione dei limiti di esposizione, dei valori di attenzione e degli obiettivi di qualita' per la protezione della popolazione ai campi elettrici e magnetici alla frequenza di rete (50 Hz) generati dagli elettrodotti; GU n. 200 del 29-8-2003

[52] Schweizer Verordnung über den Schutz vor nichtionisierender Strahlung (NISV) vom 23. Dezember 1999 (Stand am 1. Februar 2000) Nr. 814.710.

[53] Decreto del Presidente del Consiglio dei Ministri 8 Luglio 2003: Fissazione dei limiti di esposizione, dei valori di attenzione e degli obiettivi di qualita' per la protezione della popolazione dalle esposi-

zioni a campi elettrici, magnetici ed elettromagnetici generati a
frequenze comprese tra 100 kHz e 300 GHz; GU n. 199 del 28-8-
2003

[54]   *Hyland, G.:* The physiological and environmental effects of non-
ionizing electromagnetic radiation. EP/IV/A/STOA/2000/07/03;
PE 297.574/Fin.St.

[55]   Landessanitätsdirektion Salzburg:
www.salzburg.gv.at/umweltmedizin

Kapitel 3 und 4

[1]   Arbeitsgemeinschaft Dermatologische Prävention – ADP e.V. (Hrsg.):
Selbstverteidigung für Solariumgänger – So schützen Sie sich vor
den Gefahren der künstlichen UV-Strahlung. ADP e.V., Postfach
10 07 45, 20005 Hamburg; www.unserehaut.de/down_datei.htm.

[2]   *Virnich, M. H.:* Einflussfaktoren auf die Ausbreitung von Mobilfunk-
wellen. Energieversorgung & Mobilfunk – Tagungsband der 2. EMV-
Tagung des Berufsverbandes Deutscher Baubiologen VDB e.V. am
03.–04. April 2003 in München. Fürth: Im Verlag des AnBUS e.V.,
2003, S. 107–126

[3]   Kathrein-Werke KG, Rosenheim: Kathrein-Mobilfunk-Antennen.
CD-ROM, Version 6, Edition 03/02, No.: 9986-418

[4]   *Virnich, M. H.:* Belastungen und Gesundheitsrisiken durch Mobil-
funkanlagen. ImmoCom 2001, BBA (Berlin-Brandenburgische
Akademie der Wohnungswirtschaft e.V.). Berlin: 2001.
www.baubiologie.net

[5]   *Virnich, M. H.:* Charakteristika von UMTS-Signalen. Energieversorgung & Mobilfunk – Tagungsband der 3. EMV-Tagung des Berufsverbandes Deutscher Baubiologen VDB e.V. am 01.–02. April 2004
in Würzburg. Fürth: Im Verlag des AnBUS e.V., 2004, S. 43–59

[6]   Berufsverband Deutscher Baubiologen VDB e.V.: VDB-Richtlinien
– Band 1 / Physikalische Untersuchungen. Fürth: Im Verlag des
AnBUS e.V., 2004

[7]   *Bahmeier, G.:* Sensor für die Messung niederfrequenter elektrischer
Felder – 3D-EFM. VDB-Workshop Potentialfreie Messung niederfrequenter elektrischer Wechselfelder – „Würfelseminar" am
09.10.2003 in Iphofen. Jesteburg: Berufsverband Deutscher Baubiologen VDB e.V., 2003

[8]   *Elschenbroich, R.:* Realistische Messung niederfrequenter elektri-
        scher Felder. In: Wohnung + Gesundheit, H. 6/1999, Nr. 91.
        Neubeuern: IBN – Institut für Baubiologie + Oekologie Neubeuern,
        S. 33–36

[9]   *Zeisel, L.:* Ein Messverfahren zur Bestimmung der Körperbelastung
        durch das elektrische Wechselfeld bei tiefen Frequenzen. Windach:
        Eigenverlag, 1993

[10]   *Maes, W.; Merkel, H.:* Anmerkungen zum Thema Körperstrom-
        dichte. In: Wohnung + Gesundheit, H. 6/1997, Nr. 83. Neubeuern:
        IBN – Institut für Baubiologie + Oekologie Neubeuern, S. 53–54

[11]   *Douglas, A.:* Per Anhalter durch die Galaxis. Zweitausendeins/
        Rogner & Bernhard Verlags KG, 1981

[12]   *Virnich, M. H.:* Bericht über Messungen niederfrequenter elektri-
        scher Wechselfelder mit der körperbezogenen E-Feld-Messmethode
        – Entwicklung der theoretischen Basis, der Kalibrierverfahren und
        der Messmethodik (von der Landesgewerbeanstalt Bayern LGA
        gefördertes Projekt). Würzburg: Eigenverlag Martin Schauer, 2003

[13]   *Virnich, M. H.; Bahmeier, G.:* Bericht über Messungen an E-Feld-
        stärkemessgeräten für den Niederfrequenzbereich (von der Landes-
        gewerbeanstalt Bayern LGA gefördertes Projekt). Würzburg: Eigen-
        verlag Martin Schauer, 2002

[14]   *Honisch, N.; Lohner, F.; Maes, W.:* Breitbandmessgeräte für Funk-
        wellen im Vergleich. In: Wohnung + Gesundheit, H. Frühjahr 2004,
        Nr. 110. Neubeuern: IBN – Institut für Baubiologie + Oekologie
        Neubeuern, S. 37–40

Kapitel 5 bis 9

[1]   *Schauer, M.:* Baubiologische Elektrotechnik: Elektrische Wechsel-
        felder im Leicht-, Holz- und Fertigbau. Energieversorgung & Mobil-
        funk – Tagungsband der 1. EMV-Tagung des Berufsverbandes
        Deutscher Baubiologen VDB e.V. am 19.–20. April 2002 in Hamm.
        Springe-Eldagsen: Im Verlag der Arbeitsgemeinschaft Ökologischer
        Forschungsinstitute (AGÖF) e.V., 2002, S. 3–15

[2]   DIN VDE 0100-200 Begriffserklärungen

[3]   *Schauer, M.:* Elektrische Wechselfelder an Büroarbeitsplätzen. Ener-
        gieversorgung & Mobilfunk – Tagungsband der 2. EMV-Tagung des
        Berufsverbandes Deutscher Baubiologen VDB e.V. am 03.–04. April
        2003 in München. Fürth: Im Verlag des AnBUS e.V., 2003, S. 23–36

[4] *Scherg, R.:* Baubiologische Elektrotechnik – ein Gefahrenpotential? In: de – Der Elektro- und Gebäudetechniker. H. 13/2001, S. 24–28

[5] *Rudolph, W.:* Einführung in DIN VDE 0100 – Elektrische Anlagen von Gebäuden. VDE-Schriftenreihe 39. Berlin: VDE-Verlag, 1999

[6] *Schauer, M.; Scherg, R.:* Moderne Elektroinstallation mit „intelligenten" Steuerungssystemen – Einsatzmöglichkeiten, Funktionsprinzipien und technische Standards. Energieversorgung & Mobilfunk – Tagungsband der 3. EMV-Tagung des Berufsverbandes Deutscher Baubiologen VDB e.V. am 01.–02. April 2004 in Würzburg. Fürth: Im Verlag des AnBUS e.V., 2004, S. 9–20

[7] *Schauer, M.:* Moderne Elektroinstallation mit „intelligenten" Steuerungssystemen – Auswirkungen auf die Emissionen aus der Elektroinstallation. Energieversorgung & Mobilfunk – Tagungsband der 3. EMV-Tagung des Berufsverbandes Deutscher Baubiologen VDB e.V. am 01.–02. April 2004 in Würzburg. Fürth: Im Verlag des AnBUS e.V., 2004, S. 21–28

[8] *Schauer, M.:* Elektrische Feldstärkemessungen für den Niederfrequenzbereich in Gebäuden und an Körpern. In: de – Der Elektro- und Gebäudetechniker. H. 1-2/2003, S. 30–34

[9] *Dernedde, N.:* VDE-konforme Netzabkopplung. In: de – Der Elektro- und Gebäudetechniker. H. 13/2001, S. 29–30

[10] *Schauer, M.; Pape, G.:* Funk-Management für feldarme Elektroinstallation. In: Elektrobörse H. 04/2004

[11] ECOLOG-Institut – *Neitzke, P.; Voigt, H.; Koeller, C.:* Hochfrequenzmessungen von Funkschaltern der Fa. EnOcean; Juni 2003; www.enocean.de/comments/ecolog.pdf

[12] *Schauer, M.; Jungfleisch, A.:* Feldarme Elektroinstallation mit Markenprodukten. In: Elektrobörse H. 10/2003, S. 46–49

[13] *Virnich, M. H.:* Der Dreh mit dem Drehstrom. In: Wohnung + Gesundheit. H. 9/1997, Nr. 84. Neubeuern: IBN – Institut für Baubiologie + Oekologie Neubeuern, S. 32–35

[14] *Welsch, G.:* Abschirmung + Erdung – Empfehlungen zur Erdung von geschirmter Elektroinstallation, sonstigen Abschirmmaterialien zur Abschirmung elektrischer Gleich- und Wechselfelder und Einsatz von „Netzfreischaltern", Stand Mai 2004. Aidlingen: Eigenverlag Gerd Welsch, 2004

[15] DIN VDE V 0140-479 (15–100 Hz)

[16] DIN VDE 0100-540 (VDE 0100 Teil 540): 1991-11 Errichten
      von Starkstromanlagen mit Nennspannungen bis 1000 V

[17] DIN VDE 0100-200 (VDE 0100 Teil 200): 1998-06 Elektrische
      Anlagen von Gebäuden; Begriffe

[18] *Vogt, D.:* Potentialausgleich, Fundamenterder, Korrosionsgefährdung.
      VDE-Schriftenreihe 35. Berlin: VDE-Verlag, 2000

[19] *Schauer, M.:* Baubiologische Elektrotechnik. de-Jahrbuch: Elektro-
      technik für Handwerk und Industrie 2003, S. 198–206. Hüthig &
      Pflaum Verlag, 2003

[20] *Rudolph, W.:* EMV nach VDE 0100 – EMV für elektrische Anlagen
      von Gebäuden. VDE-Schriftenreihe 66. Berlin: VDE-Verlag, 2000

[21] *Otto, K. H.:* Power-Audit für Netzsysteme. In: de – Der Elektro- und
      Gebäudetechniker. H. 5/2003, S. 50

[22] www.zeltronic.de

[23] *Otto, K. H.:* Auswahl der Büroausstattung nach EMV-Kriterien.
      In: de – Der Elektro- und Gebäudetechniker. H. 19/2003, S. 40

[24] *Preibisch, H.:* Effektive Reduzierung von Magnetfeldern. Energiever-
      sorgung & Mobilfunk – Tagungsband der 2. EMV-Tagung des Berufs-
      verbandes Deutscher Baubiologen VDB e.V. am 03.–04. April 2003
      in München. Fürth: Im Verlag des AnBUS e.V., 2003, S. 13–21

[25] www.cfw.ch

[26] www.vacuumschmelze.de

[27] *Maes, W.;* Stress durch Strom und Strahlung. 4. Auflage. Schriften-
      reihe Gesundes Wohnen des IBN. Neubeuern: IBN – Institut für
      Baubiologie + Oekologie Neubeuern, 2000

[28] *Virnich, M. H.:* Schnurlos, aber nicht risikolos: Telefonieren mit
      dem „Home-Handy". In: Baubiologie 1/1999; ISSN 1420-1895;
      S. 25–28 und www.baubiologie.net

[29] *Virnich, M. H.:* Noch zu haben: Analoge schnurlose Telefone CT1+
      (Marktübersicht). In: : Wohnung + Gesundheit Nr. 100/Herbst
      2001, Institut für Baubiologie + Oekologie Neubeuern (IBN), Holz-
      ham 25, 83115 Neubeuern; S. 30–32 und ständig aktualisiert unter
      www.baubiologie.net

[30] *Virnich, M. H.:* WLAN – Das drahtlose „Überallnetzwerk";
      www.baubiologie.net

[31] *Behrend, D.; Neitzke, H.-P.; Neitzke, T.; Osterhoff, J.:* Funk-Netz-
      werke – Sachstandsermittlung zur Netzwerktechnologie WLAN.
      Ecolog-Institut, Hannover, im Auftrag des Ministeriums für Umwelt

und Naturschutz, Landwirtschaft und Verbraucherschutz des Landes
Nordrhein-Westfalen (MUNLV NRW); Dezember 2003;
www.munlv.nrw.de/sites/arbeitsbereiche/immission/pdf/literatur.
pdf

[32]   *Virnich, M. H.; Moldan, D.:* Möglichkeiten und Vorgehensweise zur
fachgerechten Hochfrequenz-Abschirmung. Energieversorgung &
Mobilfunk – Tagungsband der 3. EMV-Tagung des Berufsverbandes
Deutscher Baubiologen VDB e.V. am 01.–02. April 2004 in Würzburg. Fürth: Im Verlag des AnBUS e.V., 2004, S. 95–114

[33]   *Pauli, P.; Moldan, D.:* Reduzierung hochfrequenter Strahlung – Bau-
stoffe und Abschirmmaterialien. 2. Auflage. Iphofen: Eigenverlag
Dr.-Ing. Dietrich Moldan. Tel. 09323-8708-10, Fax 09323-8708-11,
Email info@drmoldan.de

[34]   *Pauli, P.; Moldan, D.* (Hrsg.: Bayerisches Staatsministerium für
Landesentwicklung und Umweltfragen): Maßnahmen an Gebäuden
zur Minderung der Belastung durch elektromagnetische Wellen im
privaten Bereich. Kurzfassung, 2003

[35]   *Catrysse, J. A.; Borgmanns, C. P.:* Meßverfahren und Meßanordnun-
gen zur Charakterisierung von Abschirmungsmaterialien unter verschiedenen Bedingungen. EMV '96. Berlin. VDE-Verlag, 1996

[36]   *Pauli, P.; Moldan, D.* (Hrsg.: Bayerisches Landesamt für Umweltschutz): Schirmung elektromagnetischer Wellen im persönlichen
Umfeld. Informationsbroschüre des Bayerischen Landesamtes
für Umweltschutz (LfU), Bürgermeister-Ulrich-Straße 160,
86179 Augsburg, Tel. 0821-9071-0, Infostelle „EMF" Tel. 0821-
9071-3518, Fax 0821-9071-5556, Email poststelle@lfu.bayern.de,
Januar 2004

[37]   *Moldan, D.; Virnich, M. H.:* Praktische Beispiele der Hochfrequenz-
Abschirmung von Gebäuden. Energieversorgung & Mobilfunk
– Tagungsband der 3. EMV-Tagung des Berufsverbandes Deutscher
Baubiologen VDB e.V. am 01.–02. April 2004 in Würzburg. Fürth:
Im Verlag des AnBUS e.V., 2004, S. 115–137

[38]   *Schauer, M:* Elektrosmog muss draußen bleiben. In: mikado-Unter-
nehmermagazin für Holzbau und Ausbau. H. 05/2004 S. 12–15

[39]   *Schauer, M:* Holzhäuser effizient abschirmen. mikado-Unternehmer-
magazin für Holzbau und Ausbau. In: H. 08/2004 S. 18–21

[40]   Technische Anschlussbedingungen (TAB). Verband der Elektrizitäts-
wirtschaft (VDEW), 2000

[41]   Verordnung über allgemeine Bedingungen für die Elektrizitätsversor-
       gung von Tarifkunden (AVBeltV). Bundesminister für Wirtschaft,
       1979

[42]   DIN VDE 0022 Satzung für das Vorschriftenwerk des VDE Verband
       der Elektrotechnik Elektronik Informationstechnik e.V.

[43]   *Kiefer, G.:* VDE 0100 und die Praxis – Wegweiser für Anfänger und
       Profis. Berlin: VDE Verlag, 1997

[44]   Reference data for radio engineers, 6th Edition 1985. Indianapolis,
       Kansas City, New York: Howard W. Sams & Co. Inc., 1985,
       Subsidiary of ITT

Register

3-dB-Öffnungsbreite 99
3D-Magnetometer 172

A
Abkoppeln 195, 255
Abnahmeprüfungen 230
Abschaltbedingungen 182
Abschalten 195
Abschattung 290
Abschirmbleche 276
Abschirmen 255
Abschirmfolien 276
Abschirmmaßnahmen 228
Abschirmmaterialien 292,
  295
Abschirmplatten in Sand-
  wich-Bauweise 276
Abschirmputz 314
Abschirmung 282, 283,
  288, 296, 300
Absorption 286
Abstandsbildung 263
aktive Antennen 106
aktive Kompensation 256,
  274
aktive Leiter 176
Aktoren 214
Akustikusneurinome 47
Altbauten 251
Amplitudenmodulation 109
Antennen 96
Antennenanlage 239
Antennenfaktor 98
Antennenfaktoren 107
Antennengewinn 99, 100
Antennenleitungen 183
Äquipotentialfläche 81, 82
äquivalente isotrope
  Strahlungsleistung 101
Armierungsmatten 228
Astrocytom 47
Aufbaukanäle 186
Ausgleichsströme 230
Außenleiter 176
Average 131

B
Bahnstrom 28, 167
Batterien 210
baubiologische Mess-
  techniker 52, 53

Baugrundstücksmessung
  179, 262
Beidraht 182
Bemessungs-Differenz-
  strom 240
Betondecken 228
Betriebsmittel 176
Betriebsströme 261
Betriebsunfälle 25
Bettbaldachin 294
Beugung 290
bikonische Antenne 102
Bildschirmflimmern 276
Blitzschutz 301
Blitzschutzanlagen 232,
  242
Blitzschutzerder 239
Blockhäuser 179
Bluetooth 111, 281
Bodenwelle 93
Brand 306
Brandgefahr 232
Brandmeldeanlagen 183
breitbandig 170
Breitbandmessgeräte 299
Bremsstrahlung 74
Brustkrebs 34
Brüstungskanal 186
Büro 228

C
CEE-Stecksystem 196
charakteristische
  Strahlung 74
Chiprate 120
Chromosomen-
  schädigung 38, 46
Crest-Faktor 134

D
D-Netz 293, 297
Datenleitungen 183, 270
Daueraufenthaltsorte 263
Dauermagnete 126
Dauersender 209
Dauerverbraucher 201
DECT 111, 281, 282
DECT-Standard 30
Demodulation 108
Detektor 130
Dezibel 57

Dielektrizitätskonstante 64
DIN-Normen 306
DIN-VDE-
  Bestimmungen 307
Dipol 85, 101
Divergenz 65
downlink 125
Drehstromkabel 253
Drehstromleitungen 253
Drehstromnetz 217
Dreiphasennetz 217
Dreiphasensystem 250, 256
dunkle Neuronen 47
Duplex 125
Duplexabstand 125
Duplexbetrieb 123
Durchströmung
  einer Person 306

E
E-Netz 293, 297
Eckfrequenz 129
EDV 188
EDV-Technik 196
Effektivwert 60, 131
EIB-Easy 216
EIB-Instabus 214
Einbruchmeldeanlagen 183
Einfamilienhäuser 179
Eingangskapazität 143
Eingangswiderstand 143
Einkopplungen 228
Einleiterrückausgleichs-
  ströme 270
Einleiterstrom 86, 256
einpolige Ausschalter 195
Einzelleiter 253
EIRP 101
Elektret 126
elektrifizierte Bahnanlagen
  177
Elektrifizierung 34
elektrische Feldkonstante
  64
elektrische Feldstärke 61,
  63, 81
elektrische Gleichfelder 29
elektrische Verschiebungs-
  dichte 64
elektrische Wechselfelder
  36, 77, 299

elektrisches Feld 55, 79
Elektroheizungen 269
elektromagnetische
   Verträglichkeit 259
elektromagnetisches Feld
   69
Elektronenvolt 71
elektronische Vorschalt-
   geräte 272
Elektrosensibilität 33, 48
EMF 55
Emissionsschutz 83, 178,
   281
EMV 259
Endstromkreise 175
epileptische Anfälle 27
Erdmagnetfeld 19, 20, 23,
   276
Erdpotential 84, 139
erdpotentialbezogene
   E-Feldmessung 139
Erdung 81, 84, 228, 301
Erdungsanlagen 247
Erdungsleitung 239
Erdungsmessbrücke 247
Errichter 306
Ersatzfeldstärke 128
Ersatzflussdichte 86, 128
EU-Kommission 48

F
Fachwerk 179
Faraday'scher Käfig 79, 83
Fehlerstrom 234
Fehlerstromschutz-
   einrichtung 183
Fehlgeburten 34
Fehlstrom 271
Feld 55
Feld-„Quelle" 64
Feld-„Senke" 64
Feldkompensation 256
Feldlinien 56, 82
Feldmessungen 230
Feldmühlen 78, 171
Feldquelle 81
Feldreduzierung 195
Feldsenke 81
Feldsonden 127
Feldverschleppungen 227
Fernfeld 61, 91
Fernmeldeleitungen 183
Fernsehsender 30
Fernsprechanlage 239

Ferritantennen 105
fest angeschlossene Geräte
   177
Filter 128
fremde leitfähige Teile 232
Frequency Hopping 119
Frequenz 17, 18, 60, 92
Frequenzbereichs-
   zuweisungen 90
Frequenzduplex 125
Frequenzgang 98
Frequenzmodulation 113
Frequenzmultiplex 117
frequenzselektiv 170
Frequenzumtastung 114
Fundamenterder 239
Funkbus 209
Funkfernschalter 209
Funkwecker 272
Funkwellen 72
Fußbodenkanäle 186

G
Gammastrahlung 75
Gasleitung 239
Gebäudekonstruktion 239
Gebäudesystemtechnik 196
Gegenelektrode 150
Gehirntumor 47
geomagnetische Aktivität
   23
Geräteableitströme 245
Geräteanschlussleitungen
   177
Gerätekanal 186
geschirmte Elektrodosen
   183
geschirmte Installations-
   komponenten 190
geschirmte Komponenten
   „hinter der Steckdose"
   191
geschirmte Leitungen 183
geschlossene Ringleitungen
   265
Gesundheit 51
Gleichfelder 67, 126
Grenz- und Richtwerte 49
Grenzfrequenz 98, 129
großflächige Abschirmun-
   gen 178
GSM 42, 44, 111, 118,
   282, 297, 299

H
Halbwertsbreite 99
Hall-Sonde 164
Halogenleuchten 202
Hauptkeule 99
Hauptpotential-
   ausgleich 239
Hauptpotentialausgleichs-
   leiter 238
Hauptschutzleiterq-
   uerschnitt 238
Hauptstromkreise 175
Hausanschluss 313
Hauseinführungsleitung
   175
Herzinfarkt 27
hochfrequente elektromag-
   netische Wellen 69
Hochfrequenz 30, 38, 62,
   90
Hochfrequenzabschirmung
   282, 286, 288
Hochspannungsleitungen
   33
Höhenstrahlung 75
Hohlwanddosen 310
Holzbauweise 178
Holzhäuser 179
Holzständerwerk 179
homogen 90
homogenes Feld 56
Hornantennen 104

I
IARC 36
ICNIRP 35, 48
Immissionsschutz 83, 178
Immobilie 303
Induktion 64, 88
Induktionseffekt 89
Influenz 79
Infralangwellen 25
Infrarotlicht (IR) 72
inhomogen 90
inhomogenes Feld 57
Interferenz 94
Ionisierung 18
Ionosphäre 21, 24
Isolationswiderstand 230
isotrop 98, 100, 127

K
Kabelpritschen 185
Kabelwannen 185

Kaltgerätedosen 196
Kaltgerätestecker 196
Kanalraster 117
kapazitive Ankopplung 83
kHz-Bereich 31
Kleinsonden 139
Kleinsteuerung 208
Kompass 172
Kompensation 217, 221
Kompensationseffekte 250
Kontrollmessungen 263
konventionelle Vorschaltge-
  räte (KVG) 273
konzentrische Leiter 183
Kopfschmerzen 25
Körper 176
Körperableitstrom 145
körperpotentialbezogene
  E-Feldmessung 141
Körperspannung 142, 226
Körperspannungsmessung
  142
Körperstromdichte 146
Kreuzpolarisation 97
Küche 228
Kugelstrahler 98

L
λ/4-Stab 101
Landessanitätsdirektion
  Salzburg 42
Langzeitaufzeichnung 262
LCN-Bus 213
Leichtbauweise 178, 179
Leistungsflussdichte 91
Leitungsführungskanal 186
Leitungsschutzschalter 182
Leukämie 33, 34
Lichtgeschwindigkeit 18
lineare Polarisation 97
Linsentrübungen 38
logarithmisch-periodische
  Antennen 104
Luftelektrizität 171

M
Magnetantenne 105
Magnetfeldaufzeichnung
  167
Magnetfeldindikator 172
Magnetfeldlogger 168
Magnetfeldspitzenwerte 34
magnetische Feldkonstante
  64

magnetische Feldstärke 61,
  63
magnetische Flussdichte 19
magnetische Induktion 88
magnetische Permeabilität
  64
magnetische Wechselfelder
  33, 85
magnetischen Flussdichte
  64
magnetisches Feld 55
Magnetosphäre 20
Maschenweite 293, 294
Massivbauweise 179
Maxwell'sche Feld-
  gleichungen 63
Mehrfamilienhäuser 180
Mehrwegeempfang 123
Melatonin 23, 24, 34
Messmethoden 249
Messspule 164
Metallbewehrung 179
metallene Gehäuse 188
Mikrowellen 91, 95
Mikrowellensyndrom 42
Mindestquerschnitte 238
Mittelwert 131
Mobilfunkdienste 30
Mobilfunksendeanlagen 39,
  44
Mobiltelefone 46
Modulation 108
MU-Metall 276
Multimeter 249

N
Nachtspeicherheizungen
  266
Nachtstrom 167
Näherungseffekt 138, 158
Nahfeld 61, 92
NCRP 35
Nebenzipfel 99
Netzabkoppler 198
Netzfreischalter 198
Netzstrom 29
Neubau 180
Neutralleiter 176
niederfrequente elektrische
  Wechselfelder (EWF)
  175
niederfrequente Wechsel-
  felder 68
Niederfrequenz 28, 33, 62

Niederspannungs-
  freileitungen 177
Normen 303
Nullleiter 176

O
Oberband 125
Oberflächenspannung 171
oberirdische Einspeisung
  266
Oberwellen 111, 112, 272
OFDM/COFDM 122
offene Ringleitung 264
orthogonal 55
ortsveränderliche Geräte
  177

P
Pager 30
Parabolantennen 105
Parallelverlegung 208
PEN-Leiter 176, 239
Permanentmagnete 126
Permeabilität 255
Permeabilitätszahl 85
Permittivität 64
Permittivitätszahl 77
Personendosimeter 34
Personenschutz 185, 228
Phantomschmerzen 25
Phasenmodulation 114
Phasentausch 217, 224,
  225, 227
Phasenverschiebung 217,
  218
Photonenenergie 71
Photons 71
Piezotechnik 210
Plattenkondensator 148
Polarisation 97
Polarisationsebene 92, 289
Potential 81
Potentialausgleich 179,
  232
Potentialausgleichsleitung
  230
Potentialausgleichsschiene
  315
Potentialausgleichsströme
  245, 270
potentialfreie Messung 136
potentialfreie Mess-
  verfahren 178
Powerline 212

Powerline Communication
30
Prävention 48
Primärprävention 48
Pulsradar 111

Q
quasioptisch 93
Quellenfelder 64, 78, 79
Querschnitt 312

R
Radaranlagen 30
Radiowecker 272
Rahmen 118
Rahmenantenne 105
Rahmenantennen 105
Raumsysteme 187
Raumwelle 93
REFLEX-Studie 46
Reflexion 286, 290
Reihenbebauung 177
Reihenhäuser 180
Repeater 209
Richtantennen 98
Richtdiagramme 99
Richtfunkverbindungen 30
Richtwirkung 98
Ringleitungen 268
Röntgenstrahlung 20, 74
Rotation 66
Rundfunksender 30
Rundstrahler 98
Rundumstrahler 100

S
Sachschaden 306
Sachschutz 228
Scheitelwert 60
Schirm 183
Schirmdämpfung 284, 285,
286, 292, 293, 295,
298, 299, 300
Schirmdämpfungsfaktor
284, 286
Schirmwirkungsgrad 284,
286
Schlafplätze 179, 263
Schnurlostelefone 47, 281
Schnurlostelefonstandard
CT1 30
Schumannresonanzen 17,
20, 21, 23
Schumannresonanzsignal
24
Schutzeinrichtung 234

Schutzisolierung 188
Schutzklasse I 179
Schutzklasse II 188
Schutzleiter 176
Schutzmaßnahmen 232,
311
Schutzorgane 242
Schwingungsdauer 60
SDMA 122
Seitenbänder 109
Sektorantenne 103
Sekundärprävention 49
SELV 215
Sensoren 214
Sferics 25, 26, 27
si-Funktion 112
Sicherheits-Kleinspannung
215
solare Aktivität 23
Sonnenaktivität 20
Sonnenflecken 20
Sonnenfleckenzahl 24
Sonnenfleckenzyklus 20
Sonnenwind 20
Spannungsverschleppungen
232
Speicherprogrammierbare
Steuerung (SPS) 209
Spektrum 70
Spektrumanalysator 297
Spektrumanalyse 170
spezifische Absorptionsrate
(SAR) 46, 96
Spitzenwert 131
Spread Spectrum 120
Spulenantennen 105
Standardinstallation 197
Standby-Betrieb 201
stationär 59
statisch 59
Steckdosenleisten 177
Sternpunktverschiebungen
264
Strahlungsdichte 91
Streuströme 232
Streuung 290
Stromkreisverteiler 175
Stromstoßschaltung 206
Stromsymmetrie 256
Stromtragfähigkeit 185
Stromverbrauch 29
Stromwandler 169
Stromzangen 169
Summenstromregelung 271

Summenstromregler 267
Systeme nach Art der
Erdverbindungen
bei Wechselstrom 256

T
TCO-Norm 245
TCO-Sonden 139
TD-CDMA 122
technische Anschlussbedin-
gungen/TAB 2000 304
Teilchenstrahlung 76
Tellersonden 139
Tertiärprävention 49
Tesla 86
Tiefpass 128
TN 177
TN-C-S-Systeme 251
TN-C-Systeme 251
TN-S-System 259
TNO 42
Todesfälle 25
Trägerfrequenz 109
Trägerschwingung 108
Transformator 190
Transformatorbleche 276
TT 177
TT-System 257

U
Ultraviolettes Licht (UV) 73
UMTS 42, 44, 45, 111,
120, 122, 293
Unterband 125
uplink 125
UV-Strahlung 20

V
VDE-Normen 306
VDE-Vorschriftenwerk 306
VDE-Zeichen 185
Vektor 55
Vektorfelder 127
Verbindungs-, Verteilungs-,
Schalt- und Steckvorrich-
tungen 175
Verkehrsunfälle 25, 26
Verlängerungsleitungen
177
Verlegeart 182
verlustarmes Vorschaltgerät
(VVG) 273
Verteilungsstromkreise 175
VLF-Atmospherics 25

VNB (Versorgungs-
bzw. Verteilungsnetz-
betreiber) 175
Vorsorgeprinzip 48

W
Wechselfeld 60
Wechselstromsysteme 256
Wellen 69, 90, 91
Wellenlänge 18, 92
Wellenwiderstand 61, 70,
106
Winkelmodulation 114
Wirbelfelder 66, 78, 85
Wirbelströme 88, 278
WLAN 111, 281, 282
Wohlbefinden 51
Würfelsonden 137

Y
Yagi-Antenne 102

Z
Zählerschrank 175
Zangenwandler 230
Zeigerdiagramm 218
Zeitduplex 125
Zeitkanal 118
Zeitmultiplex 118
Zeitschaltuhr 207
Zeitschlitz 118
zentraler Erdungspunkt
256
Zero Span 170
zirkulare Polarisation 98
Zugriffsverfahren 116
zusätzlicher Potentia-
lausgleich 239
Zweileiter-Wechselströme
270
Zweileiterstrom 86
zweipolige Ausschalter 195

de-Buchtipp

Klaus Bödeker, Robert Kindermann, Friedhelm Matz

Wiederholungsprüfungen nach DIN VDE 0105
Elektrische Gebäudeinstallationen und
ihre Betriebsmittel

2003. 400 Seiten, 100 Abb. und 40 Tabellen
44,80 €, 74,00 sFr · ISBN 3-8101-0157-5

Mit diesem Buch erhalten Sie einen praxisbezogenen Leitfaden, der die Betriebsmittel-, Geräte- und Anlagenprüfung für Nennspannungen bis 1000 V behandelt. Berücksichtigt werden sowohl Prüfungen im Wohnbereich als auch im Gewerbebereich. Die Darstellung wichtiger Prüfabläufe erfolgt anhand von Checklisten und Ablaufgrafiken.

Weitere Informationen finden Sie unter www.online-de.de.
Zu bestellen beim Hüthig & Pflaum Verlag
Telefon (06221) 489-384, Fax (06221) 489-443
E-Mail: de-buchservice@online-de.de

In der Reihe „de-FACHWISSEN" sind u. a. bisher erschienen:

Kasikci
Projektierung von Niederspannungs- und Sicherheitsanlagen
Betriebsmittel, Vorschriften, Praxisbeispiele, Softwareanwendung

Häberle
Einführung in die Elektroinstallation

Beiter
Installationsbus EIB/KNX Twisted Pair
Das Lehrbuch

Stock, Meyer
Praktische Gebäudeautomation mit LON
Grundlagen, Installation, Bedienung

Bödeker, Kindermann, Matz
Wiederholungsprüfungen nach DIN VDE 0105
Elektrische Gebäudeinstallationen und ihre Betriebsmittel

Uhlig / Sudkamp
Elektrische Anlagen in medizinischen Einrichtungen
Planung, Errichtung, Prüfung, Betrieb und Instandhaltung

 Ausführliche Informationen finden Sie unter: www.de-online.info

Diese Bücher erhalten Sie in jeder guten Buchhandlung, aber auch direkt beim Verlag.

Hüthig & Pflaum Verlag

Telefon 06221/489-555
Telefax 06221/489-410
de-buchservice@de-online.info